塔里木油田钻完井复杂故障及井控案例汇编

王春生　等编著

石油工业出版社

内容提要

本书对塔里木油田钻完井过程中事故复杂和井控险情的典型案例进行汇编，重点总结了新技术应用时在钻完井过程中钻铤失效、卡钻、套管断裂、落井、井喷、溢流、异常高压等事故的发生经过、处理措施、发生原因和经验教训，为后续方案设计和现场施工提供了宝贵的经验。

本书可作为钻完井技术人员和工程技术人员的重要参考书，也可供高等院校石油工程等相关专业师生教学、科研参考。

图书在版编目（CIP）数据

塔里木油田钻完井复杂故障及井控案例汇编 / 王春生等编著．-- 北京：石油工业出版社，2025. 5. -- ISBN 978-7-5183-7536-3

Ⅰ. TE2

中国国家版本馆 CIP 数据核字第 2025GR1415 号

出版发行：石油工业出版社

（北京安定门外安华里 2 区 1 号　100011）

网　址：www.petropub.com

编辑部：（010）64523710

图书营销中心：（010）64523633

经　销：全国新华书店

印　刷：北京中石油彩色印刷有限责任公司

2025 年 5 月第 1 版　2025 年 5 月第 1 次印刷

787×1092 毫米　开本：1/16　印张：19

字数：418 千字

定价：100.00 元

《塔里木油田钻完井复杂故障及井控案例汇编》

编写组

组　长：王春生

副组长：冯少波　梁红军

成　员：陈志涛　郑何光　杨双宝　王　师　张　志
李　宁　张耀明　王孝亮　秦宏德　张　权
邹光贵　刘忠飞　周　宝　文　亮　陈凯枫
张绪亮　宋国志　唐　斌　张绍俊　章景城
周　波　艾正青　石希天　史永哲　吕晓钢
邓　强　丁　峰　陈江林　刘成龙　陈永衡
阳君奇　唐中原　任自伟　徐亚南　申　彪
丁志敏　高尊升　汪　鑫　刘学青　文　涛
邹　博　张明辉　何银坤　孙　志　夏天果
刘　丰　邓昌松　孙　志　郑权宝　肖贵林
杨玉增　段永贤　卢俊安　刘双伟　杜锋辉
周忠泽　王浩亮　徐　攀　徐铠昀　张　新
董　仁　徐代才　刘小林　张仁敏　李学武
王　攀　徐国何　许期聪　白　璟　徐先觉
许朝阳　颜小兵　李枝林　王军闯　邓　柯
张　斌　袁志平　左　星　刘正连

前言
PREFACE

随着塔里木油田勘探开发的不断深入，油气藏埋深不断增加、钻完井作业难度不断提高、钻完井周期和投资也持续增加。近年来，油田先后引入、改进及推广应用了空气钻井、异形齿钻头、扭力冲击器、大扭矩螺杆＋个性化钻头等新技术、新工具，实现了钻井提速，有效解决了巨厚砾石层、窄压力窗口复合盐层、寒武系盐下白云岩等钻井提速的“拦路虎”。但是，部分超深井钻完井事故复杂和井控险情多次发生，非生产时效持续居高不下，降低了全过程钻井提速的效果。因此，我们还需要做钻井提速的减法，进一步降低钻井事故复杂率。

以铜为镜可以正衣冠，以古为镜可以知兴替，以人为镜可以明得失。为了深入油田公司管理提升和提质增效要求，充分利用事故复杂及井控案例这一宝贵资源，油田公司工程部门组织技术和管理人员收集案例，编著了本书，充实了钻完井管理提升和提质增效阶段性成果。

《塔里木油田钻完井复杂故障及井控案例汇编》汇总了近年来120余口井的井控案例解析，本书根据事故复杂及井控险情发生经过，充分分析了事故产生的原因，提出了同类事故的预防措施，为后续方案设计、现场施工提供了参考经验。

本书在编写过程中得到了油田公司的高度重视和精心策划，勘探事业部提供了大量案例数据，制定了编写提纲，细化了任务分工，统一了编写思路，规范了编写体例。有关领导和专家对本书的内容进行了认真审读，并提出了宝贵的修改意见和建议。在此，谨向关心和支持本书编撰的相关单位、专家、同事表示诚挚的感谢。

本书由中国石油塔里木油田公司、中国石油川庆钻探工程有限公司钻采工程技术研究院、中国石油天然气集团有限公司超深层复杂油气藏勘探开发技术研发中心、新疆超深油气重点实验室、新疆维吾尔自治区超深层复杂油气藏勘探开发工程研究中心、国家能源高含硫气藏开采研发中心、国家能源页岩气研发（试验）中心和油气钻完井技术国家工程研究中心参与编写。

本书中的典型案例对从事钻完井生产管理工作的人员具有一定的帮助和借鉴作用，因编者水平有限，如有疏漏和不妥之处，请广大读者予以指正。

目录
CONTENTS

第一篇　复杂故障典型案例

第二篇　井控典型案例

第一篇　复杂故障典型案例

第一章　钻具失效典型案例

第一节　玉中 2 井一开钻具疲劳失效

一、发生经过

2017 年 1 月 16 日，钻进，泵压由 7 MPa 降低至 0 MPa，悬重由 814 kN 降低至 470 kN，起钻完发现 5½ in 加重钻杆距内螺纹端面 4.81 m 处断裂（图 1-1）。

落鱼结构：17½ in PDC 钻头 + 悬挂接头（731×NC61 母）+9 in 钻铤 ×2 根 +17½ in 扶正器 +9 in 钻铤 ×1 根 +17½ in 扶正器 + 转换接头（NC61 公 ×NC56 母）+8 in 钻铤 ×18 根 + 转换接头（NC56 公 ×520）+5½ in 加重钻杆，落鱼长度为 228.79 m，理论鱼顶为 527.81 m。

图 1-1　加重钻杆断面

二、钻具组合及参数

钻具结构：17½ in PDC 钻头 +9 in 钻铤 ×2 根 +17½ in 扶正器 +9 in 钻铤 ×1 根 +17½ in 扶正器 +8 in 钻铤 ×18 根 +5½ in 加重钻杆 ×15 根 +5½ in 钻杆。

钻井参数：钻压为 40~60 kN，转速为 80~90 r/min，排量为 50~55 L/s。

钻井液性能：密度为 1.18 g/cm^3，黏度为 52 mPa·s，失水量为 7.6 mL，滤饼厚度为 0.5 mm。

三、事故处理经过及处理措施

组合 9⅝ in 打捞筒一次打捞成功。

四、事故原因

该规格加重钻杆在中间耐磨辊附近断裂在塔里木油田尚属首例，该钻杆在 2013 年 1 月启用，历史使用8口井，送井前内外螺纹均经过修扣，外螺纹加工有API应力减轻结构，内螺纹加工有塔里木应力减轻结构。2017 年 1 月 12 日入玉中 2 井，纯钻时间为 55 h，进尺 756.6 m。

断口描述：断口距内螺纹接头密封面 4.81 m，位于中间耐磨辊外螺纹端斜坡面消失处。断口基本平齐，宏观断口局部存在大间距疲劳辉纹和韧窝，断口疲劳源区被刺痕破坏、断口疲劳扩展区、瞬断区比较清晰，断面约 1/2 周有疲劳痕迹，约 1/3 周有钻井液刺痕（图 1-2）。

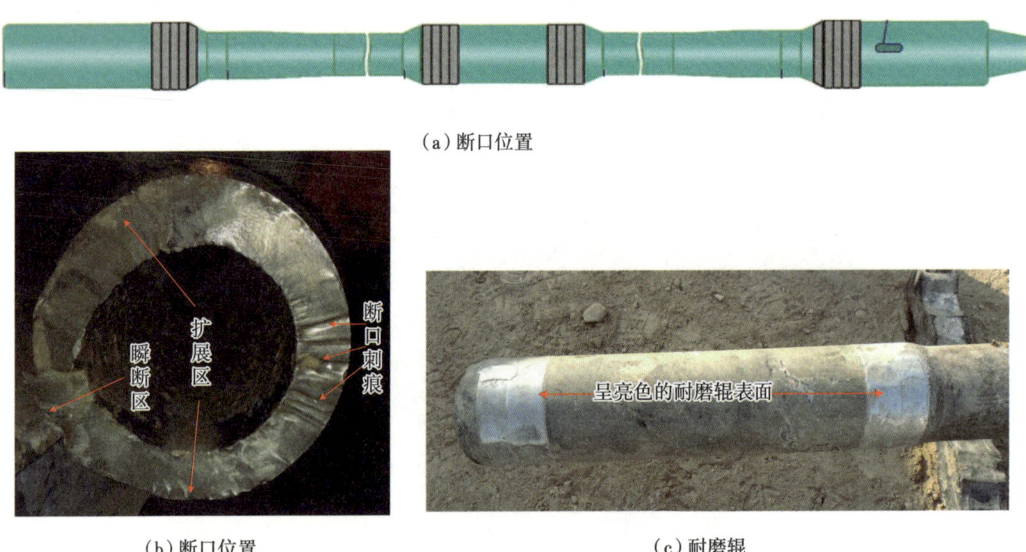

(a) 断口位置

(b) 断口位置

(c) 耐磨辊

图 1-2　耐磨辊与断口破坏情况

五、失效原因

（1）根据断口分析该加重钻杆为低周疲劳断裂，失效部位由于截面积突变本身为应力集中区，失效部位外壁萌生裂纹后刺穿，裂纹在钻柱公转过程中拉弯应力作用下快速扩展导致断裂失效。

（2）该加重钻杆在 2016 年先后在博孜 3 井、博孜 103 井、博孜 104 井等 4 口井使用过，周转频率快，且经受了博孜区域上部巨厚砾石层井段蹩跳钻的严峻考验，由于该部位不是传统的失效部位，没有纳入日常无损检测范畴，不排除前期疲劳累计风险，疲劳损伤没有及时发现。

（3）该加重钻杆失效时为 17½ in 井眼表层钻进，起出钻具稳定器工作体外径损失 1 mm，说明大尺寸钻头钻进过程中扭矩较大；耐磨辊表面呈亮色，表明在使用过程中与井壁存在较强摩擦；失效部位疲劳裂纹在钻井过程中快速扩展，导致刺穿断裂失效。断口宏观呈现高应力低循环周期大疲劳辉纹间距特征。

六、事故警示

17½ in 以及以上井眼钻进时，应合理调整钻井参数，降低钻柱公转时弯曲疲劳破坏引发的失效事故。

第二节　吐格 1 井卡钻 5 in 钻具失效

一、发生经过

2017 年 10 月 28 日，钻进至井深 3 638.1 m，循环上提准备接单根。大钩上提至 14.72 m 时，泵压突然由 21 MPa 增至 25 MPa，排量瞬间由 28 L/s 降至 16 L/s，随后泵压排量恢复正常，上提至 1727 kN 未开，转顶驱 27.5 kN·m 未开，后循环上提下放活动钻具至井深 3632 m，悬重由 1716 kN 突降至 343 kN。起钻后 5 in 非标钻杆本体断裂，断口距内螺纹接箍端面 2.92 m，落鱼长度为 3 482.01 m。

落鱼结构：8½ in SKH516 M+1.5° 螺杆 + 浮阀 +6¼ in 坐键短节 +6¼ in 无磁钻铤 +8½ in 扶正器 +6¼ in 钻铤 ×6 根 +4A11×410+5 in 加重钻杆 ×15 根 +410×NC52T 母 +5 in 非标钻杆 × 1 481.14 m+ 旋塞 ×0.5 m+ 浮阀 ×0.5 m+5 in 非标钻杆 ×1 777.81 m+5 in 非标钻杆 ×6.47 m，鱼头井深为 160.12 m。

二、钻具组合及参数

钻具组合：8½ in SKH516 M+1.5° 螺杆 + 浮阀 +6¼ in 坐键短节 +6¼ in 无磁钻铤 +8½ in 扶正器 +6¼ in 钻铤 ×6 根 +4A11×410+5 in 加重钻杆 ×15 根 +410×NC52T 母 +5 in 非标钻杆。

钻井参数：钻压为 60~80 kN，转速为 40 r/min，泵压为 20 MPa，排量为 28 L/s。

钻井液性能：钻井液密度为 1.55 g/cm^3，塑性黏度为 34 mPa·s，动切力为 7 Pa，初切力为 2 Pa，终切力为 15 Pa，pH 值为 9，滤饼厚度为 0.5 mm，含砂量为 0.2%，固相含量为 26%，坂含量为 34 g/L，Cl^- 含量为 34 000 mg/L，Ca^{2+} 含量为 160 mg/L。

三、事故处理过程

先使用打捞筒对落鱼进行打捞，未解卡。后经反扣母锥倒扣、泡解卡剂、下震击器震击、套铣等措施均未捞获全部落鱼，最后被迫水泥塞回填侧钻。

四、原因分析

（1）卡钻原因：目的层侏罗系克孜勒努尔组、阳霞组和阿合组 3 个层段均存在煤层。在事故发生前期，已钻穿数段煤层，且事故发生时在煤层中钻进，已钻穿煤层垮塌掉块沉积在扶正器上是本次卡钻事故的主要原因。

（2）断钻具原因：经工程技术部认定，属于疲劳失效。

五、经验和教训

（1）煤系目的层钻进，特别是钻速较快的情况下，加强短起拉划井壁，保持井眼通畅。

（2）井下有掉块显示时，优化调整钻井液密度及性能，强化井壁稳定，不急于打钻。

（3）卡钻后活动钻具注意控制参数，防止过载、疲劳导致钻具失效。

（4）根据井下卡钻情况及打捞效果，采取果断措施，避免复杂处理时间长。

六、事故警示

处理卡钻等复杂情况时，杜绝压扭复合作业和超强度提拉作业。

第三节　博孜 7 井 5⅞ in 钻杆本体失效

一、基础资料

博孜 7 井由新派 P8003 钻井队以总承包模式承钻，层位为库车组，事故井深为 3258 m，岩性为杂色小砾岩、细砾岩、砂砾岩不等厚互层为主。其井身结构设计如图 1-3 所示。

钻头型号为 17½ in 三牙轮 HR34JMRSV。

钻具结构：17½ in 三牙轮 +730×NC61 母 +9 in 浮阀 +9 in 螺旋钻铤 ×2 根 +17½ in 扶正器 +9 in 螺旋钻铤 ×1 根 +17½ in 扶正器 + 转换接头（NC61 公 ×NC56 母）+8 in 钻铤 ×15 根 + 转换接头（NC56 公 ×520）+5½ in 加重钻杆 ×13 根 +5⅞ in 钻杆。

钻井液性能：密度为 1.43 g/cm^3，黏度为 52 mPa·s，塑性黏度为 28 mPa·s，动切力为 7 Pa，失水量为 5.6 mL，pH 值为 9，固相含量为 18%，含砂量为 0.2%，坂含量为 32 g/L，Cl^- 含量为 28 863 mg/L，Ca^{2+} 含量为 144 mg/L。

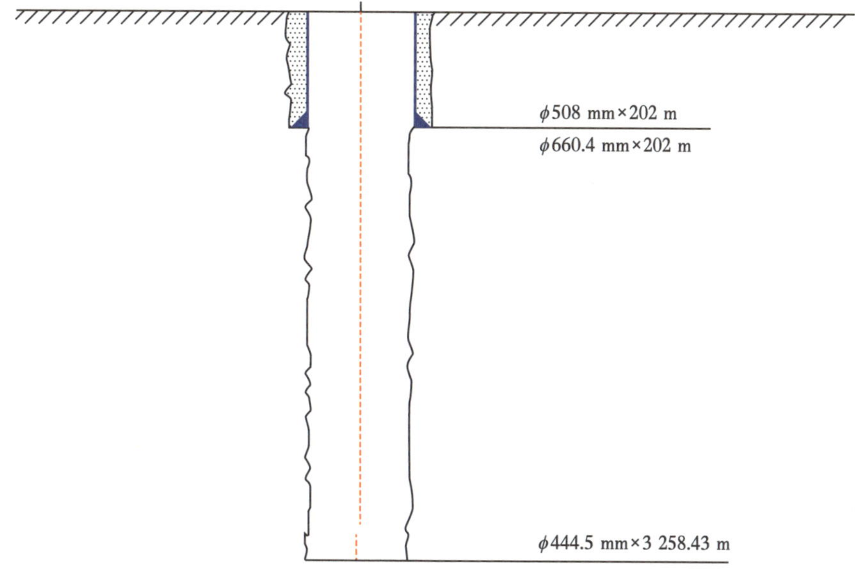

图 1-3　博孜 7 井井身结构图

二、事故经过

2019 年 3 月 22 日钻至井深 3 258.43 m，立压由 11.4 MPa 下降至 9.2 MPa，上提钻具悬重由 1470 kN 下降至 1 265.2 kN，起钻检查钻具。

2019 年 3 月 23 日起钻完，5⅞ in 普通钻杆外螺纹距端面 2 cm 处断（图 1-4）。

落鱼结构：17½ in 三牙轮 +730×NC61 母 +9 in 浮阀 +9 in 钻铤 ×2 根 +17½ in 扶正器 + 9 in 钻铤 ×1 根 +17½ in 扶正器 + 转换接头（NC61 公 ×NC56 母）+8 in 钻铤 ×15 根 + 转换接头（NC56 公 ×520）+5½ in 加重钻杆 ×13 根 +5⅞ in 钻杆 ×5 根，落鱼长度为 335.12 m，理论鱼顶为 2 923.31 m。

（a）起出断口处

（b）起出断钻具

图 1-4　起钻时破坏情况

三、事故处理过程

2019 年 3 月 23 日组合卡瓦打捞筒 +631×520+5⅞ in 钻杆，下钻至井深 2915 m，循环，加压 19 kN，探得鱼顶深度为 2 922.78 m，打捞落鱼，加压 235 kN，悬重由 1177 kN 降至 942 kN，排量为 18 L/s，泵压由 1.5 MPa 升至 2.6 MPa，上提钻具悬重由 942 kN 升至 1570 kN，起出打捞筒，捞获落鱼，事故解除。

累计损失时间为 1.47 天（图 1-5）。

（a）下入打捞筒

（b）落鱼出井

图 1-5　钻具起出现场情况

四、事故原因分析

（1）本井库车组砾石段长，钻进过程中钻具蹩跳严重，钻具频繁跳钻导致钻具外螺纹在螺纹应力集中区产生疲劳裂纹并导致螺纹刺断是此次失效的主要原因。

（2）钻具上扣扭矩不足使螺纹密封面预应力不足，从而导致疲劳加速，是此次失效的操作原因。该队使用 ZQ203-1235 型液气大钳，上扣时液气大钳压力表显示压力为 7 MPa，换算上扣扭矩为 41.6 kN·m，较全新 5⅞ in 钻杆上扣扭矩 58 kN·m 少约 16 kN·m，在砾石层钻进时因钻具持续跳钻，导致钻具在钻进过程中井下二次上扣。该井在卸扣时错扣卸开钻杆螺纹，卸扣时液气大钳压力表显示为 13 MPa，不错扣卸扣时，液气大钳压力表显示为 11 MPa，不错扣和错扣卸扣扭矩较上扣扭矩分别增加 4 MPa 和 6 MPa，分别增大约 57% 和 85%，说明钻具存在井下上扣现象。

（3）螺纹刺漏未及时发现导致螺纹断裂失效是造成断裂失效的直接原因。2019 年 3 月 20 日发现立压下降 0.8 MPa 时，钻具已经刺漏，井队在起钻检查未发现异常（发生刺断的螺纹处于立柱的中单根，该螺纹未卸开）。同时井队正进行钻井液密度调整，判断压降是由钻井液密度调整引起。在 2019 年 3 月 22 日检查完钻具并下钻钻进 1.43 m 后，由于原刺口不断扩大，导致钻杆外螺纹刺断后落井。

五、经验和教训

（1）与工程技术部沟通，更换先期入井（纯钻时间超 1500 h）部分钻杆，该部分钻杆回收后进行全面检验。

（2）要求井队新钻杆入井前做好螺纹清洁工作、严格按照推荐上扣扭矩紧扣，将液压大钳挡位提至 9~10 MPa。

（3）要求井队钻进中如出现立压下降，起钻检查钻具需对所有螺纹进行检查。

（4）工程技术部已对安东通奥同批次库存钻杆接头进行硬度普查，硬度普查结果均在标准范围内，未见异常。

（5）对失效钻杆接头取样送外分析，进一步查明接头材料性能。

六、事故警示

新钻杆入井前螺纹防锈油等要用柴油等彻底清洗干净后再均匀涂敷螺纹脂，双台肩螺纹尤其是要将副台肩部位清洁干净。

第四节 楚探 1 井卡钻 5 in 钻具失效

一、基础资料

楚探 1 井由二勘 80009 钻井队以总承包模式承钻，事故层位为寒武系沙依里克组，事故井深为 7493 m，井底岩性为辉绿岩（火成岩）。其井身结构设计如图 1-6 所示。

钻具组合：8½ in PDC 钻头 +430×4AO+6¼ in 钻铤 ×15 根 +4A1×410+5 in 加重钻杆 +411×NC52T 母 +5 in 非标钻杆。

二、事故经过

钻进至井深 7 552.56 m 蹩停顶驱（由 12 kN·m 升至 18 kN·m），同时发现井漏（漏速为 30 m^3/h，排量为 22 L/s，泵压由 19.4 MPa 降至 4.8 MPa，2 min 后出口失返），上下活动钻具（上提悬重由 2502 kN 升至 2845 kN，下压悬重由 2502 kN 降至 2158 kN，无效；设扭上限为 35 kN·m，转速为 30 r/min，扭矩由 35 kN·m 降至 24 kN·m），钻具解卡。

倒划眼起钻至井深 7493 m，划眼扭矩由 24 kN·m 降至 14 kN·m，甩该立柱后接单根开顶驱，扭矩上升至 35 kN·m 蹩停顶驱，出口未返，至 0:40 设定扭矩 45 kN·m，开转盘，扭矩下降至 35 kN·m，解卡，1 min 后，扭矩由 35 kN·m 升至 45 kN·m 蹩停顶驱，钻具卡死。

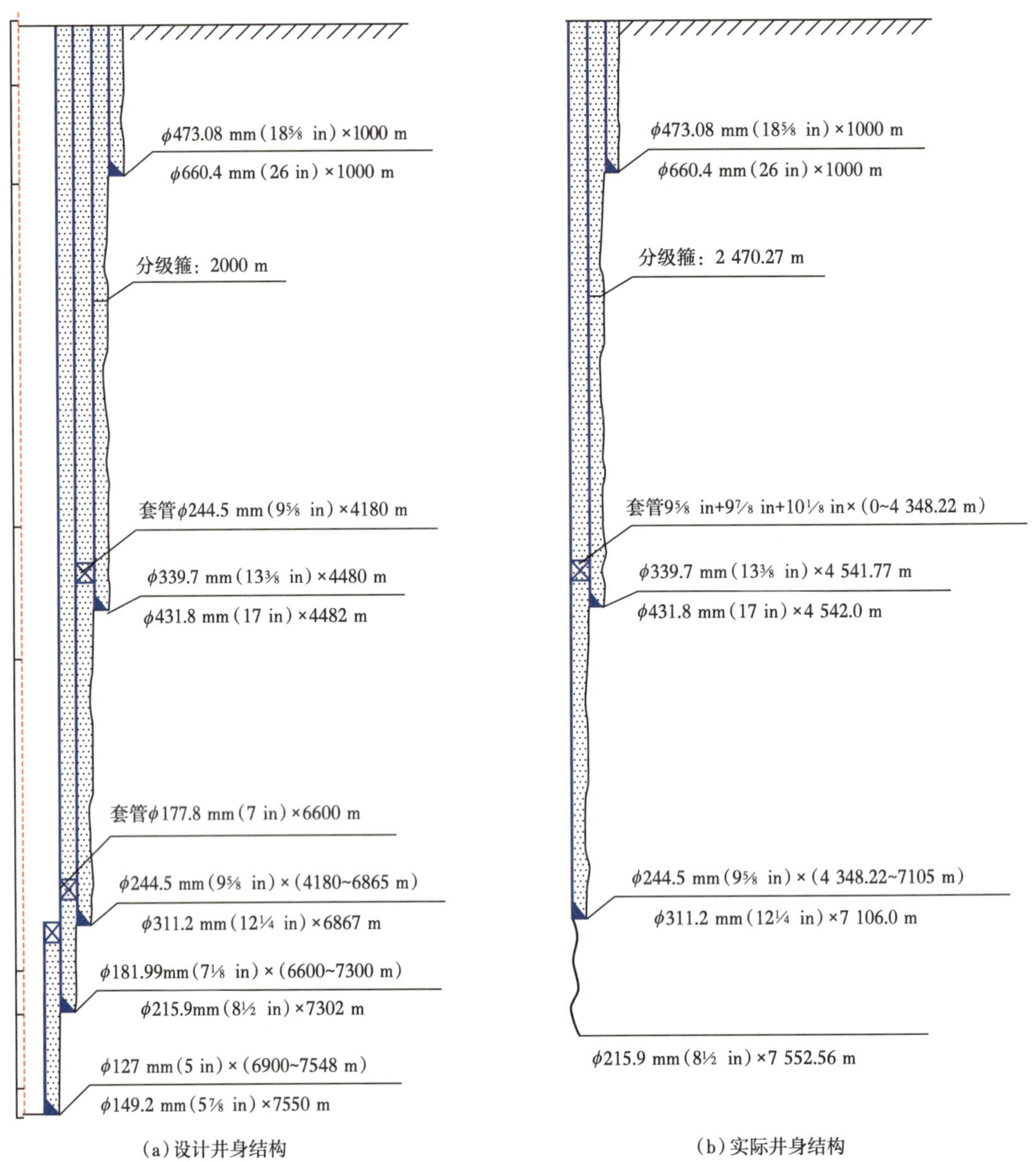

图 1-6　楚探 1 井井身结构图

经两次堵漏作业后循环不漏，泡淡水钻井液试解卡。

注入淡水钻井液过程中上下活动钻具，原悬重由 2600 kN 降至 1620 kN，泵压由 15.4 MPa 降至 11.6 MPa。

起钻完发现 5 in 非标钻杆第 516 根外螺纹端断裂（图 1-7），落鱼结构：钻头 + 转换接头 430×4A0+6¼ in 钻铤 ×15 根 + 转换接头 4A1×410+5 in 加重钻杆 ×15 根 + 转换接头 411×NC52T 母 +5 in 非标钻杆 ×260 根，落鱼长度为 2 723.08 m，鱼顶位置为 4 782.1 m。

(a)断裂情况

(b)断裂处

图 1-7 钻杆断裂情况

三、事故处理经过

组合公锥下钻打捞，未捞获落鱼。

组合反扣公锥捞获断裂外螺纹。

下常规钻具对扣成功发现无法开通泵，下电缆通径规至加重钻杆第一根单根下部遇阻，爆炸松扣，起出 411×NC52T 内螺纹接头 1 只(图 1-8)。

落鱼结构：钻头 + 转换接头 430×4A0+6¼ in 钻铤 ×15 根 + 转换接头 4A1×410+5 in 加重钻杆 ×15 根，落鱼长度为 284.28 m，钻头位置为 7493 m，理论鱼顶井深为 7 208.72 m。

回填侧钻，累计损失时间为 43.02 天。

(a)断裂外螺纹端

(b)起出时的钻具

图 1-8　起出钻具现场情况

四、事故原因

(1)钻遇设计外火成岩造成井漏失返，上部盐膏层缩径。

(2)钻具水眼不通，处理卡钻技术手段有限。

五、事故警示

(1)处理完卡钻等复杂事故后，为预防发生次生事故，应对井口附近钻杆进行全长和管体外径测量，以确保钻杆未发生塑性变形。

(2)对处理过复杂的钻具现场探伤，对损坏的钻具及时进行更换。

(3)对使用时间较短发生失效钻杆，取样送第三方检验机构检测，以验证材质方面的因素符合性。

第五节　克深 19 井卡钻 $5\frac{1}{2}$ in 加重钻杆失效

一、基础资料

克深 19 井由二勘 80009 钻井队以总承包模式承钻，目的层位为新近系库车组，事故井深为 4276 m，岩性为砂砾岩、砾岩和泥岩。其井身结构设计如图 1-9 所示。

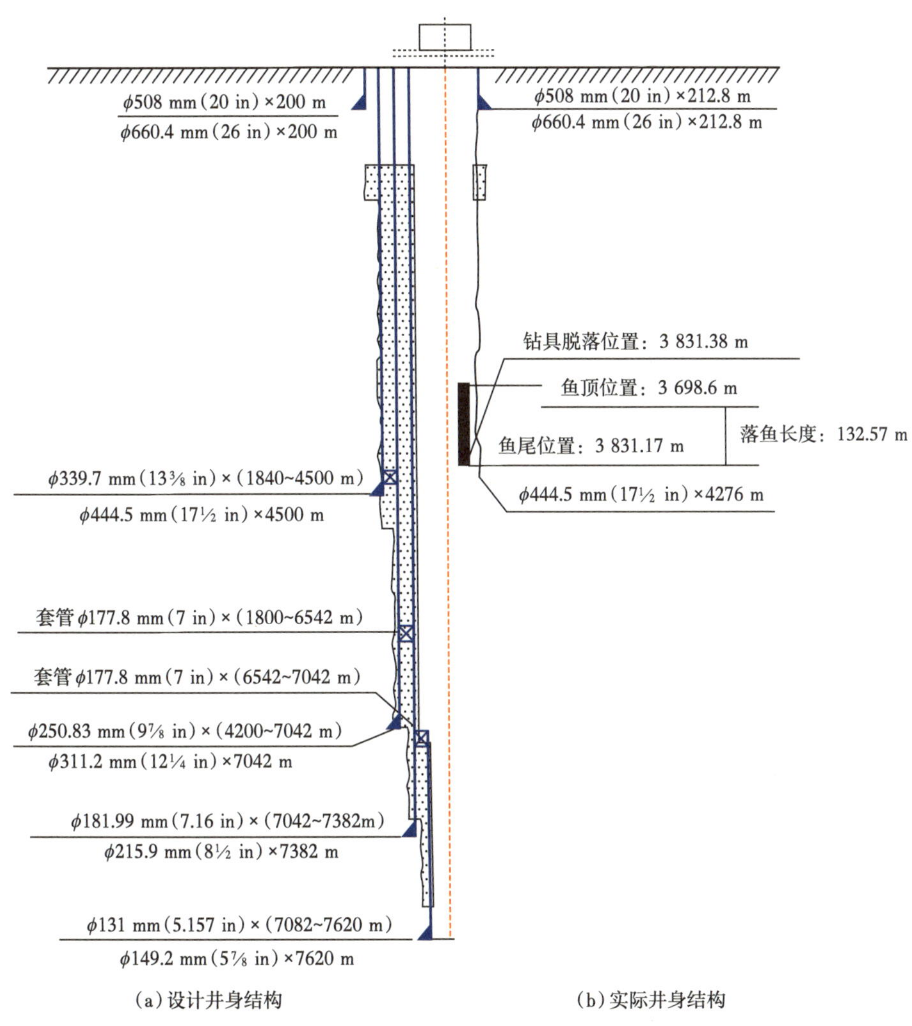

图 1-9　克深 19 井井身结构图

卡钻井深为 3 831.38 m。

钻头型号：$17\frac{1}{2}$ in SF55H3。

钻具结构：$17\frac{1}{2}$ in SF55H3+Power V+731×NC61 母+ϕ440.2 mm 扶正器+9 in 浮阀（NC61 公×630）+8 in 无磁钻铤（扣型 631×630）+MWD 悬挂短节（扣型 631×730）+731×NC61 母+

ϕ439.7 mm 扶正器 +9 in 钻铤 2 根 +NC61 公 ×NC56 母 +8 in 钻铤 10 根 +NC56 公 ×520+5 ½ in 加重钻杆 ×12 根 +5½ in 钻杆。

钻井液性能：水基钻井液密度为 1.69 g/cm^3，黏度为 100 mPa·s。

二、事故发生经过

2017 年 12 月 29 日，起钻至井深 3 831.38 m，悬重由 1630 kN 上升至 1962 kN，发生卡钻，接顶驱开泵活动钻具，活动范围为 392~1962 kN，泵压为 23 MPa，排量为 43 L/s，悬重由 1630 kN 正转施加扭矩 45 kN·m，下压至 687 kN。上提至 1630 kN，释放扭矩，悬重由 1630 kN 下降至 1432 kN，泵压由 22.2 MPa 下降至 20.3 MPa，钻具脱落。

下钻至井深 3939 m 遇阻，30 日 1:00 起钻完，钻具从加重钻杆第 12 根外螺纹端断裂。

落鱼结构：17½ in SF55H3+Power V+731×NC610+440.2 mm 扶正器 +9 in 浮阀（NC611×630）+8 in 无磁钻铤 +MWD 悬挂短节 +731×NC610+439.7 mm 扶正器 +9 in 钻铤 ×2 根 +NC611×NC560+8 in 钻铤 ×10 根 +NC561×520，落鱼长度为 132.57 m。

三、事故处理经过

2018 年 1 月 1 日加长卡瓦打捞筒 + 超级震击器至井深 3698 m，下压 147 kN，上提悬重由 1373 kN 上升至 1668 kN。震击解卡，共震击 9 次，震击最大上提吨位 883 kN，悬重由 1668 kN 上升至 2550 kN 又下降至 1668 kN。2018 年 1 月 2 日起钻完，捞获全部落鱼，事故解除。

打捞钻具组合：11¼ in 加长卡瓦打捞筒（200 mm 篮状卡瓦）+630×NC56 母 ×0.54 m+8 in 超级震击器 ×4.83 m+8 in 钻铤 ×3 根 ×26.90 m+8 in 加速器 ×4.47 m+ 520×NC56 公 ×0.79 m+5½ in 加重钻杆 ×3 根 ×27.87 m+5½ in 钻杆，累计损失时间为 3.8 天。

四、事故原因分析

（1）井壁失稳，掉块较多，造成起钻挂卡严重，引发卡钻事故。

（2）该井钻进过程中频繁出现蹩跳，扭矩波动大，导致失效加重钻杆螺纹产生疲劳裂纹。处理卡钻过程中，多次上提下压，在拉压交变应力作用下加速了螺纹的疲劳扩展，导致断裂失效。

（3）处理挂卡过程中，接顶驱开泵倒划不及时。

五、经验和教训

（1）对于地层倾角大，高陡构造作用显著，易发生应力剥蚀性掉块，钻进期间蹩停顶驱较为频繁，出口长时间有掉块返出，岩性以含砾砂泥岩互层为主的地层在处理井下挂卡时，要安全精细操作，严禁大幅上提活动钻具。

（2）值班干部防卡意识差，对掉块卡钻的风险识别不到位，在配备顶驱的情况下未采取接顶驱倒划的措施处理井下复杂。

（3）鉴于该井掉块较为严重的情况，起钻前必须充分循环结合重稠浆携砂，确保井眼干净，起下钻出现阻卡时，严格执行上提遇卡不超过 98 kN，下放遇阻不超过 49 kN 的要求，否则及时开泵进行正、倒划眼，且划眼时控制好速度和扭矩（设定划眼扭矩不超过 20 kN·m）。

（4）进一步强化钻井液防塌和封堵性能，沥青含量由 2% 调至 3% 以上，Cl^- 含量由 44 000 mg/L 调至 50 000 mg/L 以上，其他性能维持在当前水平。

六、事故警示

（1）提示井队严格落实纯钻时间达到 800 h 及时更换大钻具，遭遇复杂及时错扣起钻等预防措施，降低失效风险。

（2）建议两趟钻倒换一次大钻具，每两趟钻安排一次大钻具现场探伤。

第六节　YG2-7X 井 5 in 非标钻具失效

一、基础资料

YG2-7X 井由二勘 70524 钻井队以总承包模式承钻，其井身结构设计如图 1-10 所示。钻井液性能：KCl 聚磺体系性能见表 1-1。

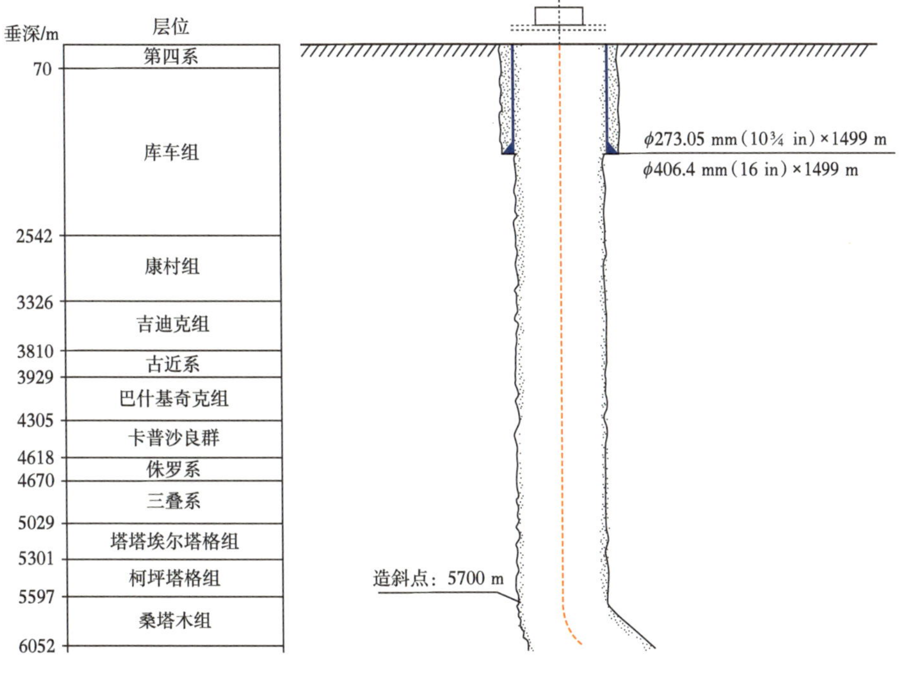

图 1-10　YG2-7X 井井身结构图

表 1-1 KCl 聚磺体系

参数	密度 /g/cm³	黏度 /mPa·s	塑性黏度 /mPa·s	屈服值 /Pa	滤饼厚度 /mm	失水量 /mL
数值	1.35	51	29	10.5	0.5	3
参数	初切力 /Pa 终切力 /Pa	固相含量 /%	含砂量 /%	pH 值	Cl^- 含量 /mg/L	
数值	2.5 5.5	19	0.3	9	26 104	

二、事故发生经过

2017 年 12 月 31 日 6:41 通井划眼至井深 5441.15 m，悬重由 2005 kN 下降至 1594 kN，转速由 44 r/min 上升至 86 r/min，泵压由 14.2 MPa 下降至 9 MPa。

起出钻具进行探伤，钻具从 5 in 非标钻杆第 388 根外螺纹端脱落。

落鱼结构：9½ in ST117G 牙轮钻头 +630×NC56 母 +7¾ in 钻铤 ×1 根 +237 mm 扶正器 ×1 只 +NC56 公 ×410+5 in 加重钻杆 ×45 根 +411×NC52T 母 +5 in 非标钻杆 ×56 根，落鱼长度为 967.27 m，至 18:00 下防喷管柱至井深 1000 m，11:00 加工对扣接头到井。

三、事故处理过程

2018 年 1 月 1 日起钻，钻具探伤，接到井对扣接头下钻对扣打捞，大排量冲洗鱼头，对扣打捞，下压吨位由 9.8 kN 上升至 29 kN，正拨转盘圈数由 2 圈上升至 6 圈，排量由 21 L/s 下降至 9.6 L/s，泵压由 8.12 MPa 上升至 10.58 MPa；开转盘试对扣，转速为 34 r/min，排量为 20.5 L/s，泵压为 7.6 MPa，下压由 0 kN 上升至 49 kN，转速无变化，排量由 20.5 L/s 下降至 13.8 L/s，泵压由 7.6 MPa 上升至 11.29 MPa；期间扭矩无变化，上提吨位正常，先后两次均未打捞成功。

入井对扣打捞钻具组合：对扣接头 +5 in 非标钻杆 ×387 根 +NC52T 公 ×520+5½ in 钻杆。

再下母锥和大头公锥，经四次打捞，均未捞获。

2018 年 1 月 12 日再次下对扣打捞管柱至井深 5143.48 m，冲洗鱼头（排量为 26.3 L/s，泵压为 12.8 MPa），对扣打捞成功，上下活动钻具（活动吨位为 2158~2550 kN，期间逐渐开泵试顶通，泵压由 0 MPa 上升至 17 MPa，未顶通，判断下部落鱼水眼被堵），至 2018 年 1 月 14 日起钻完，捞获全部落鱼，事故解除。

入井对扣打捞钻具组合：5 in 非标钻杆 ×387 根 +5 in 非标短钻杆 ×2 根 +NC52T 公 ×520+5½ in 钻杆。

四、事故原因分析

划眼过程中扭矩波动造成钻具疲劳损坏，在划眼过程中，频繁出现蹩卡，钻具解卡瞬间，快速倒转导致螺纹脱扣后落井。

五、经验和教训

（1）加强到井钻具管理，到井钻具在入井前，仔细检查内外螺纹及台阶面是否完好，尤其是内螺纹接箍外径明显较其他钻具接箍小的，留作后期备用，不列入入井长时间使用计划。

（2）加强各仪表的保养及校验，确保指重表、扭矩表和泵压表等仪表工作正常，且在有效检测期内，在钻具使用过程中，各参数不超过钻具标准限值。

（3）按钻具使用规定，定期进行钻具探伤。

六、事故警示

钻具应按推荐上扣扭矩上扣，避免二次或多次冲击上扣。

第七节　FY206-H1 井未开半封提断 4 in 钻具

一、基础资料

FY206-H1 井由二勘 70597 钻井队以总承包模式承钻，目的层位为奥陶系一间房组，设计井深为 7 018.45 m。其井身结构设计如图 1-11 所示。

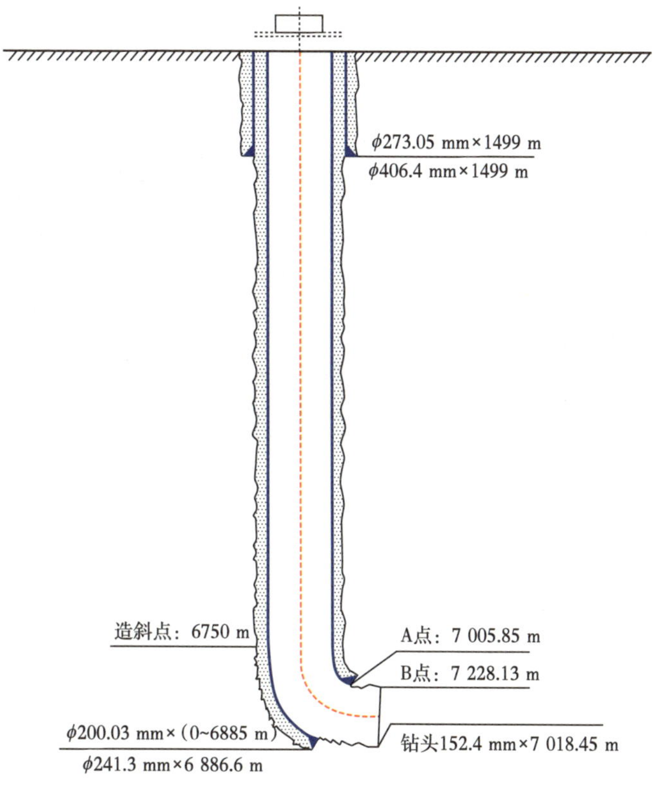

图 1-11　FY206-H1 井井身结构图

钻具组合：6 in HT1365B+5LZ120-7.0×1.75°螺杆 + 浮阀 311×310+ϕ120 mm 无磁钻铤 + 无磁悬挂 +311×310（测斜座）+3½ in 无磁承压 +311×HT40 母 +4 in 钻杆 ×14 根 +4 in 加重钻杆 ×15 根 +4 in 钻杆 ×457 根 +HT40 公 ×DS40 母 +4½ in× 钻杆 ×170 根 + 浮阀 +4½ in 钻杆。

钻井液性能：密度为 1.38 g/cm^3，漏斗黏度为 50 s，API 失水量为 4 mL，滤饼厚度为 0.5 mm，HTHP 失水量为 12 mL，滤饼厚度为 0.2 mm，塑性黏度为 20 mPa·s，动切力为 5 Pa,pH 值为 11，含砂量为 0.2%，固相含量为 19%，坂含量为 32 g/L,Cl^- 含量为 16 096 mg/L，Ca^{2+} 含量为 294 mg/L，含油量为 2%。

二、事故发生经过

2019 年 10 月 12 日钻进井深 7 018.45 m 井漏失返，吊灌起钻至井深 2 372.22 m，关 4 in 上半封监测液面完，司钻未打开 4 in 半封闸板，上提钻具至 2 368.5 m，悬重由 856 kN 上升至 2735 kN 再下降至 372 kN，钻具提断，钻具落井。

落鱼结构：6 in HT1365B×0.26 m+ϕ120 mm×1.75° 螺杆 ×6.31 m+ 浮阀（311×310）× 0.51 m+ 变扣接头 ×0.67 m +ϕ120 mm 无磁钻铤 ×9.13 m + 无磁悬挂 ×0.93 m +311×310（测斜座）×0.56 m +3½ in 无磁承压 ×9.18 m +311×HT40 母 ×0.71 m +4 in 钻杆 ×14 根 ×403.24 m + 4 in 加重钻杆 ×15 根 ×414.45 m +4 in 钻杆 1524.96 m，累计 2 370.825 m。

提断钻具为第 67 根上单根，钢号为 GPFS006827，钻杆断裂口距离内螺纹端 1.903~1.995 m（断面不规则），断面直径变小，距端面 11 cm 处直径为 95 mm，11~28 cm 处直径为 99 mm，28 cm 以上处直径为 100.5 mm（图 1-12）。

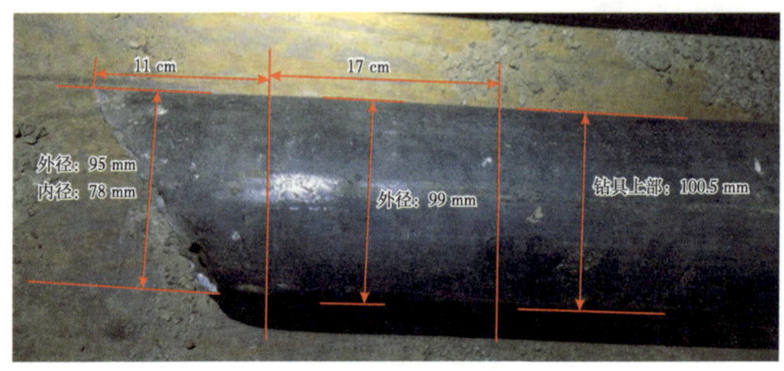

（a）钻杆断裂口数据

（b）钻杆断裂口

图 1-12　钻杆断裂情况

三、事故处理经过

（1）2019 年 10 月 14 日下入 6 in HJ517 牙轮钻头，至井深 4 654.64 m 反复 3 次遇阻 19~29 kN 探得鱼顶，鱼顶深度为 4 654.64 m。

（2）2019 年 10 月 16 日组合 ϕ147 mm 卡瓦打捞筒（内装 97 mm 篮状卡瓦）至井深 4 654.64 m 捞获落鱼（水眼灌满后原悬重为 1520 kN，下压至 1324 kN，上提至 2354 kN），

至 14:40 循环、活动钻具（活动范围为 1815~2600 kN，上下活动共 10 次；排量为 4~18 L/s，泵压为 2~13 MPa，出口未返，液面在井口），活动钻具解卡（悬重由 1815 kN 上升至 2600 kN 再下降至 2158 kN，解卡时为 2158 kN），至 2019 年 10 月 17 日 8:00 吊灌起钻至鱼头，落鱼水眼堵，至 10 月 17 日 22:30 起钻完，事故解除。

打捞组合：ϕ147 mm 卡瓦打捞筒（内装 97 mm 篮状卡瓦）+311×HT40 母 +4 in 钻杆 ×3 根 +4 in 箭形止回阀 +4 in 钻杆 ×295 根 +HT40 公 ×DS40 母 +4½ in 钻杆。

累计损失时间为 4.08 天。

四、事故原因分析

（1）直接原因：司钻操作失误，未打开半封上提钻具，且未观察指重表。

（2）间接原因：井漏失返，频繁开关井监测液面；未及时进行四方确认；防提断装置临时失效。

五、经验和教训

（1）严格认真执行公司的《防喷演练及开关井操作四方确认制度》，杜绝类似情况发生。

（2）认真确认防提断装置的安装和运转情况。发现工作异常的及时报技服维修，并做好防控措施。

（3）起下钻作业，刹把操作人员一定要严格按照操作规程操作。

六、事故警示

（1）使用环形防喷器或者旋转控制头进行监测液面，严禁关半封测液面。

（2）加强班组人员钻井事故案例学习。

（3）加强防提断装置的检查，发现工作异常的及时报技服维修，并做好防控措施。

（4）要求刹把操作人员一定要专心，严格按照操作规程操作。

第八节　大北 101-H1 井钻具提断

一、基础资料

大北 101-H1 井由四勘 70146 钻井队总包。

二、事故发生经过

2011 年 7 月 2 日循环，每 1 小时活动钻具一次（活动范围：原悬重为 1785 kN，分别上提至 1962 kN、2158 kN 和 2354 kN；下放至 1570 kN、1373 kN、1177 kN、981 kN 和 785 kN），期间一切正常。

活动钻具期间，最大下压至 785 kN，上提至 2158 kN 后悬重无变化，下放至 785 kN，上提至原悬重，停泵，卸单根，起钻。起至第二柱第二根时悬重突然下降（由 1962 kN 下降至 177 kN）。钻具断裂。起出后发现钻具在第二柱第二根距离外螺纹接头台阶面 0.62 m 处断裂。

三、原因分析

（1）传感器问题，虽然每班检查传感器，但在频繁活动钻具过程中传感器中有可能有杂质堵塞三通，导致出油孔出油不畅，使指重表显示与录井显示失真。

（2）在井队和录井仪器出现失真后，虽然贝克休斯曲线和录井曲线发生大的误差，但是未能及时和井队及录井沟通，导致双方人员都未能及时发现仪器数据失真。在处理过程中，现场技术人员在错误仪表数据的干扰下，未能准确判断井下情况，误认为是井下解卡。

四、经验和教训

（1）井队和录井要加强传感器的检查，每 3 h 检查一次传感器情况。液压油在使用过程中要及时检查，发现问题及时更换。

（2）加强与录井和贝克休斯的沟通，任何一方发现异常后都要及时反映，共同分析原因。

五、事故警示

在处理事故时不要超过钻具性能极限。

第九节　克深 14 井断工具接头

一、基础资料

克深 14 井由巴州派特罗尔 P8007 队总包，事故井深为 3 407.60 m，目的层为新近系库车组；相关第三方为斯伦贝谢 Power V 垂直钻井工具服务，井身结构如图 1-13 所示。

钻头型号：17½ in SF55H3。

钻具结构：17½ in PDC钻头 ×0.49 m+Power V×5.13 m+731/NC610×0.55 m+ϕ441.2 mm扶正器 ×1.93 m+NC611/6 30×0.6 m+ϕ205 mm 无磁钻铤 ×9.12 m+ϕ228 mm 悬挂器 ×1.55 m+731/NC610×0.56 m+ϕ439.5 mm 扶正器 ×1.93 m+9 in 钻铤 ×4 根 +NC611/NC560×0.62 m+8 in 浮阀 ×0.5 m+8 in 钻铤 ×13 根 +NC561/5 20×0.62 m+5½ in 加重钻杆 +5½ in 钻杆 +521/5 20×0.4 m+ 下旋塞 + 方钻杆。

钻井参数：钻压为 100~120 kN，转速为 75 r/min，排量为 50 L/s，泵压为 19 MPa。

钻井液性能：密度为 1.44 g/cm^3，黏度为 48 mPa·s，塑性黏度为 16 mPa·s，屈服值为 10 Pa，初切力为 3 Pa，终切力为 12 Pa，中压失水量为 5 mL，滤饼厚度为 0.5 mm。

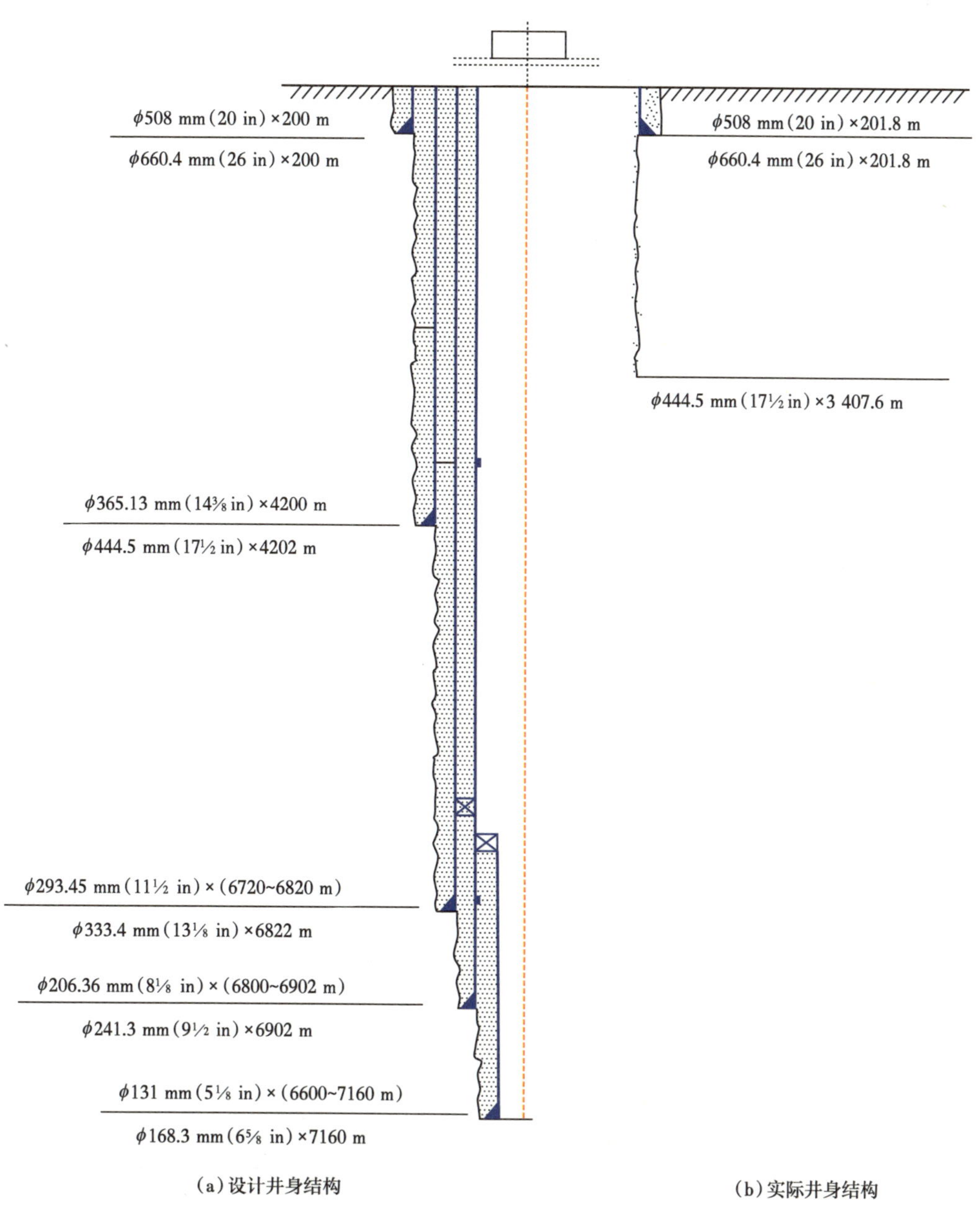

图 1-13　克深 14 井井身结构图

二、事故发生经过

2018 年 1 月 19 日，Power V 钻进至井深 3 407.6 m，泵压异常，由 19 MPa 下降至 14.5 MPa。起钻至加重钻杆钻具内一直反喷钻井液，起钻检查钻具，发现无磁悬挂和扶正器之间的接头 731/NC610 外螺纹断。

落鱼钻具结构：17½ in PDC 钻头 ×0.49 m+Power V×5.13 m+731/NC610×0.55 m +ϕ441.2 mm

扶正器 ×1.93 m+ NC611/6 30×0.6 m+ϕ205 mm 无磁钻铤 ×9.12 m+ϕ228 mm 无磁悬挂 ×1.55 m，落鱼长度为 19.37 m，鱼顶深度为 3 388.23 m。

三、事故处理经过

组合 11⅛ in 卡瓦打捞筒（内装 225 mm 螺瓦）至鱼头位置 3 388.23 m，循环冲洗鱼头，下压钻具 118 kN，泵压由 1.5 MPa 上升至 4.5 MPa，继续下压钻具 392 kN，上提钻具，悬重由 1334 kN 上升至 2256 kN 再下降至 1393 kN。1 月 22 日起钻完，打捞出全部落鱼，事故解除。

累计损失时间为 2.2 天。

四、事故原因分析

分析事故原因为外螺纹疲劳损伤。该接头使用经历见表 1-2。

表 1-2 接头使用经历

序号	入井时间 / h	开泵时间 / h	纯钻时间 / h	钻进井段 / m	备注
1	23.5	13.5	9.5	335.0~418.0	克深 14 井使用
2	342.0	223.0	160.0	456.0~2 880.0	
3	112.5	77.5	61.0	2 880.0~3 407.6	
4	75.0	60.0	40.0	—	到井之前在其他井使用时间
累计	553.0	374.0	270.5	—	—

（a）接头顶面

（b）接头侧面

图 1-14 接头断裂情况

五、经验和教训

（1）工具接头到井前严格按照工具接头使用时间及探伤标准进行核查、把关。

（2）上部大尺寸井眼工具使用扭矩大，每趟钻起钻必须检查，杜绝超期服役使用。

（3）第三方工具接头建议必须送工程技服探伤检查。

（4）建立工具接头档案，达到使用时间，按照规定强制报废。

六、事故警示

入井的转换接头应为新修螺纹，并与相连的钻柱螺纹采用同样的应力减轻结构。

第十节　克深 17 井接头失效

一、基础数据

克深 17 井由二勘 80009 钻井队总包，层位为第四系，事故井深为 693.19 m，岩性以砂砾岩为主，相关第三方为斯伦贝谢 Power V 垂直钻井工具服务。

钻头型号：17½ in 牙轮钻头。

钻具结构：17½ in 牙轮钻头 +Power V+ 扶正器 + 浮阀 + 无磁钻铤 + 悬挂短节 + 转换接头 + 扶正器 +9 in 钻铤 ×2 根 + 转换接头 +9½ in 减振器 + 转换接头 +9 in 钻铤 ×3 根 + 转换接头（NC61 公 ×NC56 母）+8 in 钻铤 ×15 根 +NC56 母 ×520+5½ in 加重钻杆 ×7 根 + 5⅞ in 钻杆。

钻井液性能：密度为 1.40 g/cm^3，黏度为 41 mPa·s，塑性黏度为 13 mPa·s，屈服值为 5Pa，初切力为 1 Pa，终切力为 6 Pa，中压失水量为 10 mL，滤饼厚度为 0.5 mm，摩阻系数为 0.1，pH 值为 8.5，Cl^- 含量为 19 200 mg/L，Ca^{2+} 含量为 198 mg/L，固相含量为 16%，含水率为 84%，含砂量为 0.4%，坂含量为 36 g/L。

钻具参数：钻压为 196~216 kN，转速为 60 r/min，扭矩为 5~8 kN·m，排量为 62 L/s，泵压为 16 MPa。

二、事故发生经过

2019 年 4 月 26 日 Power V 钻进至井深 693.19 m，泵压由 16 MPa 下降至 14 MPa，悬重由 883 kN 下降至 814 kN，扭矩由 8 kN·m 上升至 17 kN·m，起钻完，发现钻具从 MWD 悬挂短节外螺纹处断落。

落鱼结构：17½ in 钻头 ×0.43 m+Power V×5.38 m+ϕ438.6 mm 扶正器 ×1.95 m+9 in 浮阀 ×0.48 m+9 in 钻铤 ×9 m，落鱼长度为 17.24 m，理论鱼顶深为 675.95 m。

悬挂接头使用情况为纯钻时间为 106.07 h，使用井段为 228~693.19 m。

三、事故处理经过

2019 年 4 月 26 日组合卡瓦打捞筒下钻至井深 675 m，循环冲洗鱼头（排量为 22 L/s，泵压为 2 MPa），打捞（开泵为 11 L/s，下探至井深 676.45 m 探得鱼顶，原悬重为 687 kN，下压至 657 kN，泵压由 1 MPa 上升至 2 MPa，停泵泵压由 2 MPa 下降至 1 MPa，上提悬重由 657 kN 上升至 785 kN 再下降至 716 kN），起打捞管柱完，捞获全部落鱼，累计损失时间为 11.5 h。

四、事故原因

（1）接头失效原因为接头螺纹累计使用 4 口井未修扣，螺纹未加工应力减轻槽，加上本井地层砾石多，钻进中钻压高、扭矩大，蹩跳严重，造成薄弱处接头疲劳断裂（图 1-15）。

（2）转换接头 NC611 外螺纹断裂，断口位于外螺纹根部，距密封台阶面 10 mm 危险截面处。

图 1-15　转换接头断裂情况

五、经验和教训

（1）科学、合理化钻具结构，避免下步刚性较强钻具中存在内外径突变的薄弱点，造成应力集中，钻具提前疲劳断裂。

（2）合理化钻进参数，在长时间高钻压、大扭矩、高泵压、大排量作业下，应该考虑缩短钻具使用时间，起钻探伤。

（3）加强工程师及操作人员的钻井技术培训，做到及早发现异常，预防井下事故发生。

六、事故警示

（1）该类转换接头断裂已发生多起，未落实前期制定的失效预防措施，是造成失效的管理原因。

（2）钻井监督及井队对外部提供的工具螺纹加强监管，螺纹应为新修扣，并与相连钻工具采用同样应力减轻结构。

第十一节　KeS8-9 井接头失效

一、基础资料

2019 年 10 月 17 日，由六勘 80122SL 钻井队承钻的油气田产能建设事业部所属 KeS8-9 井，在钻至井深 670 m 时发生了 Power V 转换接头（NC61 母 ×831）内螺纹断裂事故。

KeS8-9 井事故井深为 670 m，层位为第四系，岩性为砂砾岩，相关第三方为斯伦贝谢 Power V 垂直钻井工具服务。

当前井身结构：20 in 套管（0~200.72 m）。

钻具参数：钻压为 80~120 kN，转速为 50 r/min，排量为 70 L/s，泵压为 15 MPa，钻井液密度为 1.11 g/cm^3。

钻具组合：17½ in 钻头 +11 in Power V+ 转换接头（NC61 母 ×831）+17½ in 钻具稳定器 +9 in 浮阀 +9 in 钻铤 + 悬挂接头（731×NC61 母）+17½ in 钻具稳定器 +9 in 钻铤 ×5 根 + 转换接头（NC61 公 ×NC56 母）+8 in 钻铤 ×15 根 + 转换接头（NC56 公 ×520）+5½ in 加重钻杆 +5½ in 钻杆。

二、事故经过

10 月 17 日钻进至井深 670 m，泵压由 15 MPa 下降至 13 MPa，起钻，发现转换接头 NC61 内螺纹断裂，落鱼长度为 5.58 m，鱼顶深度为 664.42 m。

落鱼结构：17½ in 钻头 ×0.44 m+11 in Power V×4.26 m+ 转换接头 0.88 m。

三、事故处理过程

2019 年 10 月 18 日组合 13¾ in 卡瓦打捞筒下钻至井深 658 m，打捞落鱼，原悬重为 687 kN，下压至 608 kN，上提悬重由 687 kN 上升至 706 kN，泵压由 0 MPa 上升至 10 MPa，起钻，捞获全部落鱼，事故解除。事故损失时间为 2.1 天。

四、现场调查情况

（1）承钻该井作业队伍为油田新引进队伍，KeS8-9 井为该队第一口作业井。

（2）失效转换接头长度为 980 mm，内径为 78 mm，外螺纹端外径为 279 mm，内螺纹端外径为 215 mm，其中内螺纹端外径小于油田转换接头标准外径 229 mm。

（3）牙轮钻头三个牙掌后侧明显磨损［图 1-16（a）］，Power V 的 3 个推靠臂磨损严重，推靠臂表面硬质合金块全部磨光［图 1-16（b）］，近钻头钻具稳定器工作表面下部（长 180 mm）磨损严重，表面硬质合金柱全部磨光［图 1-16（c）］，磨损深度为 3~5 mm，另一只钻具稳定器 NC61 内螺纹密封面严重研磨［图 1-16（d）］。

（a）牙掌磨损

（b）推靠臂磨损

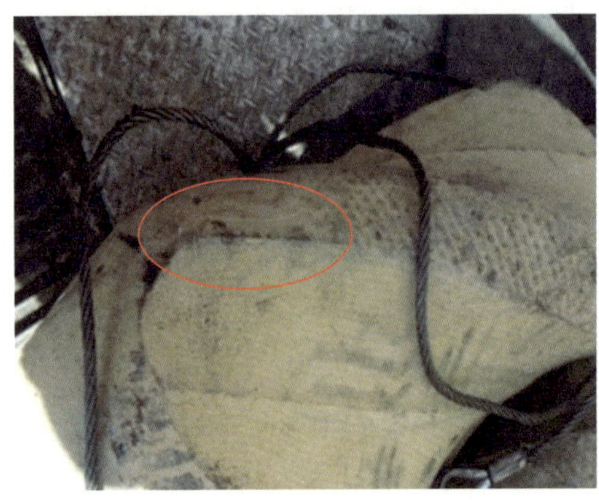
（c）扶正器表面磨损

（d）扶正器内螺纹密封面研磨

图 1-16　钻具磨损情况

（4）失效转换接头断口距内螺纹密封面 100~110 mm，位于内螺纹危险应力截面处，断面平整，呈明显疲劳特征（图 1-17）。

(a)接头密封面断面

(b)接头密封面背面断面

图 1-17　接头断裂情况

五、失效钻具基本情况

1. 使用历史

断裂的转换接头钢号为 OSSTJ1703-60，先后在 KeS5-3 井、KeS13-3 井和 KeS8-9 井 3 口井使用，使用记录见表 1-3。表中扣型为转换接头的上端内螺纹 NC61 和 Power V 下端内螺纹 730，表中长度 5.28 m 为 Power V 和断裂转换接头的总长。从使用记录看出，3 井次的长度相同，断裂转换接头送井前均未进行螺纹修扣。

表 1-3　钻具使用跟踪表

序号	井号	扣型	长度 / m	内径 / mm	外径 / mm	入井深度 / m	起出深度 / m	进尺 / m	累计进尺 / m	入井时间	出井时间	负荷累计 / h	纯钻累计 / h	性能状态分析
1	KS5-3	NC61×730	5.28	77	280+215	3741	3 755.00	14.00	14.00	2019 年 8 月 22 日 8:00	2019 年 8 月 24 日 6:00	46.0	11.0	良好
2	KS13-3	NC61×730	5.28	77	280+215	2670	4 024.00	1 354.00	1 368.00	2019 年 9 月 1 日 00:00	2019 年 9 月 15 日 13:00	349.0	123.0	良好
3	KS8-9	NC61×730	5.28	77	280+215	238	670.46	432.46	1 800.46	2019 年 10 月 13 日 13:30	2019 年 10 月 18 日 11:00	117.5	63.5	变内螺纹端根部断裂

2. KeS8-9 井使用情况

失效转换接头在 2019 年 10 月 8 日进行检测合格，本井为 10 月 13 日入井，使用纯钻时间 63.5 h，进尺 432.5 m。

六、事故原因分析

（1）失效转换接头累计使用两口井回收后，未对螺纹进行修复，疲劳累积应力未能消除是造成此次失效的根本原因。失效转换接头于 9 月 1 日至 9 月 15 日在 KeS13-3 井使用，进尺为 1058 m 纯钻时间为 190 h，侧钻进尺为 296 m，侧钻时间为 53 h，单井累计进尺为 1354 m，旋转时间为 243 h。

（2）该转换接头 NC61 内螺纹端外径为 215 mm，小于油田转换接头标准外径 229 mm，内螺纹接头外径偏小导致弯曲强度比由 3.2 降低至 2.5，弯曲强度比失衡是导致此次内螺纹失效的重要原因。

（3）Power V 及钻具稳定器扶正体磨损表明，该井钻进过程中钻柱蹩跳严重，复杂工况是造成本次失效的次要原因。失效转换接头在承受弯扭复杂应力工况时，诱发早期疲劳失效。

（4）《塔里木油田钻工具管理与使用办法（试行）》下发后，相关方未能及时组织学习、宣贯和落实是造成本次失效的管理原因。

七、事故警示

（1）加强《塔里木油田钻工具管理与使用办法（试行）》的学习，关键在落实。

（2）钻井监督及井队对外部提供的工具螺纹加强监管，螺纹应为新修扣，并与相连钻工具采用同样应力减轻结构。

第十二节　博孜 3 井 9 in 钻铤失效

一、基础资料

博孜 3 井由巴州兆石 Z8002 钻井队，总包，事故井深为 1739 m，层位为新近系库车组，岩性以砾岩为主。

钻具组合：16 in 牙轮钻头 +730×NC61 母 +9 in 钻铤 ×2 根 +16 in 扶正器 +9 in 钻铤 ×1 根 +16 in 扶正器 + 转换接头（NC61 公 ×NC56 母）+8 in×18 根 + 转换接头（NC56 公 ×520）+ 5½ in WDP×13 根 + 5½ in 钻杆。

钻井参数：钻压为 80~100 kN，转速为 80 r/min，泵压为 12 MPa，排量为 60 L/s，钻井液密度为 1.12 g/cm^3，钻井液体系为 KCl 聚合物，pH 值为 7.5。

前期复杂情况：钻进至 1 738.92 m 时钻压上涨，由 78 kN 上升至 117 kN，扭矩由 15 kN·m 下降至 10 kN·m，泵压由 11.1 MPa 下降至 10.8 MPa，判断此时钻铤已经断裂。

落鱼结构：16 in 钻头 + 转换接头 730×NC610+9 in 钻铤 ×2 根，落鱼长度为 19.03 m，理论鱼顶位置为 1 719.97 m。

二、事故发生经过

2016 年 10 月 19 日 12:30 钻进至井深 1739 m，发现泵压由 11.8 MPa 下降至 10.8 MPa，循环，起钻完，发现第 2 根 9 in 钻铤距离内螺纹端 80 mm 处断裂。

三、事故处理过程

组织卡瓦打捞筒，一次打捞成功，事故损失时间为 1 天。

10 月 20 日组合 11¼ in 卡瓦打捞筒下钻至井深 1715 m，循环冲洗鱼头（排量为 50 L/s，泵压为 9.7 MPa），打捞（1 720.04 m 探得鱼头，加压 29 kN，转动 1/3 ，钻压回零，鱼头引入引鞋，加压 147 kN，泵压为 9.7 MPa 上升至 10.1 MPa，上提悬重由 1060 kN 上升至 1099 kN），起钻完捞获全部落鱼，事故解除一次打捞成功，事故损失时间为 1 天。

四、断口描述

断口距内螺纹台肩面 80 mm，位于内螺纹中下端（内螺纹锥部总长为 155.6 mm），断口处外径为 225.6 mm。断面圆周平坦，已磨损破坏，宏观断口为疲劳断裂断口（图 1-18）。

(a) 钻铤断口

(b) 钻铤断口背面

图 1-18　钻铤断裂情况

五、钻铤历史及使用情况

断裂的 9 in 钻铤钢号为 SCB0156，有 21 口井使用历史，本井入井日期 2016 年 10 月 7 日，进尺为 628 m，纯钻时间为 268 h。上口井发 YD1-2H 井未下井，因此未修扣（表 1-4）。

表 1-4　钢号 SCB0156 的钻铤检测情况

检测地点	井号	检测日期	内螺纹外径 / mm	内螺纹长度 / mm	内螺纹状况	外螺纹外径 / mm	外螺纹长度 / mm	外螺纹状况	总长 / mm
库车	YD1-2H	2016 年 5 月 7 日	225.5	260	OK	224.5	202	OK	8.678
库车	玉东 7	2015 年 10 月 30 日	225.6	290	TD	224.6	202	TD	8.678
库车	克深 602	2015 年 3 月 7 日	225.7	295	OK	224.7	227	OK	8.680
库车	金跃 4-1	2014 年 6 月 30 日	225.8	296	TD	224.7	228	TD	8.685
基地	玉东 106	2012 年 9 月 2 日	226.0	297	OK	224.9	235	OK	8.685
库车	YM7-H14	2012 年 5 月 12 日	226.8	298	TD	224.9	236	TD	8.692
库车	克深 4	2011 年 11 月 14 日	226.9	300	TD	225.3	246	TD	8.695
轮南	LN3-3-9	2011 年 3 月 30 日	227.0	300	TD	228.2	255	OK	8.720
轮南	中古 21-1H	2010 年 10 月 4 日	227.0	305	TD	228.3	268	TD	8.780
塔中	中古 102	2010 年 7 月 8 日	227.6	345	OK	228.4	285	OK	8.800
塔中	中古 43	2009 年 12 月 25 日	228.0	349	OK	228.4	287	OK	8.800
塔中	中古 601	2009 年 7 月 5 日	228.0	360	TD	228.4	289	OK	8.807
基地	LG15-27	2008 年 10 月 16 日	228.3	360	OK	228.4	290	OK	8.810
基地	大北 301	2008 年 4 月 14 日	228.3	370	TD	228.6	290	TD	8.835
基地	LG352	2008 年 3 月 4 日	228.4	385	OK	228.7	300	OK	8.835
基地	玛 4-H2	2007 年 12 月 11 日	228.7	385	TD	229.2	310	TD	8.840
基地	沙南 2	2007 年 10 月 16 日	228.8	385	TD	229.2	310	TD	8.860
基地	轮南 635	2007 年 3 月 22 日	229.1	390	TD	229.4	310	TD	8.880
基地	库车	2007 年 2 月 7 日	230.0	390	OK	229.4	330	OK	8.890
基地	东秋 -6	2006 年 6 月 8 日	230.0	400	TD	229.4	340	TD	8.900
基地	YTK1-11	2006 年 2 月 15 日	230.2	410	TD	230.1	360	TD	8.910

六、原因分析

根据断口分析，初步判断该钻铤是疲劳断裂。

（1）螺纹紧扣扭矩不足，根据调查，该井 9 in 钻铤用 B 型大钳紧扣 12 MPa（12 MPa 约等于 72 kN·m），推荐 9 in 钻铤上扣扭矩为 92 kN·m，上扣扭矩不足使弯曲疲劳应力增大，是导致该部位断裂的主要原因。

（2）该井为山前井，岩性以厚层状杂色砂砾岩和砂岩为主，该区块在上部井段因大块砾石较多，钻进中跳钻导致钻柱纵向振动较严重，增加了钻铤螺纹的疲劳速度。

七、事故警示

（1）B 型大钳上扣达到紧扣扭矩时，应保证钢丝绳与钳臂之间的夹角近 90°。

（2）井队应做好钻具入井前螺纹清洁工作，严格按照推荐上扣扭矩紧扣上限上扣，确保上扣扭矩不小于推荐值。

第十三节　佳木 1 井 6¼ in 钻铤螺纹失效

一、基础资料

佳木 1 井由四勘 70158 钻井队以总承包模式承钻，事故井深为 6368 m，层位为巴什基奇克组，岩性为砂岩。其井身结构设计如图 1-19 所示。

钻具组合：8½ in 钻头 +6¼ in 钻铤 ×15 根 +5 in 加重 ×15 根 +5 in 钻杆 ×585 根 + 旋塞 + 浮阀 +5 in 钻杆。

钻井参数：钻压为 60 kN，转速为 80~90 r/min，泵压为 1.8 MPa，排量为 16 L/s，钻井液体系为 BH-WEI，钻井液密度为 1.80 g/cm^3，pH 值为 9，扭矩为 9 kN·m。

井深质量：井深为 6125 m，最大井斜为 2.20°，方位为 264°。

落鱼结构：钻头 ×0.33 m+ 双母接头 ×0.91 m+6¼ in 钻铤 ×1 根 ×8.98 m+6¼ in 钻铤 ×1 根 ×8.8 m，落鱼长度为 19.02 m，理论鱼顶为 6 348.98 m。

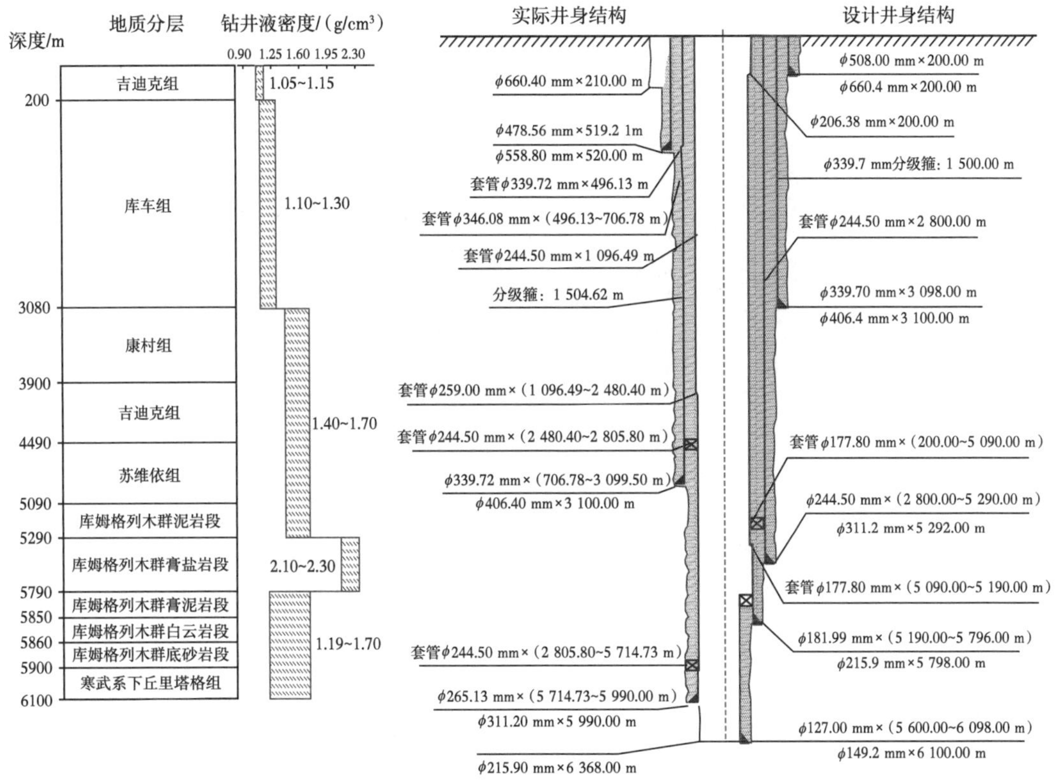

图 1-19　佳木 1 井井身结构图

二、事故发生经过

2016 年 3 月 27 日 15:30 钻进至井深 6368 m，发现钻时慢，扭矩小（8~9 kN·m），决定起钻，起钻完，发现距钻头第 2 根 6¼ in 钻铤从内螺纹端 8 cm 处断裂。

三、事故处理过程

2016 年 3 月 28 日将井上情况汇报给勘探事业部，鉴于该井目的层油气显示不好，决定不进行打捞，通井电法测井（以下简称“电测”）完井。

四、断口描述

断口距内螺纹密封面 80 mm，位于内螺纹小端第三扣，管体外径为 157.1 mm，内径为 72 mm，断面约 4/5 呈明显的疲劳平台，螺纹牙底疲劳源清晰，约 1/5 为瞬断区，瞬断区呈凸起状，断后旋转导致瞬断区及外螺纹小端严重破坏，宏观断口为疲劳断裂断口（图 1-20）。

图 1-20　钻铤断口

五、钻铤技术状况

断裂的 6¼ in 钻铤钢号为 FCE00931，该钻铤 2008 年 4 月进货，2009 年 7 月启用，有 14 口井使用历史，本井 2016 年 2 月 1 日入井，纯钻时间为 315.3 h，进尺为 378 m，送井前内外螺纹全修扣，加工有内外螺纹应力分散槽，经检测各项指标合格（表 1–5）。

表 1–5　钢号 FCE00931 的 6¼ in 钻铤检测情况

检测地点	井号	检测日期	内螺纹状况	内螺纹外径 / mm	内螺纹空间 / mm	外螺纹状况	外螺纹外径 / mm	外螺纹空间 / mm	外螺纹内径 / mm	管体长度 / m	螺纹探伤
库车	秋探 1	2015 年 10 月 29 日	TD	155.6	435	TD	156.9	600	72.5	8.572	OK
库车	克深 502	2015 年 1 月 15 日	BS	156.0	481	BS	157.1	645	73.0	8.693	OK
库车	英探 1	2014 年 7 月 16 日	TD	156.4	525	TD	157.5	663	72.9	8.745	OK
库车	DN2–10	2013 年 12 月 12 日	TD	156.7	558	TD	157.6	690	72.4	8.825	OK
库车	玛 5–8H	2013 年 6 月 14 日	TD	156.7	572	TD	158.0	697	72.7	8.852	OK
库车	柯中 104	2013 年 1 月 26 日	TD	157.1	605	TD	158.0	710	74.0	8.939	OK
库车	克深 101	2012 年 5 月 1 日	TD	157.5	623	TD	158.2	755	73.0	8.983	OK
库车	玉东 102	2011 年 12 月 31 日	TD	157.6	640	TD	158.7	780	72.5	8.984	OK
库车	YH3–1H	2011 年 8 月 6 日	OK	158.3	647	TD	158.8	784	73.4	9.016	OK
塔中	中古 25	2011 年 4 月 25 日	TD	158.9	655	TD	159.5	785	73.5	9.098	OK
塔中	中古 462	2010 年 9 月 13 日	OK	161.1	687	OK	159.7	849	71.8	9.099	OK
库车	新垦 7	2010 年 6 月 13 日	TD	161.4	695	TD	160.8	855	73.2	9.140	OK
库车	克深 1	2010 年 1 月 24 日	OK	161.5	705	OK	161.0	920	72.9	9.230	OK
库车	DN2–21	2009 年 10 月 9 日	TD	161.8	800	TD	161.1	1000	73.3	9.322	OK
基地	基地料场	2008 年 4 月 8 日	OK	162.2	808	OK	161.3	1005	73.0	9.400	OK

六、原因分析

根据断口分析该钻铤螺纹属于疲劳断裂。

（1）四开 8½ in 井眼钻进从 5990 m 到 6368 m 都没带扶正器，6¼ in 钻铤在钻压作用下长时间承受较大弯矩产生弯曲应力，长时间没有卸扣释放应力致使螺纹产生疲劳。

（2）6300 m 后井斜逐渐增大，断口位置 6348 m 处井斜达到 8.3°，钻铤在大井斜工况下弯曲应力增大，加速了螺纹疲劳。

七、下步改进措施

建议每两趟钻对加重钻杆及以下的钻柱逐根卸扣释放螺纹应力。

第十四节　轮探1井8 in无磁钻铤螺纹失效

一、基础资料

轮探1井由一勘90008钻井队，切块承包，事故井深为3632 m（表1-6）。

表1-6　轮探1井钻进情况

日期	开次	钻头尺寸/in	井深/m	进尺/m	纯钻时间/h	套管尺寸/in	套管长度/m	备注
2018年6月28日至2018年7月1日	一开	22	800	800	34.5	—	—	—
2018年7月7日至2018年7月23日	二开	17	3632	2832	228.0	$18\frac{5}{8}$	800	无磁钻铤外螺纹断

钻具组合：17 in钻头＋扭力冲击器+NC61×630+9 in钻铤×2根+17 in扶正器×1根+9 in钻铤×1根+17 in扶正器×1根+9 in钻铤×2根+NC61×NC56+定向接头+8 in无磁钻铤+8 in钻铤×15根+NC56×520+$5\frac{1}{2}$ in加重钻杆×15+$5\frac{1}{2}$ in钻杆。

钻井参数：钻压为60~80 kN，转速为80~90 r/min，泵压为22 MPa，排量为52 L/s，钻井液密度为1.17 g/cm^3，pH值为8。

二、事故发生经过

2018年7月23日钻进至井深3632 m，泵压从22 MPa下降至19 MPa，悬重从1923 kN下降至1766 kN，起钻检查钻具，7月24日起钻完，发现8 in无磁钻铤外螺纹断裂。

三、事故处理过程

卡瓦打捞筒，一次打捞成功。

四、断口描述

断口位于螺纹大端第3扣，距外螺纹密封面约31 mm，断面不平整，晶粒较粗大，外径为202.2 mm，内径为76 mm（图1-21）。

五、钻具技术状况

失效无磁钻铤送井前探伤合格，7月17日入井，使用纯钻时间为92.5 h，进尺983 m，送井前各项指标合格。

（a）钻铤断口

（b）钻铤断口侧面

图 1-21　钻铤断裂情况

六、失效原因分析

根据断口形貌情况，分析为低周疲劳断裂失效。

（1）从无磁钻铤使用时间、断口形状和钻井工况分析，怀疑材料本身有缺陷，建议送第三方检测分析。

（2）无磁钻铤失效部位为应力集中区，外螺纹未加工应力减轻槽，加剧了螺纹断裂失效。

七、事故警示

（1）按照推荐上扣扭矩上扣。

（2）井队密切关注泵压变化，采取有效措施，降低失效风险。

（3）建议油田对无磁钻铤等入井物资明确生产厂家范畴，同时明确此类物资检维修管理要求。

（4）入井工具应为使用现场提供该工具中文版使用说明书，说明书应包含检维修记录、关键性能指标。

（5）钻井监督及井队对外部提供的工具螺纹加强监管，螺纹应为新修扣，并与相连钻工具采用同样应力减轻结构。

第十五节　FY1-H3 井钻具刺漏

一、基础资料

FY1-H3 井由西部钻探贝肯 70001 钻井队以总承包模式承钻，事故井深为 1 429.5 m，岩性为泥岩。其井身结构设计如图 1-22 所示。

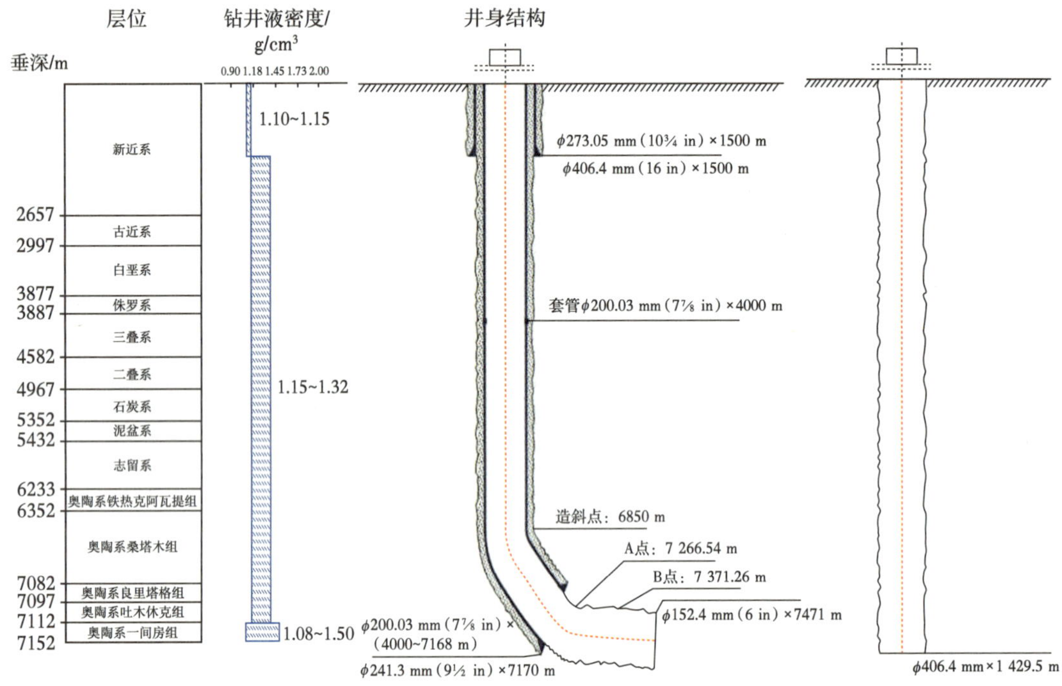

图 1-22　FY1-H3 井井身结构图

钻头型号：STS915K。

钻具结构：ϕ406.4 mm STS915KPDC 钻头 +730×NC61 转换接头 +ϕ228.6 mm 钻铤 ×2 根 + ϕ404 mm 稳定器 +ϕ228.6 mm 螺旋钻铤 ×1 根 +ϕ404 mm 稳定器 + 转换接头 NC61×NC56 m+ 转换接头 NC56×630+ϕ203.2 mm 无磁钻铤 + 转换接头 631×NC56+ϕ196.9 mm 螺旋钻铤 ×2 根 + 转换接头 NC56×NC50+ϕ177.8 mm 螺旋钻铤 ×15 根 +ϕ127 mm 斜坡加重钻杆 ×15 根 + 转换接头 411×NC52T+ϕ127 mmS135 Ⅱ斜坡钻杆 ×114 根。

钻井参数：钻压为 294 kN，转速为 75 r/min，排量为 60 L/s，扭矩为 3~5 kN·m，泵压为 14 MPa。

钻井液性能：密度为 1.18 g/cm^3，黏度为 43 mPa·s，pH 值为 8，初切力为 3 Pa，终切力为 5 Pa，动切力为 3.5 Pa，塑性黏度为 9 mPa·s。

二、发生经过

2019 年 6 月 1 日一开钻进至 1 429.5 m，排量为 60 L/s，钻压为 29 kN，泵压突然由 14 MPa 下降至 9.5 MPa，起钻检查钻具。起钻至井深 1073 m 时悬重由 834 kN 下降至 392 kN，起钻完（共起出钻具 768.79 m）。起出的最后一根钻杆外螺纹接头处刺漏（图 1-23）。

落鱼长度为 652.44 m，鱼顶位置为 777.06 m，钻头位置为 1 429.5 m。

图 1-23　钻杆接头刺漏情况

落鱼结构：ϕ406.4 mm STS915KPDC 钻头 ×0.45 m+730×NC61 转换接头 ×0.58 m+ϕ228.6 mm 钻铤 ×17.88 m+ϕ404 mm 稳定器 ×2.02 m+ϕ228.6 mm 螺旋钻铤 ×8.97 m+ϕ404 mm 稳定器 ×2.02 m+ NC61×NC56 转换接头 ×1.08 m+ NC56×630 转换接头 ×0.55 m+ϕ203.2 mm 无磁钻铤 ×8.98 m+631×NC56 转换接头 ×0.71 m+ϕ196.9 mm 螺旋钻铤 ×19.01 m+ NC56×NC50 转换接头 ×0.70 m+ϕ177.8 mm 螺旋钻铤 ×126.58 m+ϕ127 mm 斜坡加重钻杆 ×138.3 m+411×NC52T 转换接头 ×0.71 m+ϕ127 mmS135 Ⅱ斜坡钻杆 314.28 m。

三、事故处理经过

2019 年 6 月 2 日下原钻具光钻杆进行对扣至鱼顶位置 777.06 m，下压 9.8 kN，正转 3 圈，扭矩升至 25 kN·m，上提悬重由 834 kN 上升至 1668 kN，对扣成功。

钻具卡死，无法活动，多次活动钻具，最大提至 1668 kN。活动无效后，单泵小排量开泵顶通环空，增大排量至 30 L/s，循环 10 min 后，泵压由 6 MPa 下降至 3.2 MPa，分析为短路循环。

倒扣，上提 491 kN，倒转 3 圈扭矩最大为 30 kN·m，倒扣成功后，上提钻具指重表显示悬重为 736 kN，原悬重为 834 kN，起钻至 768 m 后，继续起钻累计起出 1 350.1 m 钻具，末端钻铤外螺纹损毁严重（图 1-24），井下留有落鱼 71.43 m。

落鱼结构：ϕ406.4 mm STS915KPDC 钻头 ×0.45 m+730×NC61 转换接头 ×0.58 m+ϕ228.6 mm 钻铤 ×17.88 m+ϕ404 mm 稳定器 ×2.02 m+ϕ228.6 mm 螺旋钻铤 ×8.97 m+ϕ404 mm 稳定器 ×2.02 m+ NC61×NC56 转换接头 ×1.08 m+ NC56×630 转换接头 ×0.55 m+ϕ203.2 mm 无磁钻铤 ×8.98 m+631×NC56 转换接头 ×0.71 m+ϕ196.9 mm 螺旋钻铤 ×19.01 m+ NC56×NC50 转换接头 ×0.70 m+ϕ177.8 mm 螺旋钻铤 ×8.48 m。

（a）起钻时断口情况

（b）断口侧面

（c）断口背面

图 1-24　断口现场情况

2019 年 6 月 3 日组合 ϕ245 mm 可退式打捞筒（ϕ175 mm 蓝状卡瓦）+ 接头 +ϕ127 mm 非标钻杆 ×3 根 + 接头 +ϕ177.8 mm 超级震击器 +ϕ127 mm 加重钻杆 ×5 根 +ϕ177.8 mm 液压加速器 + 接头 +ϕ127 mm 非标钻杆。

下打捞钻具至 1 358.07 m，冲洗鱼头，打捞（实探鱼头位置为 1 358.5 m，下压钻压 9.8 kN，正转，钻压回零，下放钻具 0.2 m，下压 196 kN，上提钻具悬重由 589 kN 上升至 981 kN）。2019 年 6 月 4 日 8:30 震击（共震击 198 次，最大上提悬重为 1815 kN，刹住刹把，等待 20~30 s 后，震击器自动震击，震击复位悬重 1717 kN，未能恢复到打捞钻具的原悬重 589 kN，震击解卡未能成功），未解卡。

注水泥，回填侧钻。

累计损失时间为 14.52 天。

四、事故原因分析

（1）钻具为新到井钻具，纯钻时间仅为 53 h，发生刺漏事故。钻杆 2008 年进货产品，有 15 口井使用历史，历史使用时间较长，不排除有疲劳积累。

（2）钻具内螺纹接箍处较为薄弱，钳压咬痕损伤明显，刺漏处可能应力集中有瑕疵。

（3）钻具刺漏，司钻和值班干部未及时发现。

五、经验和教训

（1）操作人员进行岗位培训，增加岗位技能。

（2）值班干部做好巡查，发现问题及时整改。

（3）加强钻具管理，勤查钻具使用情况。

六、整改及防范措施

（1）在钻井作业过程中，发现泵压变化应及时查找原因，准确判断，避免因钻具刺漏脱扣落井而引起的井下复杂。

（2）钻具到井必须有检测探伤报告。

（3）新来钻具要认真检查，场地工、工程师和内外钳工检查好钻具情况确保入井钻具能满足井下要求。对不满足要求的钻具严禁入井。

（4）钻具在使用过程中，上下坡道，应带好提护一套，保护好钻具螺纹。

（5）钻具的连接应符合标准，内外螺纹都要均匀涂抹适量的合格的钻具螺纹脂。

（6）钻具紧扣应按照塔里木油田钻具中心的要求，按照对应的标准扭矩上扣。

（7）钻井液性能调整合理，使用好固控设备降低劣质固相含量，提高钻具在钻井液中的安全系数。

七、事故警示

新进入塔里木油田的作业队伍，应加强《塔里木油田钻工具管理与使用办法（试行）》的学习，关键在落实。

第二章　卡钻典型案例

第一节　跃满 21 井粘卡

一、基础资料

表层套管 10¾ in 下深 1509 m，裸眼 9½ in 钻头钻进。

钻具组合：PDC 钻头 + 扭冲 +411×NC56 母 + 浮阀 +7¾ in 钻铤 ×2 根 + 扶正器 +7¾ in 钻铤 ×1 根 +NC56 公 ×410+7 in 无磁钻铤 ×1 根 +7 in 钻铤 ×1 根 +7 in 无磁钻铤 ×1 根 +7 in 钻铤 ×8 根 +5 in 有线钻杆 ×15 根 + 钻杆。

二、事故发生经过

钻进至井深 6 393.37 m，层位为志留系柯坪塔格组，上提钻具准备接单根，悬重由原悬重 2305 kN 上升至 2347 kN，下放至原悬重启动转盘转动钻具，扭矩由 0 上升至 36.3 kN·m，转盘蹩停。之后多次上下活动钻具（2007~3200 kN），转动钻具（扭矩 0~45 kN·m）无效，钻具卡死。

三、事故处理经过

（1）强力活动钻具（294~1570 kN），泡解卡剂，未解卡。

（2）测卡点，爆炸松扣，在 4098 m 爆炸松扣成功，套铣（井段为 4098~4 143.9 m）不成功。

（3）再次测卡点，卡点位置为 6030 m，爆炸松扣。

（4）回填侧钻，侧钻点为 5840 m。

四、经验和教训

（1）开钻前做好钻井策划，全面梳理每一环节存在的风险和可能出现的复杂情况。

（2）井下出现异常情况要及时分析原因，提前制定事故复杂预防措施，避免盲目钻进。

（3）勘探公司充分发挥集成管理优势，加强技术支撑，避免多头管理，各自为战。

（4）井下发现异常后要立即汇报至甲乙方相关部门，共同分析研判，制定技术措施。

五、事故警示

（1）合理选择钻井液密度，对于渗透性较好的碎屑岩地层提前做好钻井液性能优化，控失水、强抑制、重润滑。

（2）根据井下情况及下步施工风险，合理选择钻具组合，必要时可通过加入扶正器将钻具与井壁接触位置由面接触转为点接触。

（3）井下存在粘卡情况时，最大限度减少钻具静止时间。

第二节　YG1-2 井粘卡

一、基础资料

YG1-2 井由二勘 70540 钻井队以总承包模式承钻，事故井深为 4164 m，层位为古近系巴什基奇克组。其井身结构设计如图 2-1 所示。

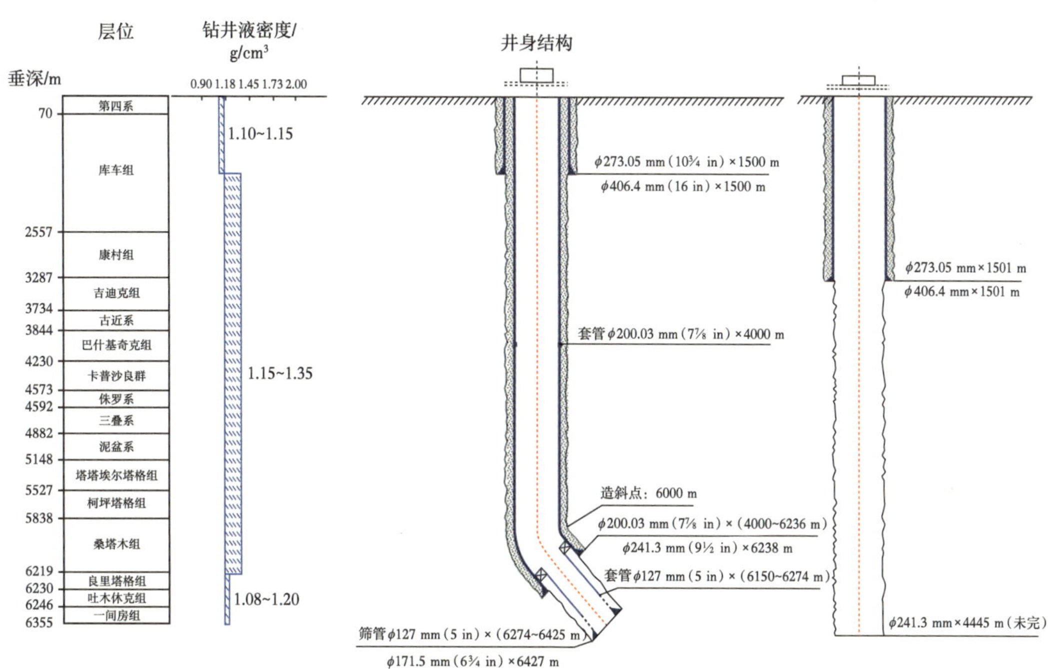

图 2-1　YG1-2 井井身结构图

钻头型号：241.3 mmTS1952。

钻具结构：ϕ241.3 mmTS1952+ϕ197 mm 螺杆 +630×NC56 母 + 接头 +ϕ203.2 mm 无磁钻铤 ×1 根 +ϕ238 mm 扶正器 ×1 根 +ϕ196.7 mm 螺旋钻铤 ×1 根 +ϕ230 mm 扶正器 ×1 根 +ϕ196.7 mm 螺旋钻铤 ×1 根 +NC56 公 ×NC50 母 +ϕ177.8 mm 无磁钻铤 ×1 根 +ϕ177.8 mm 螺

旋钻铤 ×11 根 +ϕ127 mm 加重钻杆 ×9 根 +NC50 公 ×NC52T 母 +ϕ127 mm 非标钻杆。

起钻前钻井液性能：密度为 1.30 g/cm^3，黏度为 49 mPa·s，塑性黏度为 18 mPa·s，动切力为 4.5 Pa，初切力为 1 Pa，终切力为 3 Pa，失水量为 4.2 mL，滤饼厚度为 0.5 mm，HTHP（100 °C）为 12 mL，滤饼厚度为 1.5 mm，pH 值为 8，固相含量为 17%，含油量为 1%，含砂量为 0.3%，坂含量为 38 g/L，Cl^- 含量为 21 030 mg/L，Ca^{2+} 含量为 899 mg/L。

二、事故发生经过

2017 年 8 月 7 日二开钻进至 4445 m 后，循环钻井液 2 h 后振动筛基本无岩屑，开始进行短起下钻，从第 3 根上单根开始至第十根上单根遇阻严重（井段 4445~4173 m），中途间断接方钻杆开泵上下反复拉划活动钻具，倒划眼通过，至 20:00 接方钻杆正划下行畅通，倒划眼至井深 4164 m 无效果。

第一次上提钻具：逐步上提钻具，悬重由 1619 kN 上升至 1815 kN，下放钻具，悬重由 1815 kN 下降至 1226 kN 再上升至 1619 kN 放脱；第二次活动钻具：逐步上提钻具，悬重由 1619 kN 上升至 1815 kN，下放钻具，悬重由 1815 kN 下降至 1619 kN 再下降至 1226 kN 再上升至 1472 kN 未放脱；继续下放钻具，悬重由 1472 kN 下降至 981 kN 未放脱，继续活动钻具（活动范围由 294 kN 上升至 1766 kN）无效，钻具卡死。

三、事故处理经过

注入解卡剂 15 m^3，其中环空 11 m^3，管内 4 m^3，浸泡上下活动钻具未解卡，活动范围为 294~1962 kN，测卡点，爆炸松扣，回填侧钻。

四、事故原因分析

钻井液性能差导致井眼不通畅。

五、事故警示

（1）井下出现异常情况要及时分析原因，避免盲目钻进。

（2）定向井钻进在保证井下安全的前提下，尽可能采用较低钻井液密度，同时控制好井身质量，避免出现较大狗腿。

第三节　克深 1002 井软泥岩缩径卡钻

一、基础资料

克深 1002 井由四勘 90007 钻井队以总承包模式承钻，事故井深为 2 686.06 m，层位为库姆格列木群盐岩段，岩性为灰白色泥质盐岩。其井身结构设计如图 2-2 所示。

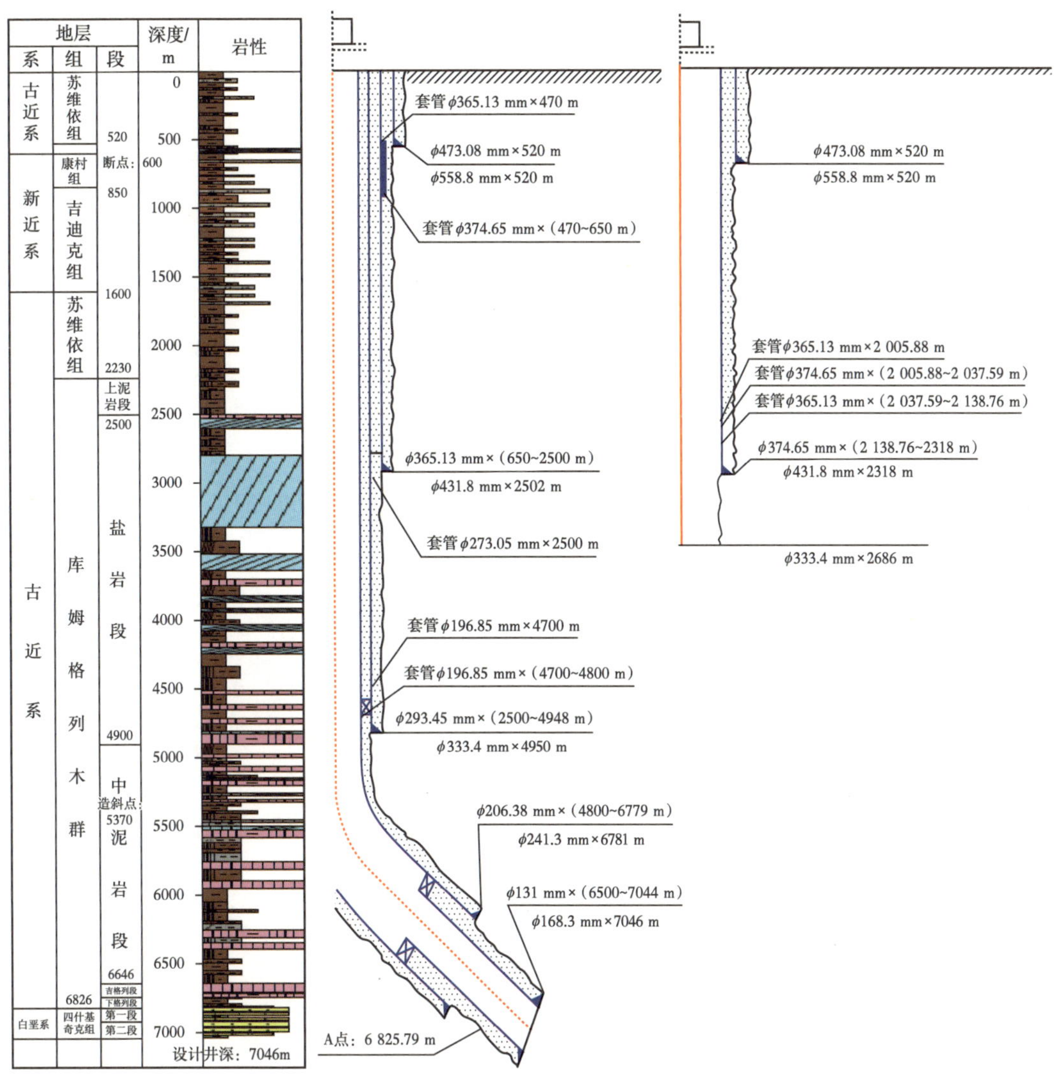

图 2-2　克深 1002 井井身结构图

钻头型号：MS1952SS 钻头。

钻具结构：钻头 + 变扣 + 变扣 +8 in 钻铤 ×3 根 + 变扣 +5½ in 有线钻杆 ×9 根 +5½ in 钻杆。

钻井液性能：油基钻井液密度为 2.35 g/cm^3。

二、事故发生经过

2018 年 5 月 11 日钻至井深 2 686.06 m。接班后，上提校指重表，倒划眼至 2 685.02 m，扭矩突然由 10.6 kN·m 上升至 31.7 kN·m，立压由 21.3 MPa 上升至 24.4 MPa，顶驱突然蹩停，立即下放，由 1265 kN 下放至 893 kN，未解卡。逐级上提悬重最大至 2747 kN 未解卡，最大蹩扭矩至 40 kN·m，均未能解卡，钻具卡死。在大幅度活动钻具期间，立压由 20.5 MPa 上升至 35 MPa，保险阀蹩开，出口失返，观察液面在井口。

三、事故处理经过

（1）人工倒扣，取出井口浮阀、旋塞。起钻卸钻具浮阀、旋塞。下钻对扣成功。

（2）2018 年 5 月 12 日测卡点（卡点位置 2647 m），爆炸松扣（反转 8 圈，扭矩为 30 kN·m，爆炸后扭矩由 30 kN·m 下降至 0 kN·m，悬重由 1256 kN 下降至 1158 kN），起出井内管串，钻具从第 12 号与第 13 号钻铤连接处松开。

落鱼结构：钻头 +PV+ 变扣 + 扶正器 + 浮阀 +9 in 钻铤 +MWD 悬挂器 + 变扣 +8 in 钻铤 ×3 根，理论鱼顶深度为 2 639.39 m，落鱼长度为 46.67 m。

（3）2018 年 5 月 13 日至套管鞋处，循环提密度至 2.45 g/cm^3，下钻至井深 2514 m 遇阻（纯盐岩顶界），划眼至鱼头位置（2 636.18 m），并将钻井液密度循环加重至 2.47 g/cm^3，循环起钻。

（4）本次方案分两步，第一步套铣至 MWD 悬挂短节以下，爆炸松扣捞出井下 8 in 钻铤。第二步套铣至 Power V 工具处，打捞出井底其他落鱼。

累计损失时间为 17.875 天。

四、事故原因分析

（1）本井考虑到三开井漏风险，使用 2.35 g/cm^3 密度的钻井液钻进，在钻遇软泥岩时，钻井液密度偏低，不足以抑制软泥岩缩径，导致缩径卡钻。

（2）在钻开泥岩后，未能第一时间验收井眼情况。此次从钻开软泥岩至发生卡钻事故，共计 6 h，期间应及时拉短起，验证井眼情况。

五、经验和教训

（1）对所有井队的井况、井下工具、设备、人员能力进行细致评估。制订有效的一井一策措施。

（2）复合盐层钻进，不能冒进，地质风险高，试探性钻进，制订预防措施。

（3）对于重点井、重点井段、井控和高风险作业，领导和专家驻井带班作业，有效控制作业风险。

六、事故警示

（1）合理选择井身结构，避免同一裸眼段存在两套压力系统地层。

（2）钻遇岩性变化较大的地层后，及时进行短起下钻验证井眼条件，在保证上部井眼畅通的情况下方可继续钻进。

第四节　和田 2 井泥岩缩径卡钻

一、基本资料

和田 2 井由二勘 70083 钻井队以切块承包模式承钻，事故井深为 3587 m，钻头位置为 3405 m，层位为石炭系卡拉沙依组中泥岩段，岩性为含膏泥岩。其井身结构设计如图 2-3 所示。

钻头型号：12¼ in SV519T1LU（非平面齿钻头）。

钻具结构：12¼ in SV519T1LU（非平面齿钻头）×0.32 m+630×NC56 母 ×0.75 m+8 in 钻铤 ×9.48 m+8 in 浮阀 ×0.49 m+MWD 悬挂接头 ×0.8 m+8 in 无磁钻铤 ×7.59 m+ϕ310 mm 扶正器×1.65 m+8 in 钻铤×8.66 m+ϕ310 mm 扶正器×1.8 m+8 in 钻铤×175.38 m+NC561×520×0.78 m+5½ in 加重钻杆 ×139.26 m+5½ in 钻杆。

钻井参数：钻压为 118 kN，转速为 95 r/min，排量为 49 L/s，泵压为 22 MPa。

钻井液性能：密度为 1.40 g/cm^3，黏度为 78 mPa·s，塑性黏度为 38 mPa·s，屈服值为 6 Pa，初切力为 1 Pa，终切力为 7 Pa，含砂量为 0.3%，固相含量为 20%，pH 值为 9.5，Cl$^-$ 含量为 47 000 mg/L。

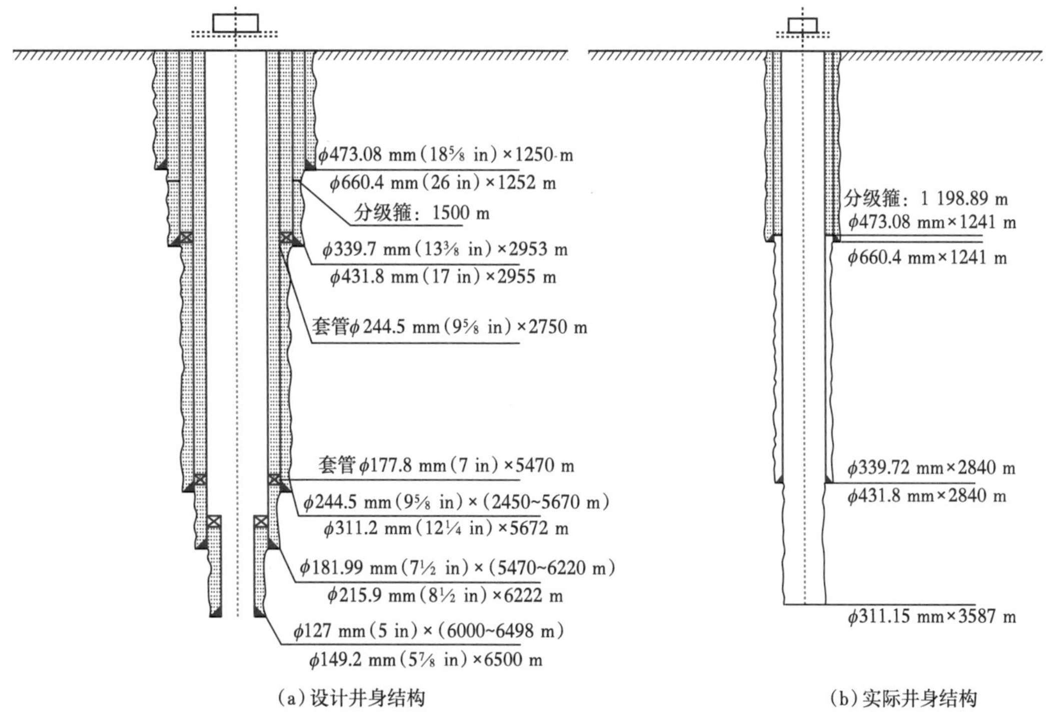

图 2-3　和田 2 井井身结构图

二、事故发生经过

2017 年 9 月 1 日钻至 3587 m 后循环（循环前用密度为 1.7 g/cm^3，黏度为 130 mPa·s 重稠浆带砂），短起，短起至 3432 m 挂卡 98 kN，倒划至 3430 m 井眼畅通，继续短起至 3406 m 均正常。卸立柱，上提钻具至 3405 m（原悬重由 1609 kN 上升至 1736 kN），下放钻具至转盘面，钻具悬重下放至 785 kN 未开。接单根，接顶驱开泵正常，继续下放钻具至 294 kN 未开。钻具提至原悬重，扭矩设定 35 kN·m 转动钻具未开，发生卡钻。

三、事故处理过程

（1）多次活动钻具（294~1570 kN）；转动钻具至 35 kN·m，下压至 294 kN 未开，转动钻具至 45 kN·m，下压至 294 kN 未开，转动钻具至 50 kN·m，下压至 294 kN 未开。

（2）先后两次解卡剂 32 m^3［配方：柴油 25 m^3+ 解卡剂 WFA-1（2 t）+ 水 4 m^3+ 快 T（2 t）］，后置液 2 m^3，上下活动钻具未解卡（活动范围为 294~1570 kN）。

（3）顶驱旁置，接水龙头、方钻杆及地面震击器，累计下击 3 次，钻具解卡。

事故损失时间为 2 天。

四、事故原因分析

（1）石炭系卡拉沙依组石膏岩吸水膨胀造成井眼缩径，包住上扶正器造成卡钻。

（2）司钻操作不当，上提吨位过高，导致无法放脱。

五、经验和教训

（1）简化钻具结构：使用非平面齿 PDC+MWD+ 光钻铤钻具组合钻进，根据井身质量情况及时调整钻井参数。

（2）调整钻井液性能：使用密度为 1.43 g/cm^3 的钻井液钻进。

（3）制定现场操作措施：分钻进和起下钻两种工况（含接单根、划眼等），现场制定详细的操作措施，控制扭矩和吨位，防止卡钻。

（4）项目组及勘探公司相关人员驻井把关。

（5）加强随钻工程地质跟踪，发现异常及时与现场沟通。

六、事故警示

（1）关注裸眼井段特殊岩性段起下钻挂卡遇阻情况，摸清裸眼段挂卡遇阻位置和吨位，制定合理措施。

（2）细心操作，严格控制下钻遇阻不超过 49 kN，上提挂卡不超过 98 kN，不能通过可采取正、反划眼通过。

第五节　玉中 2 井缩径卡钻

一、基础资料

玉中 2 井由巴州兆石钻探工程技术服务有限公司 Z8006 钻井队以总承包模式承钻，事故井深为 6 013.5 m，层位为新近系吉迪克组，岩性为浅灰色细砂岩。其井身结构设计如图 2-4 所示。

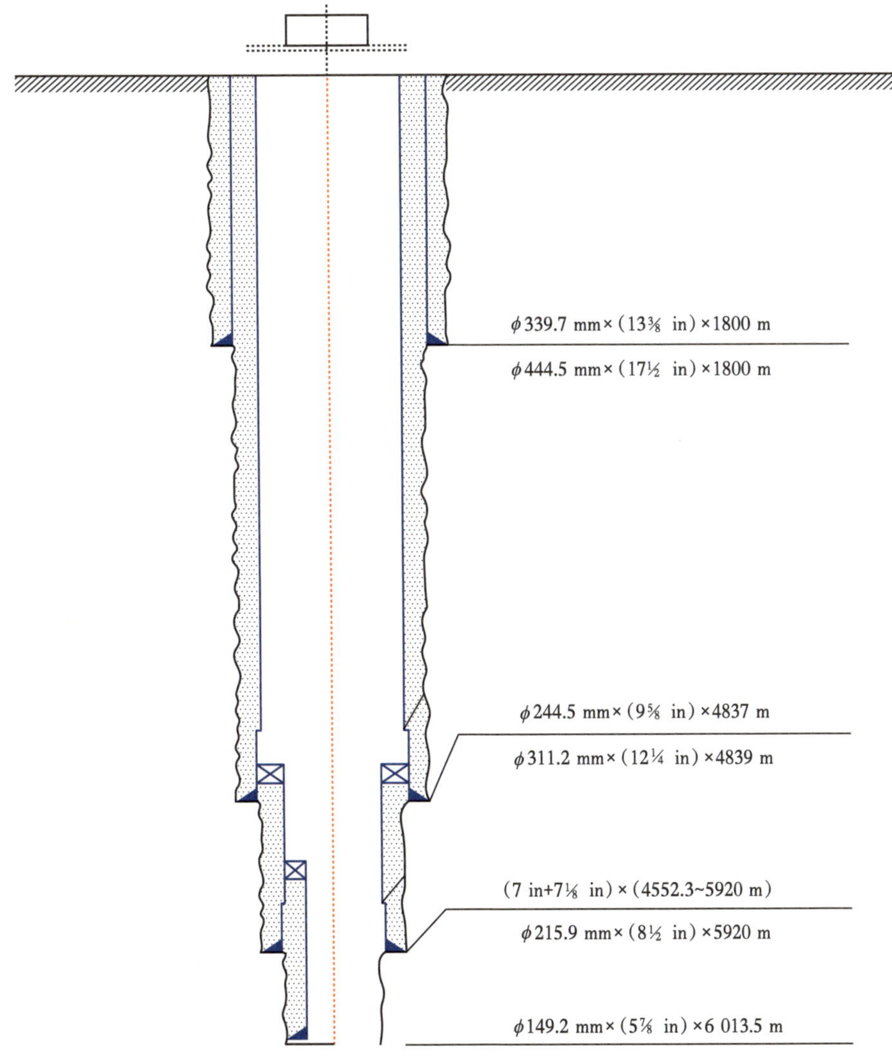

图 2-4　玉中 2 井井身结构图

钻头型号：5⅞ in MM64H3。

钻具结构：ϕ149.2 mm PDC 钻头 + 转换接头（330×NC35 母）+4¾ in 钻铤 ×21 根 + 转换接头（310×NC35 公）+3½ in 加重钻杆 ×14 根 +3½ in 斜坡钻杆 ×147 根 + 转换接头（NC52T

母 ×311）+5 in 非标斜坡钻杆 ×407 根 +5 in 旋塞 +5 in 浮阀 +5 in 非标斜坡钻杆。

钻井参数：钻压为 40~50 kN，转速为 65 r/min，泵压为 19 MPa，排量为 15 L/s。

钻井液性能：密度为 1.77 g/cm^3，黏度为 51 mPa·s，失水量为 4 mL，滤饼厚度为 0.5 mm，HTHP 失水量为 10 mL，HTHP 滤饼厚度为 1.5 mm，固相含量为 33%，Cl^- 含量为 159 000 mg/L，Ca^{2+} 含量为 1200 mg/L。

二、事故发生经过

10 月 1 日，钻至井深 6 013.5 m 起钻探伤、更换钻头。至 2 日下钻至套鞋处用时 26 h。出套鞋开始划眼，整体划眼困难，划至井深 6005 m 扭矩波动大。10 月 5 日，倒划眼井段 6005~5986 m，5 987.78 m 座吊卡位置甩下单根后开泵正常，原悬重由 1850 kN 下放钻具至 1150 kN 未开，顶驱限扭 30 kN·m 正转 26 圈憋停，活动范围由 1800 kN 上升至 3000 kN 再下降至 300 kN，未解卡。

三、事故处理过程

（1）泡解卡剂 18 m^3［配方：柴油 12 m^3+ 解卡剂 WFA-1（2 t）+ 水 2 m^3+ 快 T（2 t）］，大范围（294~1570 kN）活动钻具未解卡。

（2）倒扣，井下落鱼结构 5⅞ in 钻头 ×0.21 m+ 330×NC35×0.72 m+4¾ in 钻铤 ×8 根 ×72.63 m，落鱼长度为 73.56 m，理论鱼顶井深度为 5 917.09 m。下反扣钻具打捞未成功。

（3）下双根套铣筒至井深 5 910.1 m 遇阻 39 kN，铣鞋未磨到鱼头。下光钻杆复探鱼头至井深 5 916.93 m 遇阻 19 kN，泵压由 10 MPa 下降至 5 MPa，为实际鱼头位置。下平底磨鞋至井深 5910 m 轻微遇阻 19 kN，后反复拉划下至 5 916.94 m 探得鱼头，下部套管未发生强度失效变形。

（4）注水泥塞回填，下斜向器开窗侧钻，开窗井段为 5 687.1~5 691.68 m，累计损失 52.6 天。

四、事故原因分析

（1）直接原因：据实钻情况，该井 5920~5945 m 井段为盐质泥岩和含盐泥岩地层，5946~5992 m 井段以泥岩、膏质泥岩和石膏为主，蠕变性强。钻井液密度不能有效抑制含盐或含膏地层蠕变是造成本次卡钻的主要原因。

（2）间接原因：根据划眼情况分析，可能划出新井眼，新井眼井身轨迹较差，是造成本次卡钻的间接原因。

五、经验和教训

（1）加强区域地质对比，细化盐底卡层方案，确保技术套管封隔复杂地层。

（2）控制良好的井眼轨迹，避免加剧复杂及复杂的处理难度。

六、事故警示

（1）加强随钻跟踪，及时根据井眼情况调整钻井液密度及性能。

（2）井下出现复杂后不要盲目冒进，根据复杂情况判断分析原因，采取正确措施。

第六节　和田 2 井井壁掉块卡钻

一、基础资料

和田 2 井由二勘 70083 钻井队切块承包，事故发生时井深 4 556.02 米，层位为奥陶系鹰山组，岩性为石灰岩。设计及实际井身结构如图 2-5 所示。

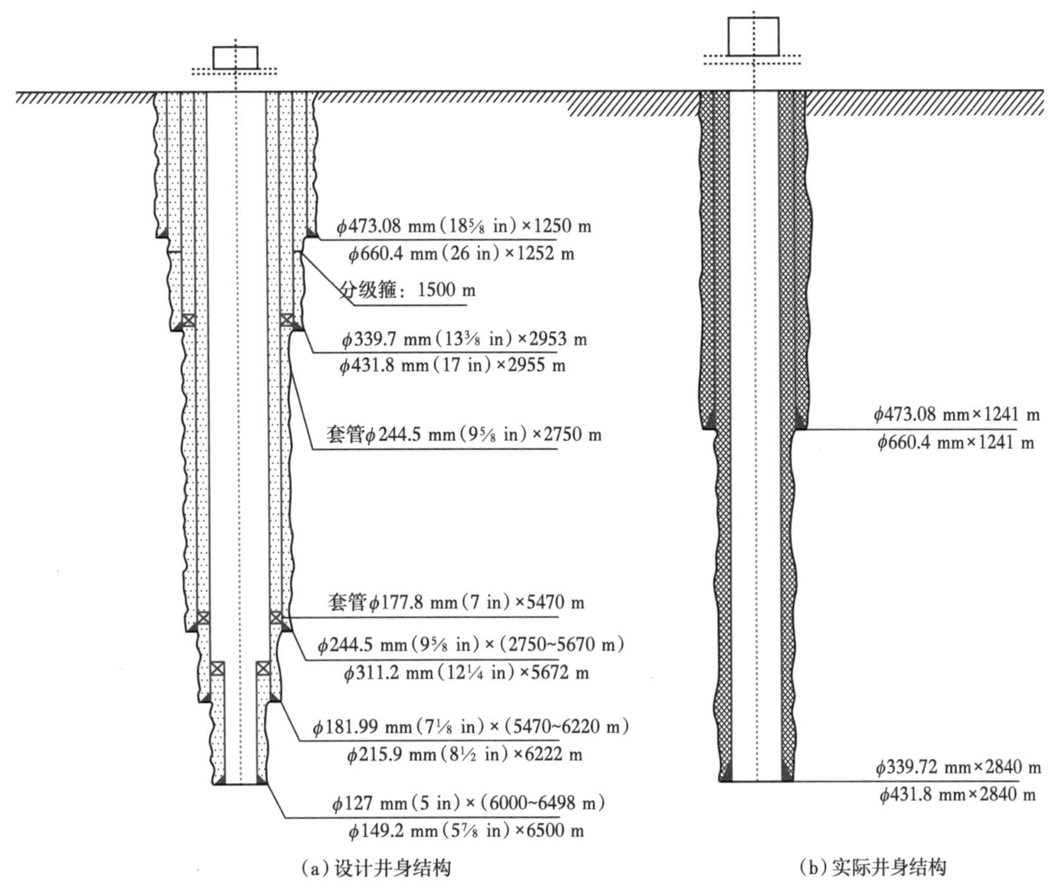

图 2-5　和田 2 井井身结构图

钻头型号：12¼ in SV616TAXU（非平面齿钻头）。

钻具结构：12¼ in SV616TAXU×0.36 m+630×NC56 母 ×0.93 m+8 in 浮阀 ×0.49 m+630×NC561×0.62 m+8 in 无磁钻铤 ×9.06 m+ 无磁悬挂短节 ×2 m+NC560×631×0.62 m+8 in 钻铤 ×

9.16 m+ϕ310 mm 扶正器 ×1.8 m+8 in 钻铤 ×155.32 m+NC561×520×0.78 m+5½ in 加重钻杆 ×139.26 m+5½ in 钻杆。

钻井参数：钻压为 157 kN，转速为 90 r/min，排量为 45 L/s，泵压为 22 MPa。

钻井液性能：密度为 1.40 g/cm³，黏度为 88 mPa·s，塑性黏度为 45 mPa·s，屈服值为 11 Pa，初切力为 2 Pa，终切力为 11 Pa，API 失水量为 2 mL，HTHP 失水量为 9 mL，含砂量为 0.3%，固相含量为 21%，pH 值为 9.5，Cl^- 含量为 60 398 mg/L。

二、事故发生经过

2017 年 9 月 29 日钻至 4 556.02 m，顶驱倒划准备接单根，倒划至井深 4 551.38 m 突然顶驱蹩停（顶驱限扭 25 kN·m），立即下放钻具至 1226 kN 不开（原悬重 1933 kN，下放至 1226 kN 时顶驱已接近转盘面），钻具坐卡瓦，接单根，继续下放钻具至 245 kN 不开；提至原悬重，钻具旋转至 40 kN·m 未转开，钻具卡死。

三、事故处理过程

泡解卡剂 20 m³［配方：柴油 15 m³+ 解卡剂 WFA−1（2 t）+ 水 2 m³+ 快 T（2 t）］，上下活动钻具无效，钻具倒扣后，下放钻具对扣紧扣，活动钻具，解卡。

累计损失时间为 15 天。

四、事故原因分析

奥陶系鹰山组灰岩破碎，划眼时灰岩掉块卡钻。

五、经验和教训

（1）简化钻具结构：使用非平面齿 PDC+MWD+ 光钻铤钻具组合钻进，根据井身质量情况及时调整钻井参数。

（2）调整钻井液性能：使用密度为 1.43 g/cm³ 的钻井液钻进。

（3）制定现场操作措施：分钻进和起下钻两种工况（含接单根、划眼等），现场制订详细的操作措施，控制扭矩和吨位，防止卡钻。

（4）项目组及勘探公司相关人员驻井把关。

（5）加强随钻工程地质跟踪，发现异常及时与现场沟通。

六、事故警示

（1）加强随钻跟踪，根据岩屑返出情况及时调整钻井液密度及性能，根据掉块形状确定下步技术措施。

（2）加强工程地质一体化，井下返出掉块及时开展工程力学分析，用于指导现场生产。

第七节　迪北 2 井煤层失稳掉块卡钻

一、基础资料

迪北2井由三勘70188队承钻的一口总包井，事故井深4 602.4 m，层位为侏罗阳霞组，岩性为灰色粉砂岩，其中 4593~4599 m 为煤层；设计及实际井身结构如图 2-6 所示。

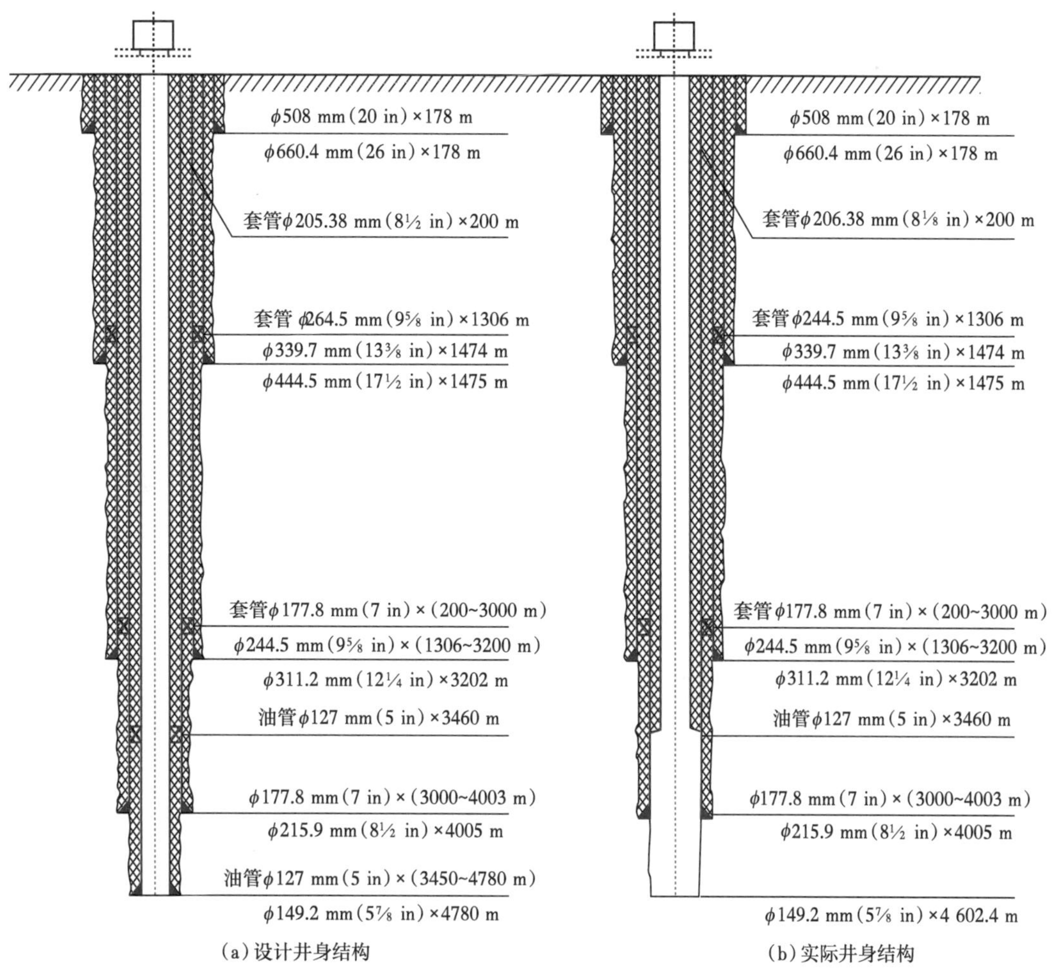

图 2-6　迪北 2 井井身结构图

钻头型号：5⅞ in PDC 钻头 KM1362ADR。

钻具结构：5⅞ in PDC+ 双母接头 + 浮阀 +4¾ in 钻铤 ×1 根 + 接头 NC35 公 ×310+145 mm 扶正器 +311×NC35 母 +4¾ in 钻铤 ×14 根 + 接头 NC35 公 ×310+3½ in 加重钻杆 ×2 根 +3½ in 钻杆 ×68 根 +311×NC52T 母 +5 in 非标钻杆 + 方钻杆。

钻井参数：钻压为 20~40 kN，转速为 70 r/min，排量为 15 L/s，泵压为 20 MPa。

钻井液性能：黏度为 71 mPa·s，塑性黏度为 31 mPa·s，屈服值为 6.5 Pa，初切力为 3 Pa，终切力为 5 Pa，高温高压 HTHP 为 3.0 mL（120 ℃），含砂量为 0.2%，Cl^- 含量为 27 000 mg/L，固相含量为 28%，油水比为 88∶12，破乳电压为 565 V。

二、事故发生经过

2018 年 8 月 21 日钻进 4 602.4 m，扭矩上升至 13 kN（正常钻进扭矩为 6~9 kN·m），上提至井深 4 600.1 m，蹩停顶驱，悬重由 1372 kN 上升至 1533 kN，下放钻具至 1012 kN 未解卡。活动以下压为主，下压后悬重最低吨位 400 kN，提至原悬重后旋转钻具最多至 25 圈，多次活动仍未解卡。活动钻具以下压后提至原悬重转动为主。当前正在循环排量为 15 L/s，泵压为 22 MPa。

三、事故处理过程及损失情况

（1）大范围活动钻具，未解卡。

（2）测卡点（根据测卡仪扭矩显示，在扶正器位置加扭扭，矩变化明显，判断扶正器未卡死），施加反扭矩倒扣，从井底第 9 根钻铤处倒开。

（3）下安全接头、超级震击器、开式震击器进行对扣震击（下击 112 次，上击 97 次），未解卡。

（4）反扣钻具倒扣。

（5）回填侧钻。

累计损失时间为 42.8 天。

四、事故原因分析

井段 4592~4599 m 钻遇一套 7 m 煤层，钻时较快（平均为 5~6 min），地层疏松，分析为局部应力释放导致突发掉块，造成钻具硬卡。

五、经验和教训

（1）加强地质随钻跟踪对比，强化区域地层特性研究，提前做好地层预测及风险提示。

（2）根据实钻地层变化及时调整制订施工预案，调整优化工程措施。

（3）简化钻具组合，优化钻井液性能。

六、事故警示

易垮塌煤层钻进中尽可能简化钻具组合，采用光钻铤钻具组合，同时强调好钻井液防塌性能，井下出现复杂后要及时停钻，避免盲目冒进。

第八节　轮探 1 井井壁垮塌卡钻

一、基础资料

轮探 1 井由西部钻探巴州分公司 90008 钻井队，切块分包（一、二开大包），事故井深为 8882 m，层位为寒武系，岩性为辉绿岩，油气水位置为 7908~7928 m。井身结构如图 2-7 所示。

钻头型号：MSI616，新度 100%。

钻具结构：8½ in PDC 钻头 + 双母 +6¼ in 钻铤 ×15 根 + 转换接头 +4 in 加重 ×15 根 +4 in 钻杆 ×279 根 + 变扣 +5 in 非标钻杆 ×348 根 +5 in 非标浮阀 +5 in 非标钻杆 ×3 根 +NC52T 公 × 520+5⅞ in 钻杆。

钻井参数：钻压为 30~60 kN，转速为 70 r/min，扭矩为 16 kN·m，排量为 26 L/s，泵压为 30 MPa，缸套为 130 mm。

钻井液性能：密度为 1.45 g/cm^3，黏度为 41 mPa·s，塑性黏度为 13 mPa·s，动切力为 6 Pa，初切力为 3 Pa，终切力为 5.5 Pa，失水量为 1.8 mL，滤饼厚度为 0.5 mm，固相含量为 21%，pH 值为 9.5，含油量为 1%，坂含量为 28%，含砂量为 0.2%，Cl^- 含量为 61 568 mg/L，Ca^{2+} 含量为 300 mg/L。

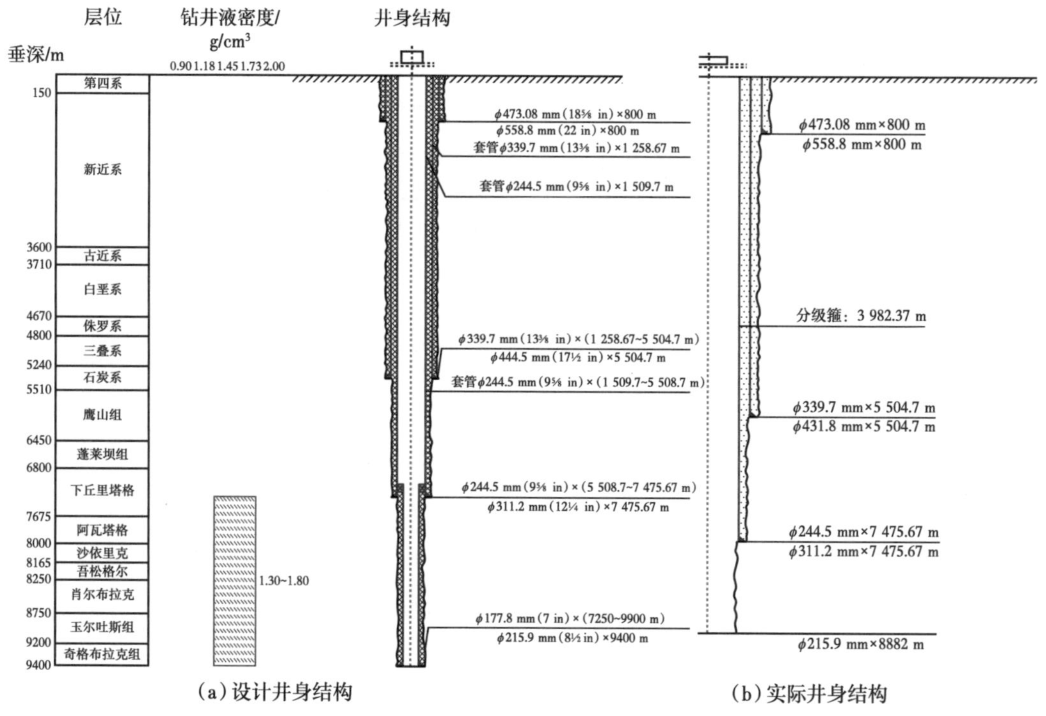

图 2-7　轮探 1 井井身结构图

二、事故发生经过

2019 年 6 月 19 日，钻进至井深 8882 m，上提倒划眼至 8881.75 m 蹩停顶驱，发生卡钻，原悬重 2825 kN。

三、事故处理经过

（1）2019 年 6 月 19 日，循环、反复活动钻具未开，活动范围为 1472~3728 kN，正转 45 圈，无效；期间注入密度为 1.50~1.70 g/cm^3、黏度为 300 mPa·s 稠浆携砂 3 次，环空返出大量掉块。

（2）2019 年 6 月 20 日，循环提密度、黏度，钻井液密度为 1.45 g/cm^3 上升至 1.52 g/cm^3、黏度为 41 mPa·s 上升至 78 mPa·s；活动钻具，原悬重为 2825 kN，活动范围为 1472~3728 kN，每次活动完钻具，返出大量辉绿岩掉块。

（3）2019 年 6 月 21 日，注密度为 1.53 g/cm^3 解卡剂 18 m^3（解卡剂配方：8.5 m^3 柴油 + 1.6 tWFA−1+8.5 m^3 水 + 重晶石 +1 t 快 T），活动钻具解卡（每 30 min 顶通 0.5 m^3、活动钻具一次，原悬重为 2825 kN，活动范围为 745~3924 kN，反复正转扭矩为 30~35 kN·m）。

累计损失时间为 2.3 天。

四、事故原因分析

（1）由于本井属超深井，缺乏钻井、地质资料参考，设计上该地层未有辉绿岩。

（2）本井井底温度高，现场无法做钻井液流变性试验，钻井液密度偏低，无法平衡井壁，井壁垮塌卡钻。

五、经验和教训

（1）及时收集钻井、地质资料，认真研究分析，为钻井提供较为详细依据。

（2）加强地层岩性认识，根据钻遇岩性及时调整钻井液。

六、事故警示

（1）加强随钻动态跟踪，做好下部地层岩性预测，针对可能出现的特殊岩性做好技术预案。

（2）超深井钻井加强钻井液性能监测，及时评估高温高压对钻井液性能的影响并做好跟踪处理。

第九节　跃满 21 井壁失稳卡钻

一、基础资料

跃满 21 井由四勘 70008 钻井队以总承包模式承钻，事故井深为 6 692.15 m，层位为奥陶系铁热克阿瓦提组，岩性为砂泥岩互层。其井身结构设计如图 2-8 所示。

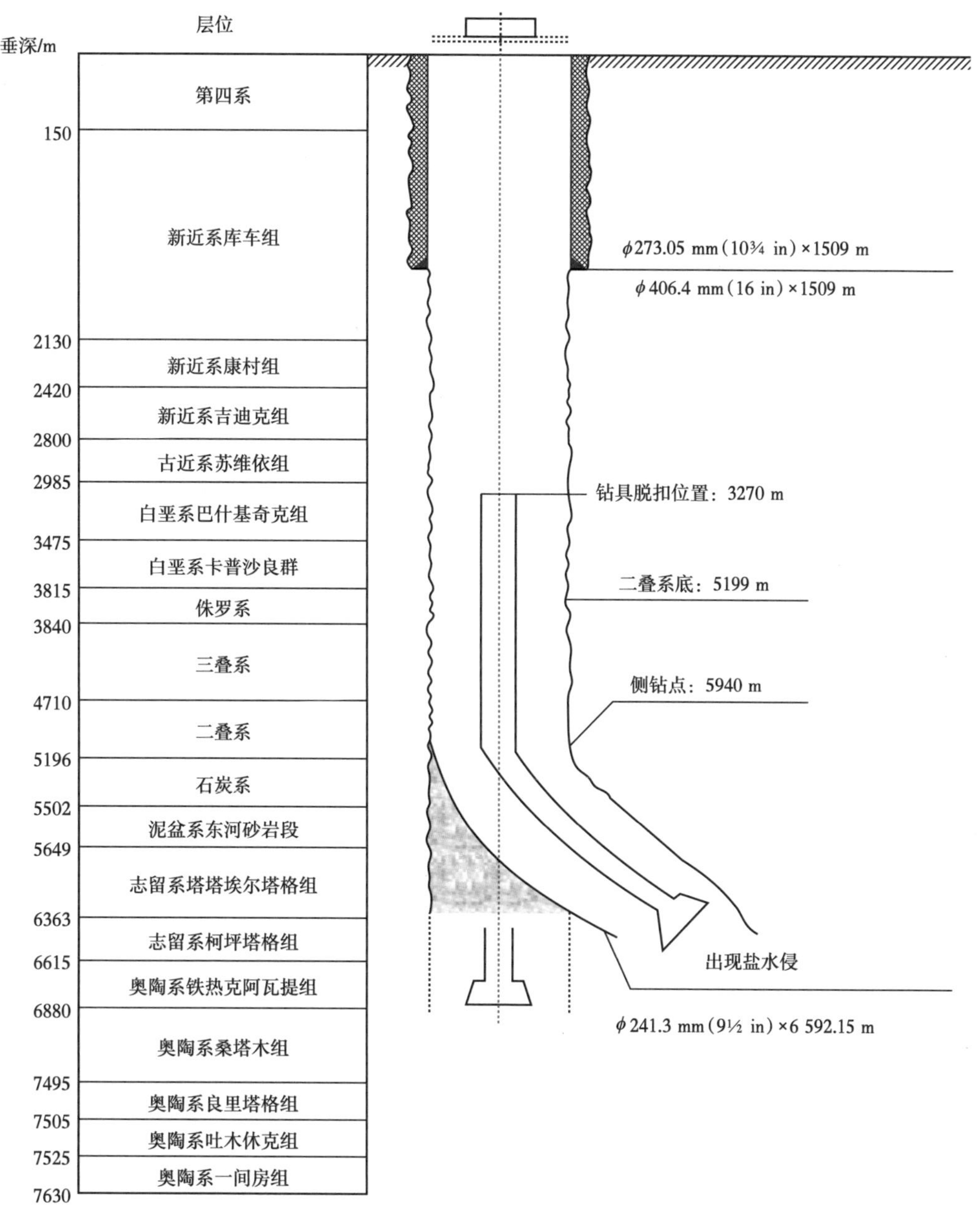

图 2-8　跃满 21 井井身结构图

钻头型号：阿特拉 U613 M。

钻具结构：ϕ241.3 mm PDC 钻头 + 扭冲 + 浮阀 +ϕ177.8 mm 螺旋钻铤 ×2 根 +ϕ237 mm 扶正器 +ϕ177.8 mm 螺旋钻铤 ×1 根 +ϕ177.8 mm 无磁钻铤 +ϕ177.8 mm 螺旋钻铤 ×10 根 + ϕ127 mm 有线钻杆 ×15 根 + 钻杆。

二、事故发生经过

2017 年 2 月 3 日，二开钻至井深 6692 m（奥陶系铁热克阿瓦提组），发现盐水侵入，钻井液性能发生变化：密度由 1.29 g/cm^3 下降至 1.25 g/cm^3，Cl^- 含量由 20 000 mg/L 上升至 42 000 mg/L，Ca^{2+} 含量由 170 mg/L 上升至 2500 mg/L。

循环处理钻井液：逐步将钻井液密度由 1.29 g/cm^3 上升至 1.38 g/cm^3，处理钻井液期间共排出盐水 147 m^3，平均出水量最大为 4.45 m^3/h。

三、事故处理过程

（1）四次台阶性由 1.29 g/cm^3 上升至 1.30 g/cm^3 再上升至 1.35 g/cm^3 再上升至 1.38 g/cm^3）提高密度，替换受污染钻井液后，停泵观察出口间断线流，出盐水量为 4 m^3/h，活动钻具出现下放遇阻和顶驱蹩停现象。

（2）注入密度为 1.50 g/cm^3 的重浆 60 m^3，封闭 6480~4980 m 井段，停泵观察出口无外溢。

（3）起钻至井深 6294 m 遇卡，钻杆水眼反冒严重，接顶驱倒划眼，循环处理钻井液，出口突然失返，现场分析认为环空密度为 1.50 g/cm^3 的封闭浆上返至 4500 m 以上憋漏二叠系（排量为 28 L/s，泵压为 12 MPa）。

（4）2 月 6 日，吊灌起钻至 5918 m 挂卡严重，在 735~2649 kN 之间活动数次无效（原悬重为 2158 kN），钻具卡死。

（5）转顶驱 32 圈，悬重突然由 2227 kN 下降至 1138 kN，判断下部钻具脱扣。

（6）下钻探鱼头，对扣成功，初步计算鱼顶位置 3170 m。下测卡仪器至井深 3277 m 遇阻，分段紧扣时突然脱扣。起钻完发现第 42 根 5 in 钻杆中单根外螺纹严重磨损，靠近台阶面 5 扣完好。下胀大接头对扣成功，实际鱼顶位置为 3 150.96 m。下测卡仪在井段 3 150.96~3 606 m 测卡点无信号。初步判断鱼头以下钻具已埋死。

（7）回填侧钻，累计损失 76 天。

四、事故原因分析

（1）奥陶系铁热克阿瓦提组出盐水，钻井液性能污染严重，井壁长期浸泡导致失稳。在处理钻井液期间，活动钻具时多次蹩停顶驱。用密度为 1.40 g/cm^3 的钻井液压稳盐水层后，起钻过程中阻卡严重。

（2）二开裸眼段长达 5183 m，二叠系承压能力低，出盐水后不具备关井处理的条件。二开用密度为 1.29 g/cm^3 钻进至井深 6237 m，安装顶驱后分段循环下钻时二叠系发生过井漏，循环测漏速（排量为 10.2 L/s，泵压为 6.4 MPa，漏失量为 24.2 m^3，平均漏失速度为 24 m^3/h）。起钻至 6 294.17 m 阻卡严重，用密度为 1.40 g/cm^3 的钻井液循环时井漏失返。哈拉哈塘区域差异性大，地质预测难度大，未预测到铁热克阿瓦提组可能存在盐水。

五、经验和教训

（1）加强邻井地质对比分析，对非目的层可能存在的复杂地质做好预测。

（2）对类似碳酸盐岩探井井身结构备用一层套管以应对可能出现的复杂状况。

（3）哈拉哈塘新区探井在志留系以下地层钻进，加装旋转控制头应对出盐水复杂状况。

（4）加强钻井液性能监测，发现异常，分析清楚原因后再恢复钻进。

（5）井下发现异常后要立即汇报至甲乙方相关部门，共同分析研判，制订技术措施。

六、事故警示

（1）合理选择井身结构，避免同一裸眼段存在两套压力系统地层，在预测下部地层发育高压流体的地层前应下入一层套管。

（2）针对下部地层流体压力与上部薄弱处地层压力差距不大不需要套管专封的井可通过加装旋转控制头实现关井下的起下钻作业。

第十节 玉东 7-3-4 井掉块卡钻

一、基本情况

玉东 7-3-4 井由渤海钻探 70172 钻井队以总承包模式承钻，井深为 4045 m，层位为新近系吉迪克组，岩性为泥岩、泥质粉砂岩。其井身结构设计如图 2-9 所示。

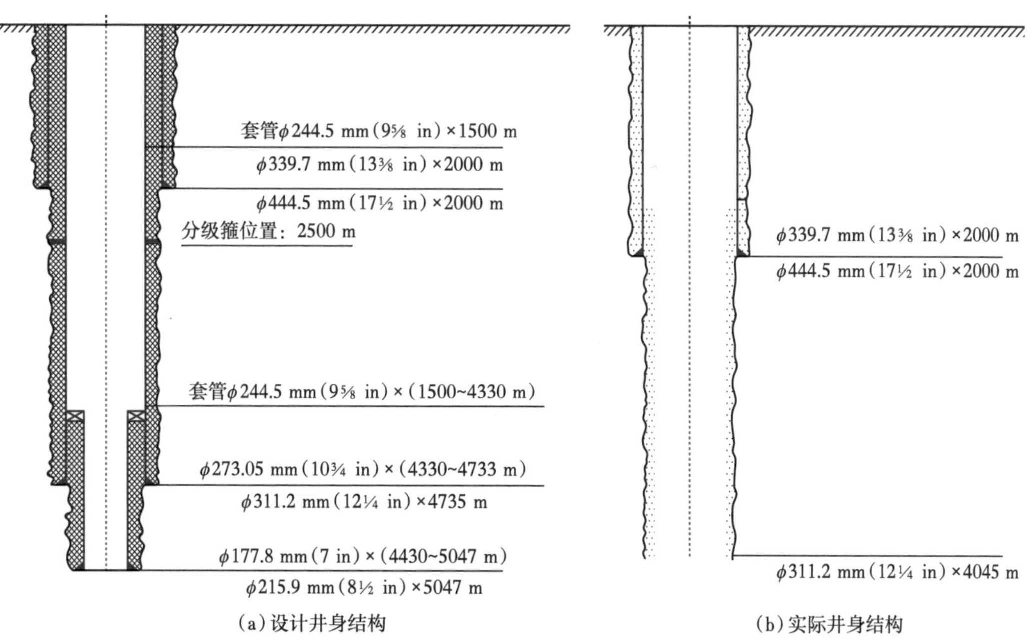

图 2-9 玉东 7-3-4 井井身结构图

钻头型号：12¼ in PDC 钻头。

钻具结构：12¼ in PDC钻头＋直螺杆＋转换接头（NC61公×NC56母）+8 in无磁钻铤×1 根 +12¼ in 扶正器 +8 in 钻铤 ×9 根＋转换接头（NC56 公 ×520）+5½ in 加重钻杆 ×14 根＋5½ in 钻杆。

钻井参数：钻压为80~100 kN，转速为0~80 r/min，泵压为19~20 MPa，排量为38 L/s。

钻井液性能：密度为 1.87 g/cm^3，黏度为 49 mPa·s，塑性黏度为 29 mPa·s，动切力为 5.5 Pa，初切力为 1 Pa，终切力为 8 Pa，pH 值为 8，失水量为 3.6 mL，滤饼厚度为 0.5 mm，含砂量为 0.3%，摩阻系数为 0.1，Cl^- 含量为 62 350 mg/L，Ca^{2+} 含量为 1620 mg/L。

二、事故发生经过

2018 年 7 月 17 日，起钻至井深 3906 m 挂卡 49 kN，原悬重为 1423 kN，下放钻具至 1324 kN 放脱；再次上提钻具至 1520 kN 未开，下放钻具至 1275~1324 kN 未放脱；上提钻具至原悬重 1423 kN，上下活动，活动范围 294~1766 kN 无明显位移，钻具卡死。

三、事故处理经过

（1）在原悬重的基础上，上提 98 kN 遇卡，下放 196 kN 遇阻，以 98 kN 为一个级别逐级活动，最大下压至 490 kN 多次活动，未解卡。

（2）卸双根接方钻杆开泵保持水眼通畅，原悬重转动未解卡，下压至 294 kN 未解卡，带扭矩下压至 294~392 kN 未解卡。

（3）测卡点，爆炸松扣，回填侧钻。

四、事故原因分析

（1）直接原因：井深 3778 m 为康村组与吉迪克组交界面。康村组砂泥岩互层易垮塌，吉迪克组泥岩易分散。起钻至 3906 m 时，突然出现遇阻现象。分析是地层掉块，开泵不蹩钻头，判断卡在扶正器处。

（2）间接原因：活动期间仅转动 8 圈，且人工测卡点为 2200 m 左右，此处钻具粘卡严重。

五、事故警示

吉迪克组钻井作业时确保钻井液性能良好、钻井参数合理，加强短起拉划井壁，确保井眼畅通。

第十一节　BZ1-1 井掉块卡钻

一、基础资料

BZ1-1 井由新疆兆胜钻探有限公司 Z8006 钻井队以总承包模式承钻，事故井深为 5 256.02 m，层位为新近系康村组，岩性为粉砂质泥岩、含砾细砂岩。其井身结构设计如图 2-10 所示。

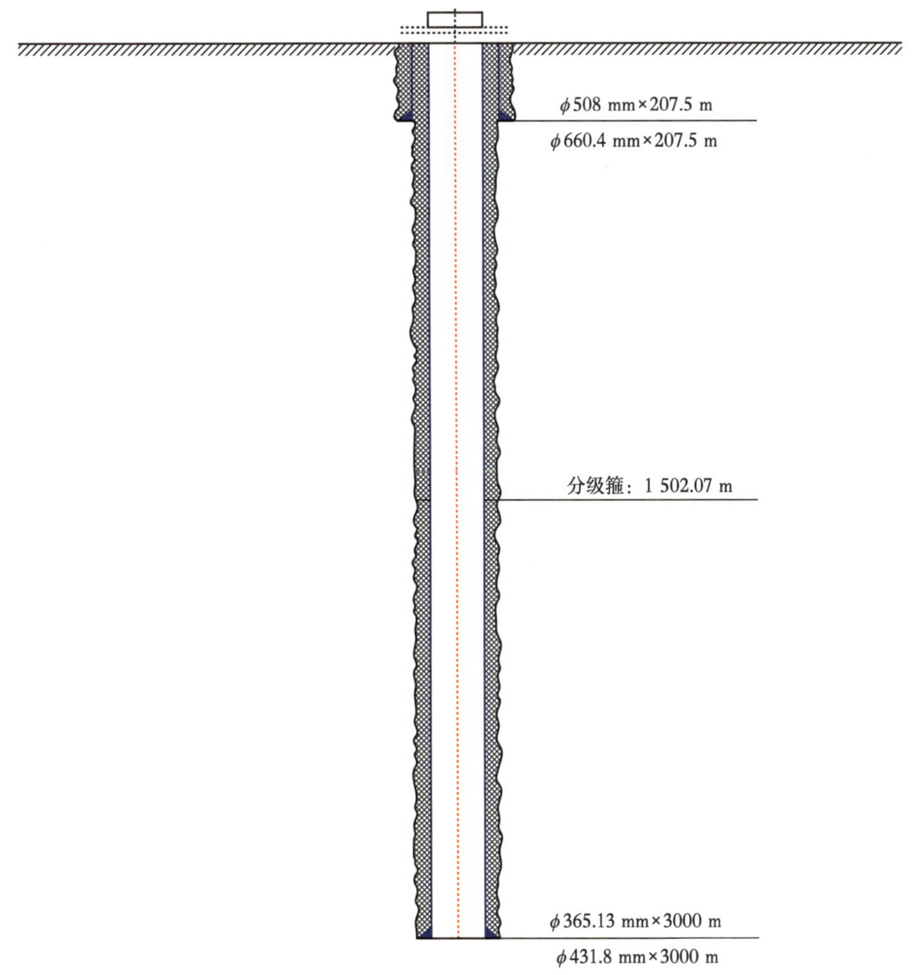

图 2-10　BZ1-1 井井身结构图

钻头型号：$13^{1}/_{8}$ in GT55DKS。

钻具结构：$13^{1}/_{8}$ in PDC 钻头 +630×NC61 双母 +9 in 浮阀 +9 in 螺旋钻铤 ×2 根 +$13^{1}/_{8}$ in 扶正器 +9 in 螺旋钻铤 ×1 根 + $13^{1}/_{8}$ in 扶正器 +NC61×NC56 转换接头 +8 in 螺旋钻铤 ×15 根 + NC56×520 转换接头 +$5^{1}/_{2}$ in 加重钻杆 ×15 根 +$5^{1}/_{2}$ in 钻杆。

钻井参数：钻压为 60~100 kN，转速为 70~80 r/min，排量为 40 L/s，泵压为 19 MPa，扭矩为 11~13 kN·m，钻井液密度为 1.59 g/cm³，黏度为 62 mPa·s。

二、事故发生经过

2019 年 3 月 18 日，循环，保持上下持续活动钻具均正常，下放至 5 237.55 m 遇阻 128 kN（原悬重为 2158 kN），逐步上提至悬重 2551 kN 未开，在公司指挥下悬重 1177~2845 kN 大吨位活动未开，钻具卡死（在 2854 kN 原悬重限扭 30 000 N·m，带扭下压 490 kN）。

三、事故处理经过

2019 年 3 月 19 日，打前隔离浆 12.6 m³（密度为 1.60 g/cm³，黏度为 75 mPa·s，排量为 17 L/s），打注解卡液入井 23.5 m³（密度为 1.60 g/cm³，柴油 18.5 m³+PIPEFREE 3T+ 快 T 0.4 t，排量为 35 L/s）。打后隔离浆 5 m³，浸泡解卡液（井段为 5001~5 237.55 m，环空解卡液 13.5 m³，钻具水眼解卡液 10 m³，每 30 min 顶井浆 0.5 m³，间断活动钻具，原悬重 2158 kN，最大上提 2747 kN，下压至 1177 kN，上提 2551 kN，下放至 785 kN，上提至原悬重 2158 kN，正转 10 圈，带扭矩下压至 1766 kN 悬重恢复至 2158 kN 解卡，事故解除。

累计损失时间为 1.33 天。

四、事故原因分析

卡钻地层为含砾细砂岩及粉砂质泥岩互层，井壁不稳定产生掉块。

五、经验教训

（1）裸眼段活动钻具，控制挂卡遇阻吨位。

（2）悬重达到 2158 kN，一级钻具抗拉有限，限制上提吨位。

（3）加强钻井液维护，形成良好的滤饼质量，稳定井壁。

（4）上部钻具使用全新钻具，增大上提吨位。

六、事故警示

砂泥岩互层地层要强化钻井液性能，控制好失水，做到滤饼薄而韧，同时加强封堵防塌。

第十二节　博孜 6 井堵漏材料下沉卡钻

一、基本情况

博孜 6 井由一勘 70137 总包，事故井深为 4180 m（三开），层位为古近系上泥岩段，新钻进裸眼井段长 2130 m，井底为古近系库姆格列木群上泥岩段，岩性以褐色泥岩为主，发生事故钻头位置为井底附近，无油气水显示。

钻头型号：12¼ in PDC 钻头（GT55Ks）。

钻具结构：12¼ in PDC 钻头（GT55Ks）+ 转换接头 +9 in 钻铤 ×3 根 + 转换接头 +8 in 钻铤 ×18 根 + 转换接头 +5½ in 加重钻杆 ×15 根 +5½ in 钻杆。

钻井液性能见表 2–1。

表 2–1 钻井液性能

密度 / g/cm^3	黏度 / mPa·s	塑性黏度 / mPa·s	屈服值 / Pa	切力 / Pa	中压失水量 / mL	滤饼厚度 / mm	HTHP/ mL/mm	摩阻系数	固相含量 / %	含砂量 / %	pH 值
1.65	56	28	12	2.5（初）/ 12.5（终）	3.6	0.5	10/2	0.0512	28	0.2	8.5

二、事故发生经过

2019 年 8 月 9 日钻至井深 4179.69 m，排量 30 L/s，井口失返，起钻至 3998 m 打堵漏浆 15 m^3，起钻至 3698 m 关井承压堵漏，泵入钻井液为 14 m^3，套压为 4 MPa，稳压为 5 min。

8 月 10 日下钻 4033 m 遇阻，开泵下放划眼，划眼到底，钻至 4180 m（30 L/s）上提至 4170 m 接单根，开单泵排量至 24 L/s 循环正常（钻头位置在 4178.2 m），5:15 提排量至 30 L/s 循环，发生井漏，漏速为 48 m^3/h，降排量至 9 L/s，上提钻具钻头位置 4169 m。

打堵漏浆 15 m^3 未返，堵漏浆浓度为 24%，期间上下活动钻具顶驱钻速为 40 r/min，替浆 44.2 m^3 井口未返浆，排量 100 L/s（钻头位置 4175.2 m）；调泵冲 30 冲降至 24 冲，泵压由 2 MPa 上涨到 22 MPa（钻头位置 4178.4 m），顶驱憋停。原悬重为 1727 kN，逐步上提至 2649 kN，最低下放至 98 kN，发生卡钻。

三、事故处理及损失情况

（1）大吨位活动钻具（1177~2158 kN），憋压 25 MPa。

（2）测卡车测卡点，通径到 4170 m（钻头 + 双母接头 +9 in 钻铤 ×1 根）未通过，测卡点失败。

（3）用连续油管通钻具内径作业，最高泵压 35 MPa 未顶通，活动钻具，未解卡。

（4）13 日上下活动钻具，原悬重 1727 kN，逐步上提至 2354 kN，下压至 1727 kN 顶驱旋转 14 圈扭矩上升至 40 kN·m 最低下放至 392 kN，活动钻具未解卡。

（5）复测卡点，爆炸松扣（落鱼长度为 191.51 m，鱼顶深度为 3 986.89 m，落鱼结构：钻头 +NC610×630+9 in 钻铤 ×3 根 +NC611×NC560+8 in 钻铤 ×18 根 +NC561×520）。

（6）20 日测井径后，下光钻杆打水泥塞，回填侧钻。

累计损失时间为 58.96 天。

四、事故原因分析

1. 直接原因

发生井漏后，夜班值班干部未汇报给勘探公司驻井人员及工程监督，未将钻具起至安全井段，就擅自指挥堵漏施工，替浆过程中堵漏材料堆积在漏失层形成桥塞，这是造成卡钻的直接原因。

2. 管理原因

（1）堵漏方案缺乏针对性。对漏层的岩性变化和裂缝特点认识不清，堵漏方案缺乏针对性，未认真组织堵漏方案交底。

（2）现场风险识别不到位。对极端天气、对非常规作业带来的风险识别不到位，在发生井漏时，风力达 10 级，不具备起钻条件，就忽视了钻头在井底堵漏的高风险。

（3）复杂异常汇报不及时。钻井队值班干部违反管理制度，井下异常情况下，未向上级部门和技术人员汇报，私自处理井漏，最终导致卡钻。

（4）业务部门管理不到位。勘探公司技术部门驻井人员堵漏施工方案交底不细致、不全面，对再次井漏的风险识别不到位，未明确应急处置措施。对现场的技术措施把关不到位、监管不到位。

五、经验和教训

（1）准确判断漏失层位及类型。

（2）多专业沟通，制订堵漏方案。

（3）加强现场管理，精细化操作。

六、事故警示

（1）堵漏施工要有针对性，对于漏层位置及裂缝特征认识不清楚的，应将钻头至少起至最上部怀疑漏层以上，根据堵漏浆量保持安全堵漏距离，避免钻井液材料堆积。

（2）加强工程地质一体化，根据地层特点及漏失情况，确定合理的堵漏配方。

第十三节　玉龙 6 井堵漏后堵漏材料引起卡钻

一、基础数据

玉龙 6 井由兆石 Z8006 钻井队以总承包模式承钻，事故井深为 7420 m，卡钻井深为 6 927.64 m，层位为寒武系沙依里克组，岩性为灰岩和浅灰色云质石膏岩。其井身结构设计如图 2-11 所示。

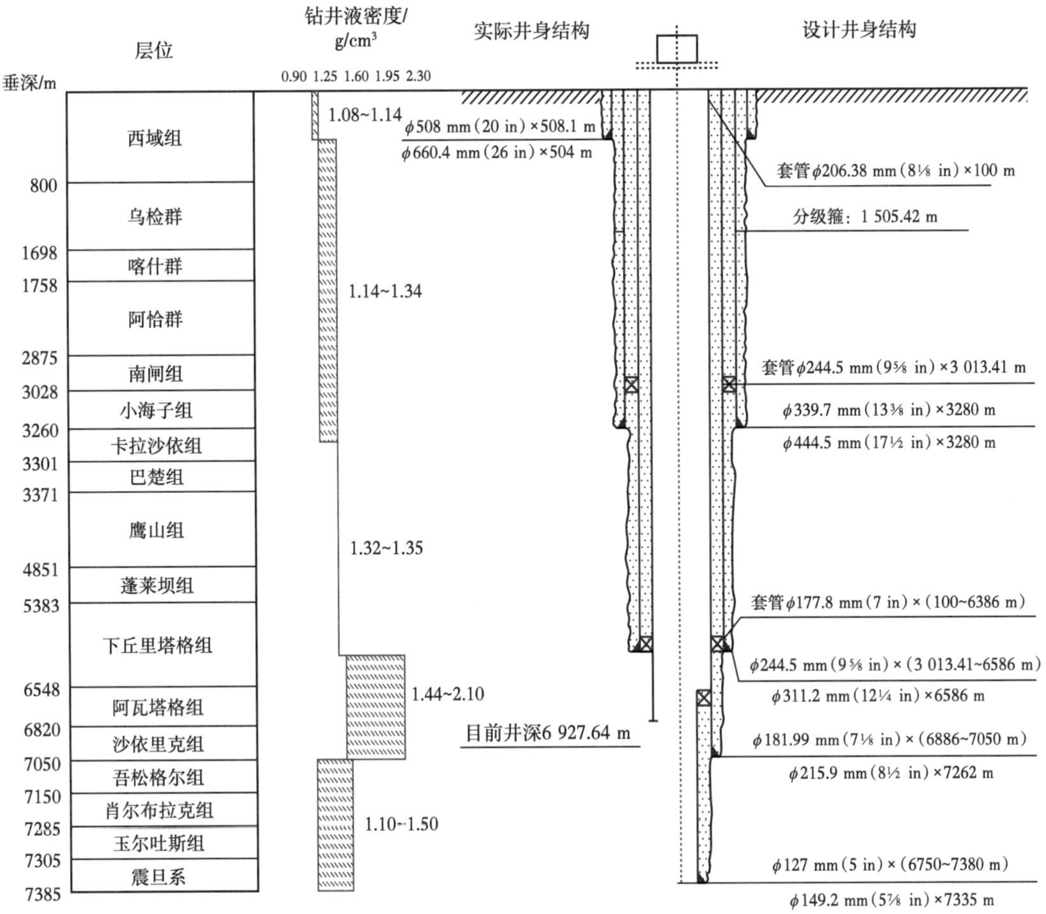

图 2-11　玉龙 6 井井身结构图

钻头型号：8½ in HJT537GK 牙轮钻头。

钻具结构：8½ in HJT537GK 牙轮钻头 +430×4A10 母 +6¼ in DC×21 根 +4A11×410+ 5 in 加重钻杆 ×15 根 +5 in 钻杆 +5 in 旋塞 +5 in 浮阀 +5 in 钻杆。

钻井液性能：密度为 1.77 g/cm³，黏度为 42 mPa·s，失水量为 3 mL，滤饼厚度为 0.5 mm，初切力为 6 Pa，终切力为 10 Pa，含砂量为 0.2%，pH 值为 8.5，Cl^- 含量为 96 000 mg/L。

二、事故发生经过

事故类型：堵漏后堵漏材料引起卡钻。

从井深 6852 m 钻至 6 927.64 m，多次发生井漏，共漏失水基钻井液 1 108.62 m³，密度由 1.90 g/cm³ 降至 1.77 g/cm³，每趟起下钻多点遇阻 49~147 kN，需划眼通过，钻至井深 6 927.64 m 后发生井漏失返，下铣齿接头堵漏施工完后于 2 月 2 日下钻头划眼至井深

6916 m，出口失返。上下活动钻具，环空灌浆 0.5 m^3 见返。注堵漏浆 22 m^3（开始出口返浆 2.6 m^3，之后未返浆）。替井浆 50 m^3，出口开始返浆（钻具水眼内堵漏浆剩 12 m^3）；上下活动钻具划眼至井深 6923 m，蹩停转盘（扭矩设限为 18 kN·m），释放扭矩上提挂卡 98 kN，活动钻具，逐渐增加吨位无法提开，发生卡钻。

三、事故处理过程

（1）大吨位（294~2158 kN）活动钻具未解卡。

（2）泡解卡剂柴油 15 m^3（10 m^3+2 t解卡剂 WFA−1+2 m^3水 +2 t）快T，泡酸 8 m^3，均未解卡。

（3）爆炸松扣三次成功，落鱼结构：HJT537GK 钻头 ×0.24 m+430×NC46 母 ×0.93 m+6¼ in 螺旋钻铤 ×21 根 ×187.29 m+NC46 公 ×410×0.81 m+5 in 斜坡加重钻杆 ×8 根 ×75.12 m，总长为 264.39 m，理论鱼顶位置为 6658.61 m，实探鱼顶位置为 6660 m。

（4）打水泥塞回填侧钻。

累计损失时间为 39.2 天。

四、事故原因分析

划眼至井深 6916 m 发生井漏失返，钻具未及时提离漏层以上，堵漏浆进入环空造成堵漏材料堆积，发生卡钻。

五、经验和教训

（1）现场执行堵漏措施时对井下安全考虑程度不够。

（2）严禁井底堵漏，堵漏施工时要将钻具提至安全井段。

六、事故警示

（1）针对井下存在多个漏层的井，堵漏施工应将钻头至少起至最上部怀疑漏层以上，根据堵漏浆量保持安全堵漏距离，避免钻井液材料堆积。

（2）根据堵漏施工中各参数变化及时调整技术措施。

第十四节　博孜 9 井盐顶卡层失败卡钻

一、基础资料

博孜 9 井由巴派 P8004 钻井队总包，卡钻时井深为 6 110.68 m，层位为古近系库姆格列姆组，井底岩性为灰白色泥质盐岩，密度为 1.73 g/cm^3 的水基钻井液。

落鱼结构：13⅜ in GT55S 钻头 +Power V+631×NC610+ 扶正器 +8 in 无磁 + 浮阀 + 扶

正器 +NC611×NC560+8 in 钻铤 ×16 根，鱼顶井深为 5 944.19 m，落鱼长度为 166.49 m。

井身结构如图 2-12 所示。

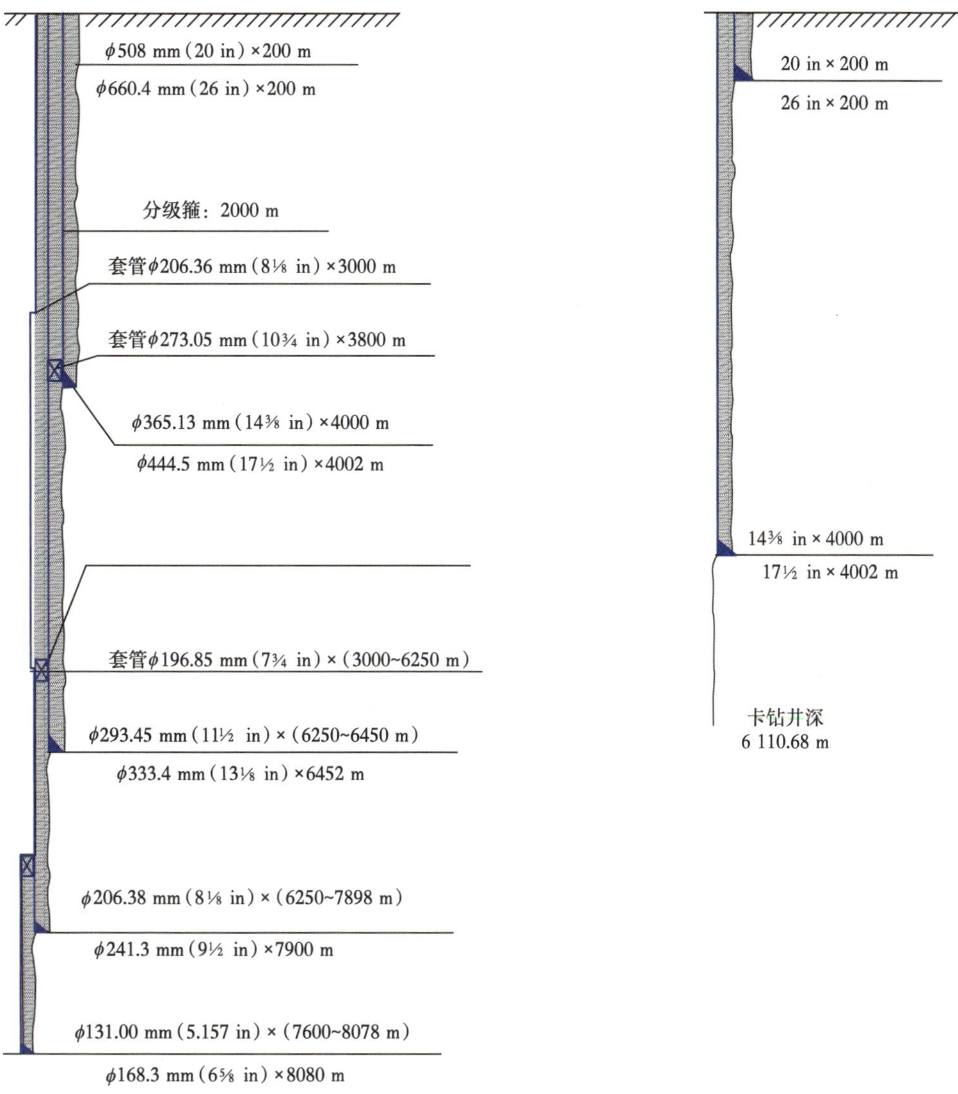

图 2-12　博孜 9 井井身结构图

二、事故发生经过

2018 年 5 月 2 日钻至 6 110.68 m，扭矩突然涨到 26 kN·m 憋停，憋扭矩上提至 6 109.67 m 提开后，继续倒划至 6109 m 再次憋停，钻具原悬重为 2394 kN，逐级上提最大至 3728 kN 未解卡，最大憋扭矩至 40 kN·m，均未能解卡，排量为 41 L/s，泵压为 21 MPa，液面稳定（图 2-13）。

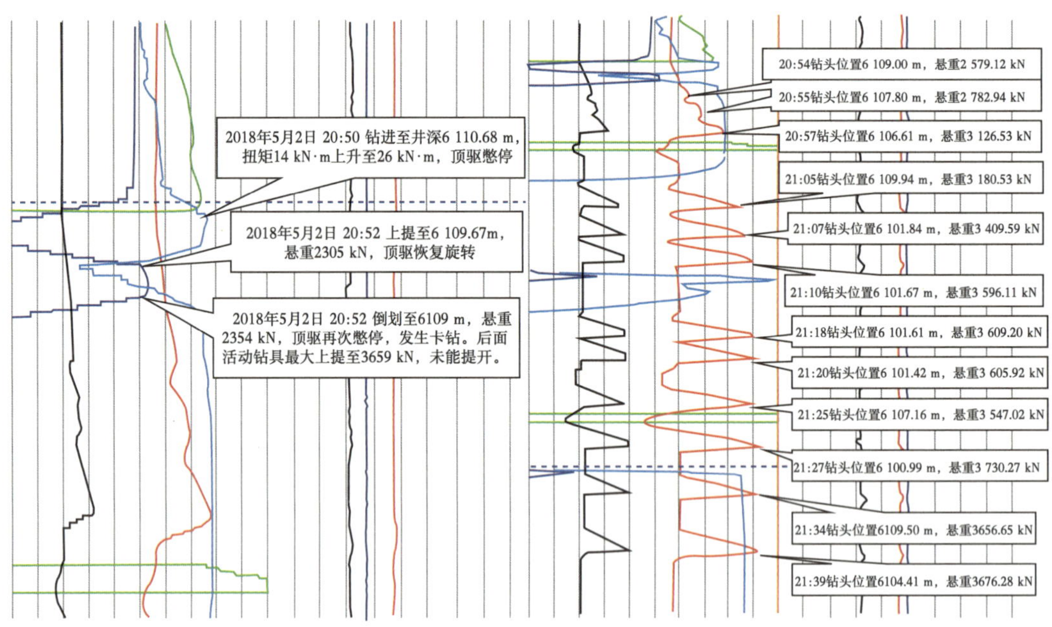

图 2-13 扭矩曲线

卡钻前原先基准 Cl^- 含量为 54 000 mg/L 左右，钻压为 39~49 kN，扭矩为 18~20 kN·m，每钻进 20~30 cm 上提划眼一次，划眼扭矩正常（图 2-14）。

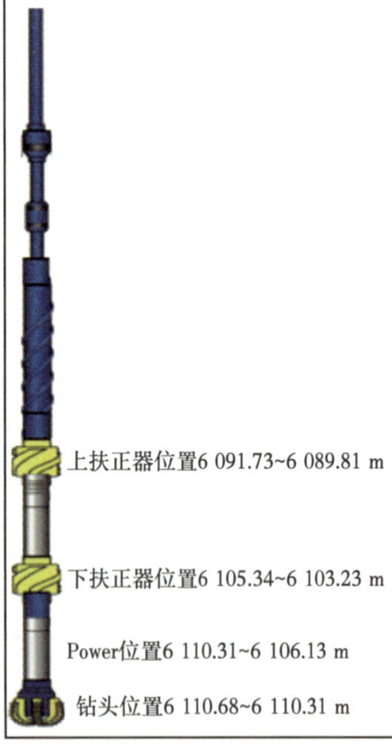

上扶正器位置6 091.73~6 089.81 m
下扶正器位置6 105.34~6 103.23 m
Power位置6 110.31~6 106.13 m
钻头位置6 110.68~6 110.31 m

井深/m	钻时/h	电导率/μS/cm	Cl^-含量/g/mL	岩性
6097	9	8.97	—	灰白色泥膏岩
6098	11	8.95	—	
6099	14	8.97	—	
6100	9	8.98	—	褐色泥岩
6101	16	8.99	—	灰白色泥膏岩
6102	7	9.02	—	
6103	7	8.99	—	褐色泥岩
6104	6	9.13	—	推测为灰白色泥质盐岩，实际返出岩屑量较少
6105	7	9.18	68 400	
6106	5	9.37	64 000	
6107	12	9.31	64 000	
6108	16	9.4	56 000	褐色泥岩（比较软，呈团状）
6109	13	9.42	57 000	
6110	20	9.42	56 000	
6 110.68	10	9.4	56 000	

图 2-14 划眼扭矩数据

三、事故处理经过

（1）注入 Cl^- 含量为 4800 mg/L 的淡水泥浆 53 m^3，顶替到位后水眼内预留淡水泥浆 48 m^3，浸泡 8 h，泡卡期间最大上提至 3727 kN，下压至 343 kN，施加正扭矩最大至 45 kN·m、蹩扭矩下砸至 1962 kN，均未能解卡。

（2）测卡三次未成功，振荡器无信号，现场判断测卡仪器抗压能力无法满足井下要求，爆炸松扣反转 15 圈，扭矩 29.3 kN·m，爆炸后扭矩为 0 kN·m，悬重由 2394 kN 下降至 2178 kN，起钻完从 16 根 8 in 钻铤（井深为 5 944.19 m）处松扣成功。

（3）下入超级震击器震击，间断震击 167 次（其中泡解卡剂期间震击 111 次），震击吨位 588~1079 kN，间断活动钻具 216~3610 kN，震击期间钻具无明显位移，打捞失败。

（4）注水泥塞，回填侧钻。

累计损失时间为 76 天。

四、事故原因分析

设计盐顶为 6450 m，实钻盐顶为 6097 m，提前 353 m 进入盐层；实钻过程中，现场地质预判盐顶为 6240 m，钻进中放松了警惕，导致对风险把控不到位。

使用密度为 1.73 g/cm^3 钻井液钻至盐层，进入快钻时未及时停钻循环判定（进入快钻时 9.68 m）继续钻进盐层缩径导致卡钻。

五、经验和教训

（1）勘探事业部迅速展开原因分析、经验总结，制订相关措施，坚决避免类似事故再次发生。

（2）山前井地质构造复杂，设计可能出现很大偏差，随时可能打“遭遇战”。

（3）一旦钻时明显变化，果断停钻循环，根据返出岩屑、迟到井深钻井液液性综合判断分析井下情况。

（4）井下异常，先停钻，及时汇报。地质和工程人员共同分析判断，避免决策失误。

（5）井下一旦出现异常情况，技术人员和值班干部必须在钻台值守，应对突发情况。

六、事故警示

（1）执行设计而不迷信设计，及时根据井下情况综合分析判断，对探井设计要保持怀疑精神，尤其是在卡层关键节点。

（2）井下异常，先停钻，及时汇报。地质和工程人员共同分析判断，避免决策失误。

第十五节　克深 24 井盐底卡层失败卡钻

一、基础资料

克深 24 井由四勘 80007 钻井队总包，事故井深为 6107 m，上层管鞋为 5759 m（$12\frac{1}{4}$ in），井眼尺寸为 $8\frac{1}{2}$ in（四开），层位为库姆格列木群膏盐岩段。井身结构如图 2-15 所示。

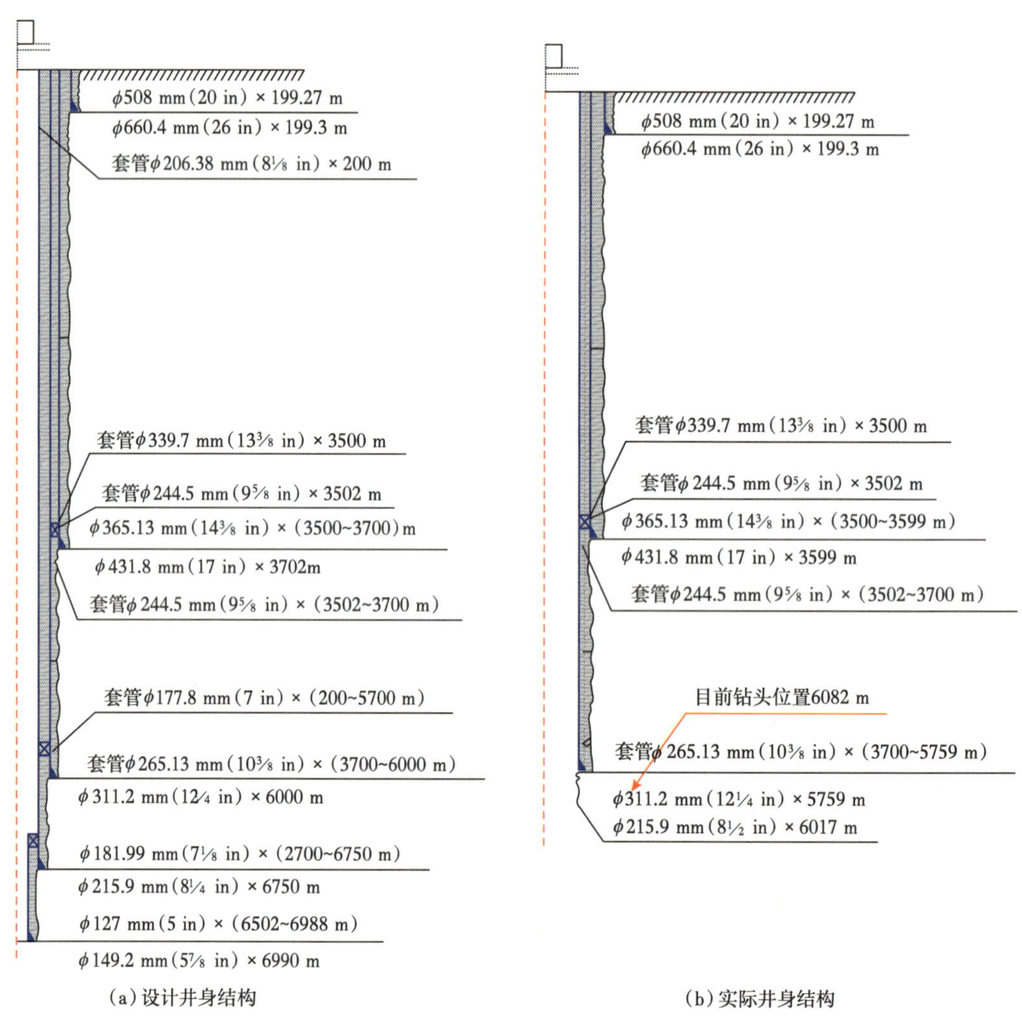

图 2-15　克深 24 井井身结构图

钻头型号：$8\frac{1}{2}$ in STS615。

钻具结构：$8\frac{1}{2}$ in STS615K 钻头 ×0.27 m+Power V×4.26 m+ 浮阀 ×0.8 m+ 转换接头 ×0.97 m+ 无磁钻铤 ×9.14 m+ϕ213 mm 扶正器 ×1.63 m+7 in 钻铤 ×21 根 +5 in 加重钻杆 ×15 根 + 变扣 +5 in 非标钻杆。

二、事故发生经过

7 月 16 日钻至井深 6 107.1 m 出口失返，开泵倒划眼起出一柱，卸扣挂吊环上提钻具至井深 6 082.41 m，悬重由 2 212.7 kN 上升至 2 353.2 kN（倒划眼排量为 10 L/s，泵压由 14.5 MPa 下降至 0 MPa，扭矩为 10~13 kN·m），由于无下放空间，坐转盘，接单根，下放悬重至 343 kN，未解卡，钻具卡死。

三、事故处理经过

（1）悬重为 343~1864 kN（正常钻进悬重为 1933 kN，停泵悬重为 2060 kN），每 98 kN 紧扣一次，扭矩 40 kN·m；悬重为 1864~2060 kN，每 98 kN 紧扣一次，扭矩 30 kN·m，重复两次。

（2）以下砸为主，快速上提下放钻具。活动吨位为 343~2256 kN，排量为 8 L/s，泵压为 0 MPa，出口不返，未解卡。

（3）转动顶驱，强扭至 28 kN·m（转动 24 圈），活动吨位为 343~2256 kN，排量为 8 L/s，出口不返，未解卡。

（4）7 月 17 日下测卡仪器至 1600 m 时，发现井口返出结晶盐，起测卡仪器。

（5）倒扣，控制顶驱扭矩 40 kN·m，倒扣 28 圈，悬重由 2354 kN 下降至 2001 kN，预计倒扣位置为 5876 m。

（6）循环排污共 50 m^3；提密度、起钻，钻井液密度上升至 2.35 g/cm^3，静止观察不溢不漏，起钻。

落鱼结构：8½ in STS615K 钻头 ×0.27 m+Power V×4.26 m+ 浮阀 ×0.8 m+ 转换接头 ×0.97 m+ 无磁钻铤 ×9.14 m+ 转换接头 ×0.92 m+ϕ213 mm 扶正器 ×1.63 m+7 in 钻铤 ×81.21 m，落鱼长度为 99.2 m，鱼顶深度为 5 983.21 m，鱼尾位置为 6 082.41 m。

回填侧钻。

四、事故原因分析

钻遇低压地层，导致井漏失返，地层缩径，引发卡钻。盐底埋深实钻与设计发生了较大变化。克深 24 井四开设计段长 750 m，盐底中完井深 6750 m，实钻段长 347 m，实钻中完井深 6106 m，设计与实钻中完井深相差 644 m，实钻与设计地层发生了较大变化。本井侧钻至 6106 m 钻达盐底中完井深，证实本井提前 644 m 钻遇目的层。

（1）处理过程中水眼开泵情况折算，在处理过程中，尝试使用 20 L/s 排量顶通水眼，计算管内液面高度。7 月 16 日 6:40 开泵用 20 L/s 排量灌满水眼，待立压稳定，6:45 停泵（立压为 15 MPa），停泵 5 min，6:50 再次开泵（20 L/s），灌浆 5 min，起立压，简单认为灌浆 5 min 时所占的水眼高度即为管内液面高度。开泵 5 min，累计泵冲 235 冲（5.7 m^3），折算液面高度 625 m，折算地层当量钻井液密度为 2.08 g/cm^3。

（2）环空液面队监测数据折算，7 月 16 日液面监测队到井测得环空液面 300 m，间隔 15 min 测一次液面，高度均在 302 m，无明显变化，环空分两次吊灌 2 m^3 钻井液，测得液面分别为 245 m 和 170 m（套管内容量为 38.16 L/m，钻具闭排 13.33 L/s，环空容量为 24.83 L/m，2 m^3 理论液面上升 79 m），且液面稳定。后吊灌 4.5 m^3 出口见返，井口观察液面缓慢下降。根据第一次测得环空液面高度折算地层当量钻井液密度为 2.2 g/cm^3。

（3）倒扣前水眼灌浆数据折算，7 月 16 日 18:20 用开泵将水眼灌满（20 L/s），共计灌入 3.5 m^3 后起压，折算水眼内液面高度 380 m，折算地层当量钻井液密度为 2.17 g/cm^3。

五、事故警示

（1）山前井地质构造复杂，设计可能出现很大偏差，尤其是盐底卡层，随时可能打 in 遭遇战 in，要加强随钻动态跟踪，及时调整认识。

（2）对地层摸索不清楚时及时停钻汇报，避免盲目冒进。

第十六节　吐北 401 井盐底卡层失败卡钻

一、基础资料

吐北 401 井由兆石 Z8004 钻井队总包，事故井深为 5 328.48 m，卡钻时钻头位置 5 269.11 m，层位为库木格列木群，岩性为石膏、白云岩、石膏、泥质盐岩和褐色泥岩。井身结构如图 2-16 所示。

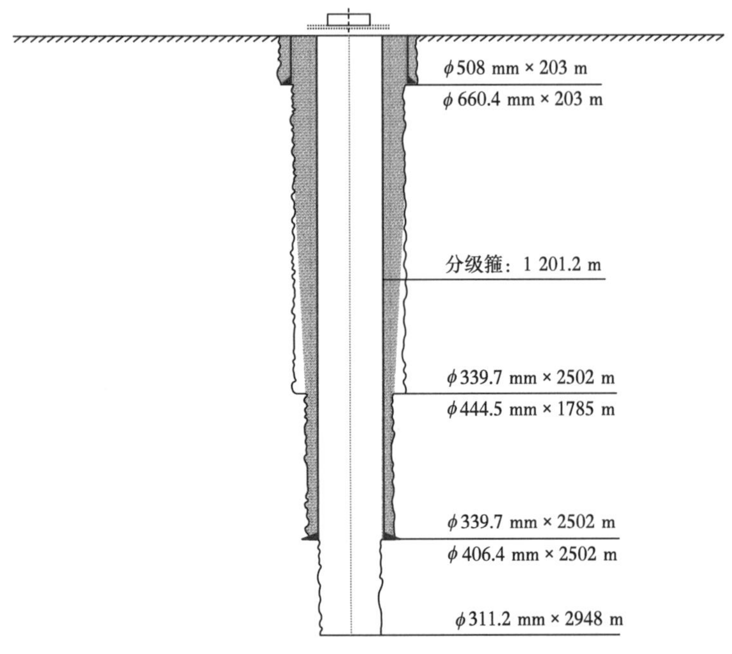

图 2-16　吐北 401 井井身结构图

钻头型号：8½ in MM55H3。

钻具结构：8½ in MM55H3 钻头 +430×NC46 母 +6¼ in 钻铤 ×18 根 +NC46 公 ×410+5 in 加重钻杆 ×15 根 +411×NC52+5 in 钻杆 +5 in 钻杆旋塞 +5 in 钻杆浮阀 +5 in 钻杆。

二、事故发生经过

2017 年 8 月 17 日四开钻至 5 328.48 m，钻压为 39~49 kN，转速为 80 r/min，排量为 20 L/s，泵压为 22 MPa，钻井液密度为 2.35 g/cm^3，漏斗黏度为 100s。划眼（准备接单根）至井深 5 324.48 m，泵压由 22 MPa 下降至 0 MPa，液面下降 0.4 m^3，出口失返，立即上提钻具停泵起钻，钻井液罐液面下降 1.7 m^3。

起钻至井深 5285 m，期间连续从环空灌入 0.8 m^3 钻井液，悬重由 1648 kN 上升至 2055 kN，挂卡 387 kN，下放钻具放脱。接顶驱倒划眼，排量为 2.5 L/s，转速为 45 r/min 限扭为 20~25 kN，划眼至井深 5 269.11 m，顶驱憋停，下放钻具至悬重 490 kN 未脱，卡钻，测得水眼液面高度 984~1005 m，折合地层当量钻井液密度为 1.9 g/cm^3。

三、事故处理过程

（1）聚能环切割：9 月 4 日，换测卡车采用聚能环切割技术，针对卡点已上钻具切割，根据最后一次测得的卡点数据，拟定在 4 215.78 m 切割，点火引爆后起出电缆，现场活动钻具，下放钻具悬重 1344 kN，限扭 35 kN·m，正转约 7 圈左右，扭矩由 12 kN·m 下降至 0 kN·m，钻具断开。

（2）再次卡钻：钻具确认断开后，上提至 1570 kN 未提出，考虑盐层蠕变缩颈，现场采取倒划措施，下放至 1344 kN，开始倒划，扭矩由 15 kN·m 下降至 0 kN·m，倒划期间开泵不通，泵压 14 MPa，扭矩波动 10~20 kN·m，倒划出约 3 m 时，顶驱憋停，392~1373 kN 上提下放，限扭 35 kN·m 均不能解除，发生卡钻。

（3）根据前期作业状况，采用顶驱倒扣后下反扣钻具和套铣，事故解除。

累计损失时间为 79 天。

四、事故原因分析

卡层失败，钻遇低压层，失返，盐层缩径。

本井四开以设计最高密度为 2.35 g/cm^3 的钻井液开钻，岩性以盐岩为主，夹泥质盐岩、盐质泥岩、褐色泥岩、灰色泥岩和膏泥岩，据井漏后测水眼内液面高度求得井底压力当量密度为 1.91 g/cm^3，远低于正钻钻井液密度，井底压差为 23.13 MPa（不包括循环环空压耗）导致井漏失返，井内液柱快速下降，井底承压能力不满足补充液面，导致液柱压力不能平衡地层压力，岩层缩径包住钻具造成卡钻。

吐北 401 四开所钻地层与临井对比性差，卡层困难，井漏时钻达井深 5328 m 与设计中完井深 5630 m 相差 302 m，卡钻时裸眼段长 1156 m，其中盐岩分布于整个裸眼段，盐岩共计 37 层 759 m，盐岩段长且分布广，其蠕变缩径导致钻具多处被包，起出钻具困难。

五、经验和教训

（1）加强地层对比，尤其对库车山前膏盐层及目的层研究、盐水层的分布情况及时掌握，为钻井现场提供有效依据，避免因地质原因造成井下复杂。

（2）优化事故处理技术措施，针对盐水溢流不能盲目地进行压井施工，及时分析原因，精细现场操作。

六、事故警示

（1）优化井身结构，针对山前区域盐层段长且盐底卡层困难的井可通过多封一层套管或小钻头卡层的工程措施避免卡层失败恶性漏失造成的卡钻。

（2）盐层段钻进及时进行短起下钻，验证上部井眼蠕变性，保证上部井眼畅通，为井底发生漏失提供“逃跑”通道。

第十七节　克深 802 井卡电测仪器

一、基本情况

克深 802 井由巴派 8005 钻井队切块承包，事故井深为 7362 m。氯化钾聚磺钻井液体系，目前密度为 1.82 g/cm^3。井身结构如图 2-17 所示。

二、事故发生经过

9 月 2 日，第一趟电法测井测完，井段为 7167~7362 m，项目为自然电位、自然伽马、井径、井斜、方位和高分辨率感应测井，比例尺为 1 : 500、1 : 200 和 1 : 100，最大井深井斜为 7343 m 和 13.9°，方位为 166°，井底温度为 165 °C。

第二趟电法测井下仪器至 7333 m 遇阻，上提 44 kN，仪器被卡（自然伽马、放射性、中子密度、能谱测井），仪器长度为 15.84 m，外径最大为 124 mm，顶部外径为 86 mm。

三、事故处理经过

9 月 3 日，组合 4¾ in 卡瓦打捞筒穿心打捞下钻至井深 1 164.96 m，坐好吊卡后，挂吊卡空游车上提至 3 m 左右，电缆绞车上提电缆准备卡“C”形卡时电缆突然断落（图 2-18）。

拆天车滑轮检查电缆断裂处发现落物有电缆（ϕ12 mm）7331 m、快速接头 1 套、加重杆（6 节，合计 3 m）和固定卡（3 个），用电缆探电缆鱼头在 400 m 左右。入井打捞钻具组合：螺旋卡瓦打捞筒 + 转换接头（HT40×311）+4 in 非标斜坡钻杆 ×108 根 + 转换接头（HT40 母 ×NC52T）+5 in 非标斜坡钻杆 ×13 根。

随后使用外捞矛进行打捞，在进行第 8 趟（使用外捞第 4 趟）捞出电缆 5700 m。

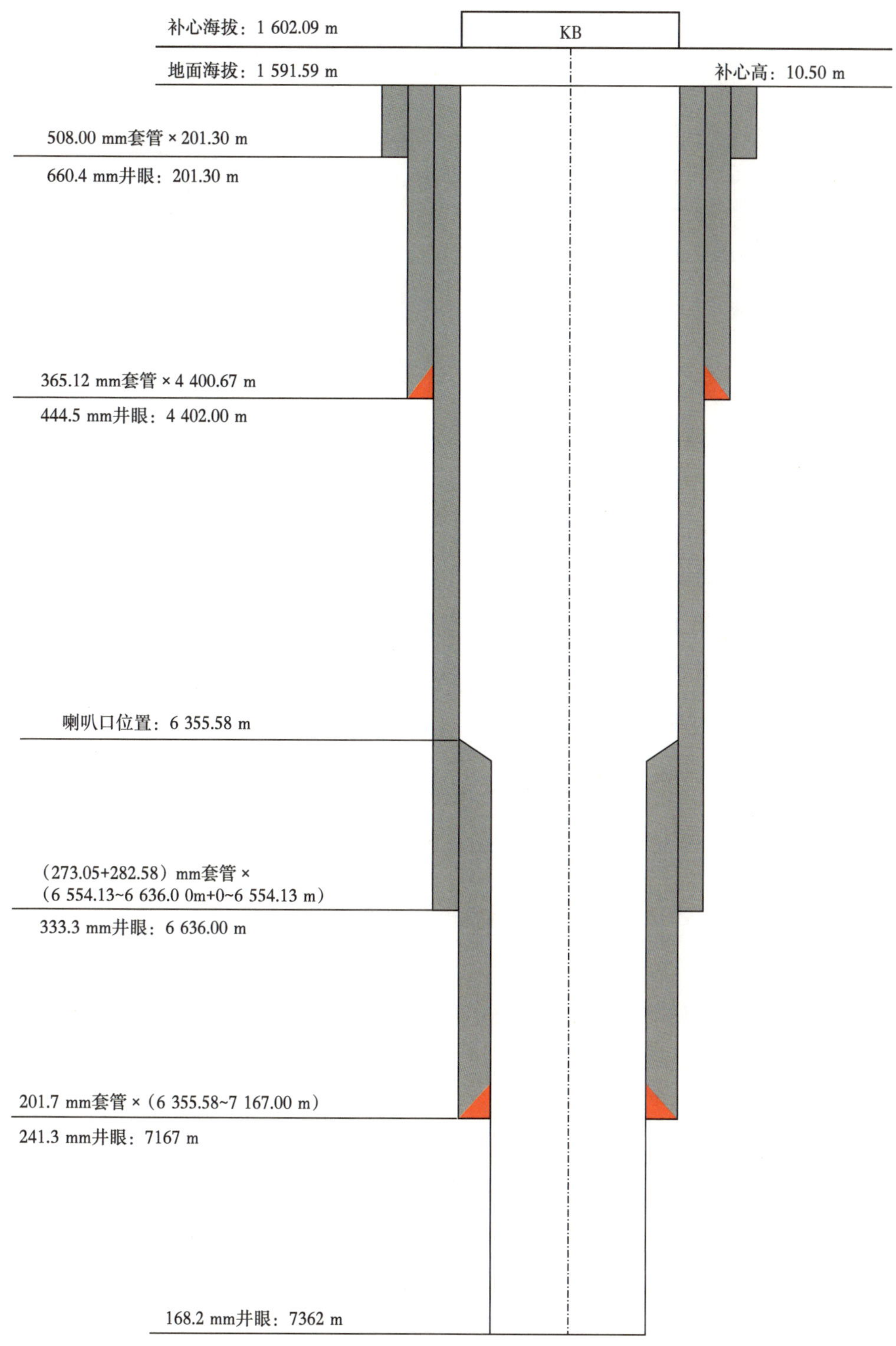

图 2-17　克深 802 井井身结构图

(a)打捞现场

(b)断落的电缆

图 2-18　电缆断落情况

从第 9 趟开始，使用外捞矛打捞每次上提过程中悬重下降吨位大，为 39~78 kN，捞获的电缆长度最长为第 11 趟的 38 m，最短为第 10 趟的 13 m。由于后几趟电缆断点在捞矛的捞钩附近，拉断吨位超过电缆马龙头弱点额定拉断吨位 31.6 kN，现场判断电缆在裸眼段可能发生粘卡。

四、原因分析

（1）7325~7225 m 取心钻时快，最低为 27 min/m，取出岩心破碎，在该井钻井液虑失性强，容易形成厚滤饼。

（2）第一趟测完感应以后因为没有遇阻遇卡现象，所以第二趟测放射性时，未通井，直接进行放射性作业。

（3）目的层井眼质量差，仪器所测遇卡处的井斜为 13.6°，并且所卡深度在以前出现过钻具粘卡事故。

（4）游车在上下刹车更换吊卡时，顶驱会出现左右摆动，动作较大时会对电缆造成蹩劲挤压。

（5）因为井比较深，所以电缆张力比较大，加上电缆是从顶驱水眼里通过，电缆很容易受到伤害。

（6）因为是非标钻具，所以没有加电缆防掉挡板。

五、经验和教训

（1）测放射性之前必须进行通井作业。

（2）对于深井井况复杂井段考虑取消重复性测井以降低井下风险。

（3）深井使用顶驱条件下穿心打捞电缆受力情况恶劣，断电缆风险高。

（4）穿心打捞时测井队伍应配备非标钻具防掉装置，深井在穿心时应提前加入防掉挡板（测井标规定穿心 2000 m 以后加装防掉挡板，该井穿心 1164 m 断电缆）。

（5）对于井况复杂超深井，建议使用传输测井方式进行测。

六、事故警示

（1）电测放射性前必须严格执行通井措施且保证井眼通畅，建议采用“1+1”模式进行通井。

（2）对井下情况复杂电测放射性风险较大的井进行风险评估，可尝试用其他测井方式代替电测测井。

第十八节　YM7-2CH 井开窗卡钻

一、基础数据

YM7-2CH 由四勘 70035 钻井队总包，原井眼为英买 7-2 井，井深为 4 182.80 m，开窗井深为 4 178.94 m，层位为新近系吉迪克组，岩性为泥岩，事故井深为 4 182.80 m。开窗工具为铣锥。

钻具结构：ϕ150 mm 铣锥 ×1.10 m+311×NC350×0.51 m+4¾ in 钻铤 ×9.28 m+NC351×310×0.47 m+3½ in 加重钻杆 ×423.13 m+3½ in 钻杆。

钻井液性能（磺化防塌体系）：密度为 1.76 g/cm^3，黏度为 89 mPa·s，塑性黏度为 48 mPa·s，屈服值为 15 Pa，初切力为 4 Pa，终切力为 16 Pa，pH 值为 9.5，失水量为 3.4 mL，滤饼厚度为 0.5 mm，坂含量为 20 g/L，固相含量为 28%。

二、事故发生经过

2017 年 9 月 11 日钻至 4 182.8 m（钻压为 70 kN，转速为 30 r/min，泵冲为 40 冲，泵压为 20 MPa），扭矩突然由 3 kN·m 上涨至 8 kN·m 后蹩停（钻井扭矩设定为 10 kN·m），立即上提钻具至 4 181.6 m，上提过程中有轻微挂卡，在 4 181.6 m 处提至正常悬重（981 kN），后开顶驱转动继续向下修复窗口，顶驱再次蹩停，释放扭矩，上提钻具至 981 kN，未解卡，下压 40 kN，上下反复活动两次，均未解卡，钻具卡死。

三、事故处理过程

爆炸松扣，下超级震击器，未解卡。从安全接头处倒开，起钻完重新下斜向器重新开窗。

2017 年 9 月 12 日爆炸松扣，起钻完，钻具在第一根加重钻杆内螺纹端面丢手。下超级震击器震击组合，累计震击 490 次，范围为 903~1373 kN，未能解卡，从安全接头处倒开，起钻完重新下斜向器重新开窗侧钻。

四、事故原因分析

（1）外层技套窗口裂开。

（2）内层套管上窗口挂铣锥。

（3）钻至接箍位置。

（4）形成窗口不规则。

五、事故警示

（1）合理选择开窗侧钻位置，必要时对开窗套管进行套损测井。

（2）开窗、修窗选择合适大小的工具，专心操作，发现异常避免盲目冒进，分析清楚原因后再进行下步措施。

第十九节　YM469H 井沉砂卡钻

一、基础数据

YM469H 井由巴州派特罗尔公司 P7013 钻井队总包，事故井深为 6037 m，层位为二叠系，岩性为火成岩。井身结构如图 2-19 所示。

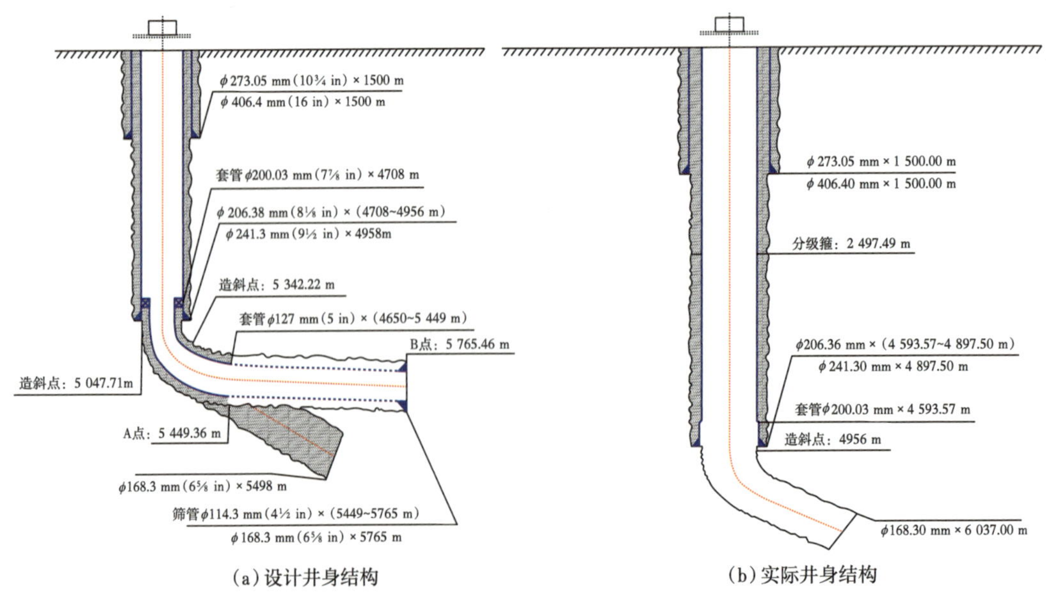

（a）设计井身结构　　（b）实际井身结构

图 2-19　YM469H 井井身结构图

钻井液性能：密度为 1.25 g/cm^3，黏度为 50 mPa·s，塑性黏度为 20 mPa·s，失水量为 4.8 mL，滤饼厚度为 0.5 mm，动切力为 7.5 Pa，初切力为 4.5 Pa，终切力为 12 Pa，Cl^- 含量为 42 500 mg/L，含砂量为 0.2%，坂含量为 28 g/L，固相含量为 13%，pH 值为 9，Ca^{2+} 含量为 320 mg/L，含油量为 3%，含水量为 84%。

二、事故发生经过

2017 年 7 月 25 日下钻到底循环开泵，排量为 13 L/s，泵压为 21 MPa，转速为 40 r/min，扭矩为 11~12 kN·m，循环期间在井深 6034 m 扭矩突然由 12 kN·m 上升至 1 kN·m，蹩停转盘。上提钻具由 1373 kN 上升至 1491 kN 下降至 1373 kN（钻具原悬重 1373 kN），未能提开；启动转盘，扭矩为 16 kN·m，未转开；后上提钻具悬重逐步由 1373 kN 上升至 1962 kN，下放悬重由 1962 kN 下降至 1177 kN，由于钻头在井底，没有下放距离，多次上提，无法通过，发生卡钻。

三、事故处理经过

泡解卡剂 18 m^3（16 m^3 柴油 +2 t 快 T），浸泡，上下大吨位活动钻具（294~1567 kN），一次解卡。

四、事故原因分析

（1）本井井斜较大，沉砂大量堆积，岩屑很难带出，井底存在岩屑床，存在卡钻风险。

（2）由于掉块沉砂较多，造成此次卡钻。

（3）现场值班干部监督不到位。

五、事故警示

（1）定向井钻进合理选择钻井液密度，做好钻井液性能优化，控失水、强抑制、重润滑，强封堵，高携砂。

（2）加强对井下风险识别能力，进入特殊岩性段精心操作。

第三章　固井复杂事故典型案例

第一节　克深 134 井尾管落井

一、基本情况

开钻时间为 2016 年 12 月 4 日，设计井深为 7790 m，四开完钻井深为 7452 m，四开下尾管到位丢手后循环井漏（漏速为 8~15 m^3/h），正注完反挤，地层不吃，短回接固井进行补救。克深 134 井井身结构如图 3-1 所示。

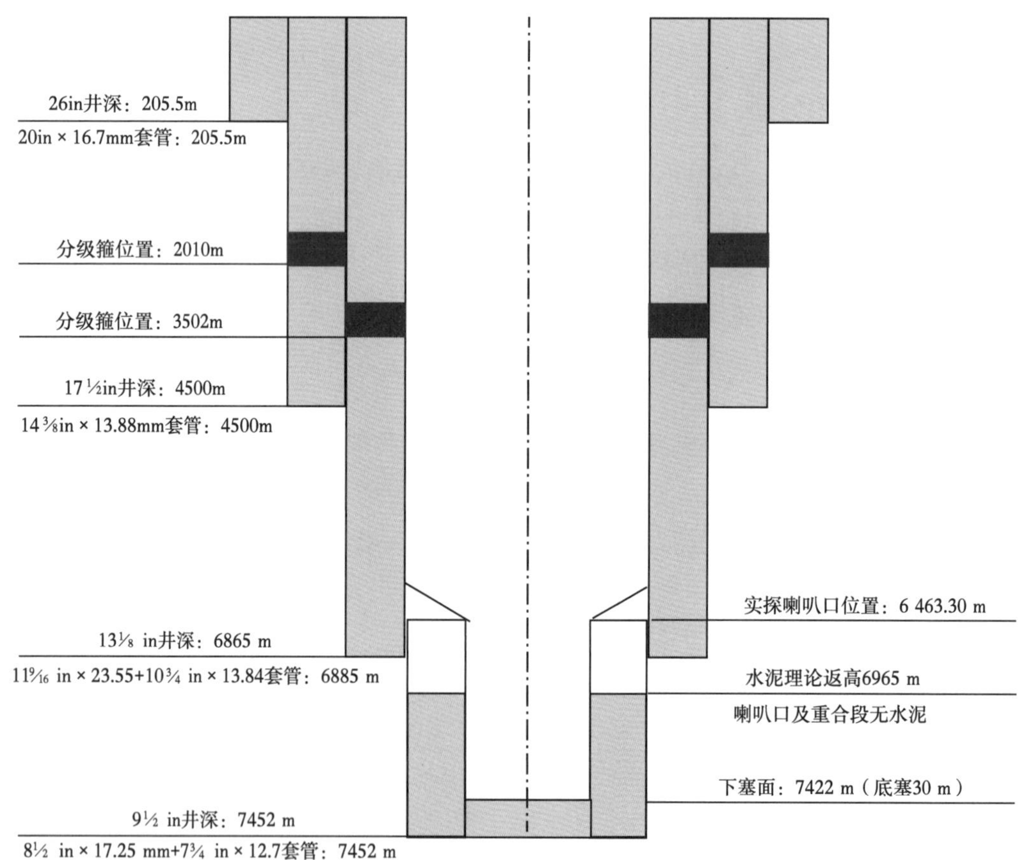

图 3-1　克深 134 井井身结构图

二、事故发生经过

2017 年 7 月 2 日 12:00 下 $7\frac{3}{4}$ in 短回接套管及送入管柱完，发现悬重为 1923 kN（理论悬重应为 2099 kN）。试插 3 次均稳不住压，上提钻具大排量循环，立管压力 50 min 内下降 2 MPa，后决定起钻检查。

2017 年 7 月 3 日 14:00 起出送入工具，发现短回接套管全部落井，复查录井曲线发现在 2017 年 7 月 2 日 7:10 时，下送入管柱至井深 4860 m 时悬重由 1638 kN 下降至 1462 kN，悬重少了 176 kN，套管全部落井。

落鱼结构：插头 ×0.355 m+$7\frac{3}{4}$ in 套管 ×27 根 + 浮箍 ×0.42 m+$7\frac{3}{4}$ in 套管 ×21 根 + 悬挂器 ×1.925 m+ 密封短节 ×1.07 m+ 回接筒 ×1.905 m。总长度为 537.233 m。理论鱼顶位置为 5 926.067 m。

三、事故处理经过

（1）打捞落井管串。2017 年 7 月 4 日，组合 $8\frac{1}{8}$ in 卡瓦打捞矛下钻打捞，7 月 5 日起钻完，捞获全部落鱼。工具草图如图 3-2 所示。

图 3-2　打捞钻具

（2）二次铣磨喇叭口。针对起出插入密封有钻井液刺痕以及有与喇叭口撞击的痕迹，对喇叭口重新磨铣。

（3）第二次下短回接套管、固井。

四、事故原因分析

在排除悬挂器倒扣工具反扣未带满和送入钻具下钻过程中发生转动的原因后，认为主要原因为套管串受螺旋扶正器影响产生自转，导致反扣正转脱扣（图 3-3）。

（1）刚性螺旋扶正器为左旋结构，配套顶丝设计，下送入钻具期间，扶正器受轴向上顶及逆向周向力。

（2）本次共下入 48 根 7¾ in 套管，共加入 23 个刚性螺旋扶正器，易受到较大的摩阻，下钻摩阻越大，周向力越大。

（3）下钻速度过快，远远超过 0.3 m/s，导致摩阻过大，从而引起套管受逆时针方向的周向力更大。

（4）短回接管串较短，容易将所受力传递至反扣位置，且重量较轻，井段 1800~4860 m 期间平均摩阻为 147~245 kN，在此井段悬挂器反扣位置易处于中性点位置。各种因素交织，导致反扣正转脱扣。

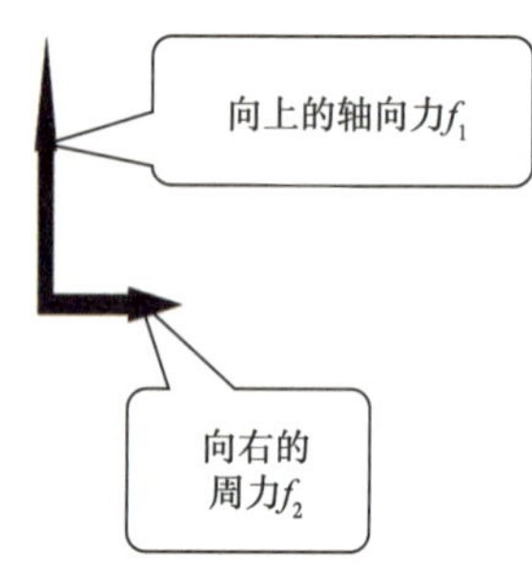

图 3-3 螺旋扶正器

五、经验和教训

（1）尾管固井所有使用的刚性扶正器卸掉顶丝，下套管期间严格控制下放速度。

（2）加强下尾管期间悬重等参数监测，加强录井工程预警。

（3）在扶正器订货技术协议中取消顶丝一项。

（4）推广采用整体式弹性扶正器，仅在关键位置使用刚性扶正器。

六、事故警示

（1）下套管前要充分循环调整钻井液性能，减少下套管摩阻。

（2）尾管悬挂工艺旋流扶正器严禁顶顶丝，下套管期间严格控制下放速度。

（3）尾管悬挂器严格按照相关技术参数进行组装，入井前再次检查。

第二节 和田 2 井分级箍脱扣

一、基本情况

和田 2 井开钻时间为 2017 年 5 月 23 日，设计井深为 6500 m，二开中完井井深为 2840 m。

二、事故发生经过

2017 年 8 月 3 日 21:00 下套管完 ϕ339.72 mm×ϕ13.06 mm×TP125V/BC 套管 ×13 根，ϕ339.72 mm×ϕ12.19 mm×TP110V/BC 套管 ×243 根，总长为 2 840.80 m，套余 1.5 m，其中浮鞋下深 2 839.3 m，浮箍 2 673.03 m，分级箍位置为 1 198.89 m），期间未见遇阻现象。

8 月 4 日 5:15 替浆至 140 m^3 时（此时环空理论水泥返高 1810 m，套管内理论塞面 1850 m），泵压由 11.3 MPa 降至 7.4 MPa，并伴有一声异响，立即停泵，检查地面无异常，开泵继续替浆至 208.2 m^3，泵压稳定在 8 MPa，未碰压，停泵。

拆水泥头上提套管，悬重为 1226 kN（含顶驱 245 kN），分级箍以上套管浮重 952 kN，初步判断 1200 m 左右套管或分级箍发生异常。

8 月 5 日 11:00 起套管完，发现分级箍外螺纹与套管内螺纹脱扣（图 3-4）。井下落鱼结构：ϕ339.72 mm×12.19 mm 套管 ×243 根 +ϕ339.72 mm×13.06 mm 套管 ×13 根，总长为 1641.91 m。

图 3-4　起套管现场

三、事故处理经过

（1）在 ϕ339.72 mm×12.19 mm 套管上加工 1:16 的锥管接头，配合铝合金引鞋，将引鞋插入井下 ϕ339.72 mm 套管内螺纹接箍里，使 ϕ339.72 mm 锥管与套管内螺纹接箍接头形成简易插入式密封（图 3-5），然后进行固井施工。

（2）8 月 11 日下套管完（管串结构：特制引鞋 +ϕ339.7 mm 套管 ×5 根 + 浮箍 +ϕ339.7 mm 套管），循环、试插顺利（排量为 14 L/s，泵压由 1.1 MPa 上升至 1.6 MPa，悬重由 1216 kN 下降至 1207 kN）。

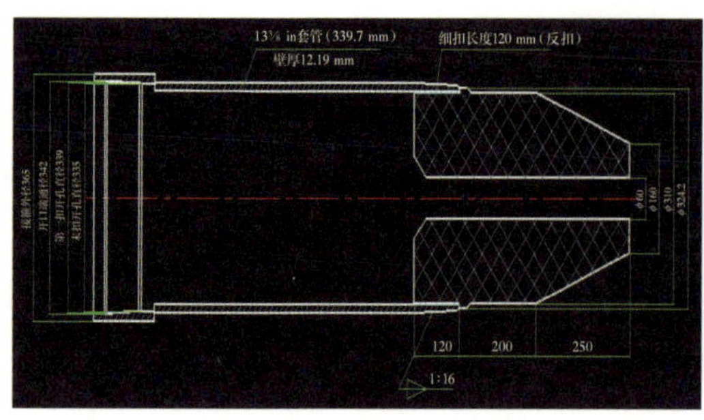

(a)密封示意图

(b)锥管与套管

图 3-5　简易插入式密封

(3)上提管柱坐吊卡，环空试挤(排量为 32 L/s，泵压为 4.1 MPa，泵入 19.4 m^3，停泵泵压降为 0 MPa，回吐 0.2 m^3)。插入引鞋工具，下压 98 kN，打压 1 MPa 不降，反挤固井施工完(注水泥浆为 115 m^3，密度为 1.88~1.90 g/cm^3)，坐套管卡瓦，坐卡吨位 490 kN。

四、事故原因分析

在涂抹螺纹脂后，分级箍与套管连接采用浮动紧扣方式，初次紧扣余扣较多(扭矩为 18 000 N·m)，继续 3 次紧扣至无进扣(最高扭矩达 21 000 N·m)，套管内螺纹连接处已发烫，余有 2~3 扣，现场判断已紧扣到位。因螺纹脂使用方法不当造成分级箍外螺纹与套管内螺纹未上到位是本次事故的主要原因。

五、经验和教训

(1)涂抹螺纹脂必须是在螺纹快上到位时在最后几扣快速涂抹螺纹脂。

(2)无特殊要求时，以后所有螺纹均不再涂抹螺纹脂。

六、事故警示

(1)固井附件严禁涂抹螺纹脂。

(2)套管窜严格按照上扣扭矩紧扣，同时检查是否上扣到位，出现错扣或者上扣不到位的情况严禁入井。

第三节　大北 306T 井卡套管

一、基本情况

大北 306T 井开钻日期为 2019 年 7 月 27 日，设计井深为 6991 m，当前井深为 3000 m，层位为新近系库车组，事故井段主要岩性为砂砾岩和泥岩。

钻井液性能：密度为 1.38 g/cm^3，井身结构为 24 in×202.5 m+22 in(钻头尺寸)×3000 m，

管串结构：浮鞋×1根+ϕ473.08 mm×TP110×16.48 mm套管×19根+浮箍×1+天钢ϕ473.08 mm×TP110× 16.48 mm套管×102根。

二、事故发生经过

2019年10月7日16:00四扶满眼通井起钻完后开始下套管（表3–1）。

表3–1 上部井段下套管阻卡情况

井段 / m	阻卡情况
0~202.5	套管内偶尔遇阻10~20 kN
202.5~503	井段202.5~503 m下套管较正常，遇阻39~49 kN
503~720	间断遇阻98~157 kN，且下套管遇阻闪过。其中在井深770 m时悬重844 kN，遇阻294 kN，上提至1177 kN提开，再下放闪阻196 kN通过
720~1270	下放过程间断遇阻294~490 kN闪过，中途几处最高589~688 kN

10月8日11:00下第121根套管时中途遇阻392 kN闪过（原悬重1570 kN），正常坐吊卡，井深为1 269.57 m。接完第122根套管，上提套管打开吊卡下放套管遇阻294 kN无法通过，上提悬重1962~2354 kN多次尝试无法提开，卸掉第122根套管接循环头活动，活动范围392~6622 kN未开，套管卡死。

三、事故处理经过

两次泡解卡剂未能解卡，后就地固井。

四、事故原因分析

（1）常规钻具打出的井眼不规则，狗腿度较大是导致卡套管的直接原因。电测显示1250~1275 m狗腿度为全井段最大，达3.68°/30 m，井眼呈螺旋状，且井眼扩大率较小。

（2）岩性多为砾石，随着时间变化产生运移，出现探头石现象。

（3）18⅝ in套管刚性较大，套管与井壁硬接触，在井下呈扭曲状，此状态长时间长距离的累积导致套管卡死。

五、经验和教训

（1）二开砾石段使用好垂直钻井工具，保证井身质量。

（2）二开使用22½ in钻头，下入18⅝ in套管。

（3）钻井液保持良好的润滑性及封堵性。

六、事故警示

（1）大井眼钻进过程中，合理控制钻井参数，严格控制好井身质量。

（2）下套管前通井钻具组合至少采用三扶 PDC 钻头通井，遇阻则划眼，短起下有遇阻划眼至无阻卡为止。

（3）下套管前要充分循环调整钻井液性能，控制好失水量，必要时加入润滑剂，降低滤饼摩阻。

第四节　克深 2-1-3 井套管断裂

一、基本资料

四勘 90006 队承钻的克深 2-1-3 井，在二开中完作业期间，下完套管，固井施工完，在钻塞过程中发现套管断裂。

该井使用 BH-WEI 有机盐钻井液体系（表 3-2）。

表 3-2　BH-WEI 有机盐钻井液性能

密度 / g/cm^3	黏度 / mPa·s	塑性黏度 / mPa·s	屈服值 / Pa	失水量 / mL	滤饼厚度 / mm
1.65	60	39	13	1.6	0.5
含砂量 / %	pH 值	固含量 / %	Cl^- 含量 /（mg/L）	Ca^{2+} 含量 /（mg/L）	
0.3	8.5	17	32 400	260	

2012 年 10 月 29 日 23:30 至 10 月 31 日 13:30 下套管到位至井深 4477.40 m,（其中 346.08×TP140V×15.88 mm 套管 10 根、339.7×TP140V×13.06 mm 套管 331 根、365.13×TP110V×13.88 mm 套管 45 根，累计下入 386 根，总长为 4 479.14 m）下深为 4 477.4 m，套余 1.74 m，浮箍下深为 4 351.79 m，分级箍下深为 2 004.55 m。

下套管全过程悬重和灌浆均正常，计算套管到位浮重。

入井套管串扣型及对应下深见表 3-3。

表 3-3　入井套管串扣型及对应下深

名称	尺寸 / mm 钢级 × 壁厚 / mm× 扣型	根数	段长 / m	下深 / m
浮鞋	339.7×TPCQ	1	0.80	4 477.40
变扣	339.7×TPCQ 公 ×346.08×BC 母	1	2.49	4 476.60
套管	346.08×TP140V×15.88×BC	10	108.28	4 474.11

续表

名称	尺寸 / mm 钢级 × 壁厚 / mm× 扣型	根数	段长 / m	下深 / m
变扣	346.08×BC 公 339.7×TPCQ 母	1	2.54	4 365.83
套管	339.7×TP140V×13.06×TPCQ	1	11.50	4 363.29
浮箍	339.7×TPCQ	1	0.78	4 351.79
套管	339.7×TP140V×13.06×TPCQ	201	2 346.46	4 351.01
分级箍	339.7339.7×TPCQ	1	0.63	2 004.55
套管	339.7×TP140V×13.06×TPCQ	129	1 503.00	2 003.92
变径短节	339.7×TPCQ 母 ×365.13×BC 公	1	0.71	500.92
套管	365.13×TP140V×13.88×BC	45	501.95	500.21
套余	—	—	—	-1.74

二、事故发生经过

一级固井施工正常。

二级固井施工异常，18:37 至 19:45 替浆 159.5 m^3，反计量返出钻井液 158 m^3，井口未见纯坂土浆返出。水泥车打压到 28 MPa 仍无关孔迹象，放回水不断流。稳压 88 min 仍没关孔迹象，泄压到 10 MPa 关井候凝。

三、事故处理经过

憋压候凝 32 h，下入 M1952SS 钻头（12¼ in）探塞，二级塞面 1971 m，钻进至 2 005.10 m 时有明显蹩跳钻现象。钻完后放空至井深 2028 m，分级箍及以上套管试压 10 MPa，10 min 内下降至 6 MPa；钻进至井深 2 029.59 m 扭矩平稳、进尺慢，振动筛返出少量铁屑，现场认为套管破裂。

第一个断点（2 028.10 m）：2028~2029 m 用 12¼ in HAT127 钻头可通过。说明在断前管外有水泥支撑，上下断口同轴，断距为 1.6~1.8 m。

第二个断点（2 712.50 m）：241 mm HJ517 钻头在 2 713.5~2714 m 不能通过，上下断口不同轴，断距为 3 m。

第三个断点（3 061.92~3 065.60 m）：断距为 1.5 m，上下断口不同轴。215.9 mm S248 钻头通到 3 061.92~3 063.51 m。200 mm 磨鞋井段 3 062.81~3 067.32 m，280 mm 磨鞋井段 3 062.43~3 064.89 m，280 mm 磨鞋无进尺。241.5 mm 钻头井段 3 064.73~3 065.38 m。

井下套管破损严重，处理难度大，打水泥塞弃井。

四、事故原因分析

（1）断裂过程以下从上到下分别命名为第一断口、第二断口和第三断口。第一断口发生在钻水泥塞过程中，钻水泥塞的振动导致已有潜在损伤的第一断口处断裂。第二断口和第三断口在一级注水泥替浆过程几乎同时发生。先发生第三断点断裂，断口之上套管弹性伸长和恢复造成冲击和纵振，诱发第二断点断裂，同时造成第一断点处潜损伤。

（2）KS2-1-3 井所用 TP140-1 套管管体和接箍钢材常规的理化和力学性能符合塔里木订货技术条件，未发现套管断裂与材料标准性能的直接相关性。

（3）断裂机理为多因素交织，相互激励造成断裂。

评价表明 KS2-1-3 井所用 TP140V（TP140-1）套管在该井有机盐钻井液存在诱发或促使该井使用的套管螺纹开裂风险。发现在该井有机盐钻井液高温下断裂敏感性增加，符合延迟断裂特征。此外还发现有机盐钻井液环境对 140-2 套管在高温下存在明显腐蚀加速现象。

建议审查 KS2-1-3 井所用有机盐钻井液体系，进一步评价。在问题搞清楚之前暂停在 V140 套管和 V150 钻杆中使用。

（4）带缺口试件的 SSRT（慢拉伸）和带缺口试件高温高压恒载荷方法对环境敏感断裂 / 延迟断裂较敏感。上述方法表明，KS2-1-3 井所用 TP140-1 套管钢在该井有机盐钻井液环境中存在环境敏感断裂 / 延迟断裂潜在风险。

（5）KS2-1-3 井套管断裂事故属小概率事件，由于套管不能取出，要对这一具体案例做出确切失效机理或原因分析会十分困难或不可能。现在应集中在今后各方怎么做得更好，以消除隐患。天钢方面在配合调查研究和等待调查结论的同时，全面评价 KS2-1-3 井 TP140V 钢，开发 TP140V 新钢种，开展新老钢种环境敏感断裂 / 延迟断裂探索研究。西南石油大学对 TP140V（TP140-2）新钢种的评价表明新钢种抗延迟断裂性能远远优于 KS2-1-3 井用过的 TP140V 钢种。

（6）塔里木油田和天钢双方均应重新审查套管上扣。抽查三个断口处现场上扣扭矩—时间曲线均反映了不正常或不合理的扭矩分布，疑点需要澄清。

五、事故警示

（1）下套管遇阻，严禁猛砸、猛放，遇阻严重则考虑重新通井再下套管。

（2）下套管过程中，监测好扭矩，严格按照标准扭矩上扣到位再入井。

第五节　阿满 3 井分级箍关孔失败

一、基本情况

阿满 3 井二开中完井深为 4860 m，井底层位为二叠系，岩性为砂岩，钻井液密度为

1.80 g/cm^3，井身结构：20 in×509.4 m+14⅜ in×4860 m，分级箍位置为 2 501.35 m，分级箍厂家为戴维斯（进口）。

二、事故发生经过

2018 年 7 月 3 日，下套管完，顶通循环正常（排量为 30~50 L/s），7 月 4 日一级固井完，开孔正常，循环不漏。二级固井前循环发生井漏（排量为 50 L/s，漏速为 7 m^3/5 min，判断漏点在表层套管鞋处），调整方案为正注反挤，设计正注返至井深 500 m。7 月 8 日二级固井正注施工结束，注替全程出口未返，碰压后关孔失败。

（1）注前置液 15 m^3，水泥浆 110 m^3，注 19 m^3 后置液压关孔塞（含 15 m^3 水泥浆），替浆 215.7 m^3（设计替浆 208 m^3），排量为 40~60 L/s，压力为 8~19.5 MPa。其中替浆至 206 m^3 时碰压，立压由 11 MPa 上升至 14.6 MPa，随后下降至 12.5 MPa，继续替浆 215.7 m^3（立压 12~12.5 MPa），停泵泄压有回流，回流 10 m^3，确定关孔失败，关水泥头候凝。

（2）7 月 9 日反挤施工完，反挤水泥浆 55 m^3。

三、事故处理经过

（1）尝试机械关孔未成功，分级箍试压不合格。

（2）分级箍挤水泥封孔，试压合格。

四、事故原因分析

（1）14⅜ in 关孔塞设计存在缺陷，本体过小，施工排量大导致胶塞无法居中关孔，分级箍关孔胶塞数据见表 3-4，关孔塞如图 3-6 所示。

（2）新购买的 14⅜ in 分级箍关孔塞裙边厚度较旧的关孔塞薄，旧 14⅜ in 分级箍关孔塞裙边厚为 22 mm，而新采购 14⅜ in 分级箍关孔塞裙边仅厚 8 mm，薄了 14 mm（图 3-7）。

表 3-4　分级箍关孔胶塞数据

尺寸 /in	芯轴直径 / mm	裙边直径 / mm	芯轴与裙边比值
9⅝	182	235	0.77
10¾	204	256	0.80
13⅜	232	332	0.70
14⅜	77	352	0.22

(a)9⅝ in关孔塞

(b)10¾ in关孔塞

(c)13⅜ in关孔塞

(d)14⅜ in关孔塞

图 3-6　各种关孔塞

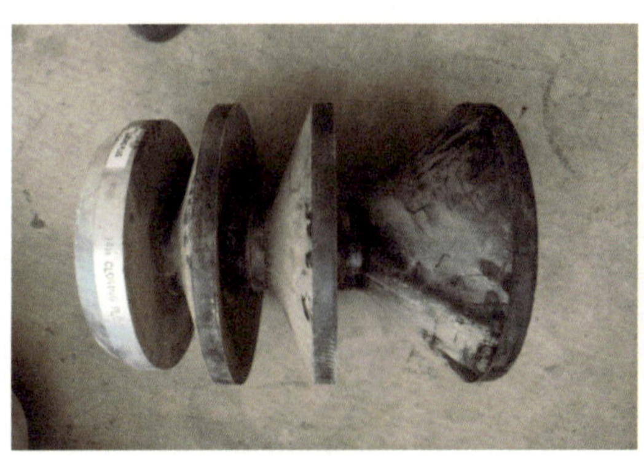

(a)旧14⅜ in分级箍关孔塞

(b)新采购14⅜ in分级箍关孔塞

图 3-7　新旧分级箍关孔塞

五、经验和教训

（1）更改 14⅜ in 分级箍关孔塞结构设计，增大关孔塞本体直径，并加厚裙边厚度。

（2）固井工 5 具在设计上若有所改动，需加强对新旧工具的对比，分析存在风险，任何改动必须经用户单位认真评估同意后方可进行。

六、事故警示

（1）制订固井工具手册，未经试验及评估所有的固井附件参数严禁改动。

（2）把好质量关，工具入库商检，现场使用发现与固井工具手册不相符，立即查明原因进行整改，不合格产品严禁入井。

第六节　吐北 401 井回接未插入

一、基本情况

吐北 401 井开钻时间为 2016 年 12 月 4 日，设计井深为 5850 m，三开井深为 4172 m，理论喇叭口位置为 2 190.487 m，实探喇叭口位置为 2 193.55 m。井身结构如图 3-8 所示。

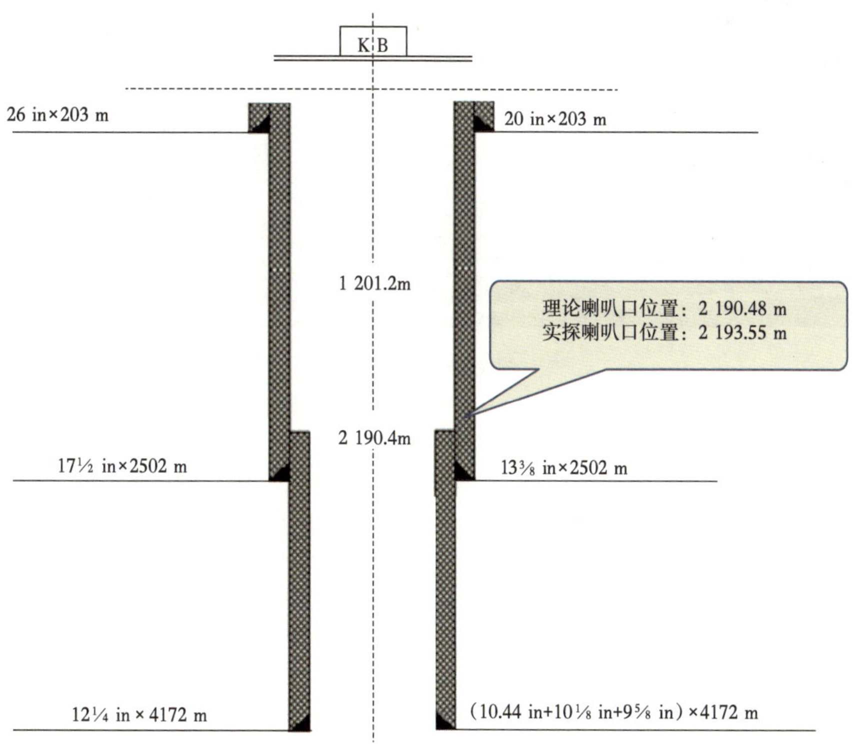

图 3-8　吐北 401 井井身结构示意图

二、事故发生经过

2017 年 7 月 1 日，下 244.5 mm 回接套管至井深 2 193.97 m 遇阻。下压 29 kN，小幅转动套管，钻压回零。停止转动继续下放 40 cm 后遇阻，打压，压力增加至 5 MPa 但不稳。继续下放 60 cm，持续遇阻，吨位增加至 294 kN，打压 10 MPa，稳压基本不降。考虑到插入头未能完全插入（余 80 cm，剩余 3 道密封），且井下情况判断不明，基于后期钻盐层风险，决定起套管检查插入密封。

三、事故处理经过

（1）二次钻探喇叭口。

2017 年 7 月 4 日，开泵下探喇叭口至井深 2 193.77 m 遇阻，加压 29 kN，无进尺，蹩跳明显，扭矩由 2 kN·m 上升至 4 kN·m，反复下探 5 次无位移，振动筛返出未见水泥块和铁屑。起钻完，带出 1 整条密封盘根 1 条（图 3-9）。

图 3-9　密封盘根

（2）改变钻具组合，下铣锥铣柱一体化管柱。

将原加重钻杆 + 铣锥、加重钻杆 + 铣柱组合，变更为 ϕ203 mm 钻铤 + 铣锥铣柱一体化管柱以增大刚性，并提高居中，二次磨铣喇叭口及回接筒（图 3-10）。

（3）二次下回接套管试插，固井完插入顺利。

四、事故原因分析

磨铣钻具组合刚性不足是导致回接插入困难的主要原因。起套管完，距离插入头底端 70 cm 处以上部分未有明显划痕，而 70 cm 处以下，存在明显划痕，且插入头底端存在明显卷口。

（a）管柱1

（b）管柱2

图 3-10 钻铤 + 铣锥铣柱一体化管柱

五、经验和教训

（1）统一铣磨喇叭口钻具组合，铣磨管柱必须带 2 柱以上钻铤。

（2）制定喇叭口处理推荐做法（含钻探、铣磨作业）。

（3）强化探喇叭口、铣磨喇叭口和回接筒作业管理，钻探及铣磨喇叭口期间派专人盯防管控。

六、事故警示

（1）下尾管时重合段严格按照设计要求加扶正器，保证喇叭口位置的居中度。

（2）严格执行好事业部喇叭口处理推荐做法，保证喇叭口铣磨到位。

第七节　博孜 104 井留高塞

一、基本情况

博孜 104 井施工时间为 2016 年 10 月 17 日，施工单位为二勘井下事业部，水泥浆体服务公司为中油渤星公司，施工井段为 0~5 803.3 m（表 3-5），完井回接固井。

表 3-5　博孜 104 井井身结构

序号	钻头		套管		
	规格 / mm	钻深 / m	尺寸 / mm× 钢级 × 壁厚 / mm	下深 / m	封固井段 / m
1	558.8	203	473.075×TP110V×16.48 478.56×TP110V×21.00	0~78.59 78.59~202.52	0~203.00
2	431.8	3002	365.13×TP110V×13.88 374.65×TP140V×18.65	0~2 633.13 2 633.13~3 000.28	0~3 000.28
3	333.4	6228	273.05×TP140V×13.84 273.05×BJ140×13.84 282.58×TP140V×18.64	0~5 429.07 5 429.07~5 997.98 5 997.98~6 228.00	0~6 228.00
4	241.3	6712	196.85×TP140V×12.70 201.70×TP155V×15.12 206.38×TP140V×17.25	5 803.30~6 084.75 6 084.75~6 190.46 6 190.46~6 712.00	5 803.30~6 712.00
5	168.3	6930	139.7×TP140V×12.09 139.7×BG140V×12.09	6 208.27~6 930.00	6 208.27~6 930.00
6	回接		196.85×TP140V×12.70 201.70×TP155V×15.12 196.85×BG140V×12.70 196.85×TP140V×12.70	5 558.62~5 803.30 5 147.58~5 558.62 78.75~5 147.58 0~78.75	0~5 803.30

二、事故发生经过

1. 试验情况

本井三开（井深为 6228 m）电测温度为 106 ℃，推算 5803 m 处静止温度为 100 ℃，本次试验温度取 85 ℃（系数为 0.85）。施工前渤星、二勘大样试验复查均正常（水样、灰样均来自井场），满足施工要求。

2. 施工经过

下回接套管完、试插成功（憋压 11 MPa，稳压 10 min 不降），循环、固井准备，泵注坂土浆 20 m^3（密度为 1.88 g/cm^3），泵注前隔离液 15 m^3（密度为 1.90 g/cm^3），注入缓凝水泥浆 65 m^3（密度为 1.93 g/cm^3），快干水泥浆 52 m^3（密度为 1.93 g/cm^3），注后隔离液 5.5 m^3（密度为 1.90 g/cm^3），以排量 30L/s 泵替钻井液 10 m^3 时泵压开始明显上涨（由 22 MPa 上升至 24 MPa），此时水泥浆还差 1.5 m^3 进入环空，降排量至 20 L/s 替浆至 60 m^3，压力增加速度逐渐加快，排量逐步下降（由 20 L/s 下降至 6 L/s）替浆至 91.5 m^3，泵压升至 32.7 MPa，下插回接管柱，泄压检查无回流，坐挂井口（吨位 1766 kN）。

从开始注入缓凝水泥浆到泵压异常施工时间 126 min，到施工泵压高停泵 216 min。开始注入快干水泥浆到施工泵压异常时间为 96 min，到施工泵压高停泵时间为 186 min（图 3-11）。

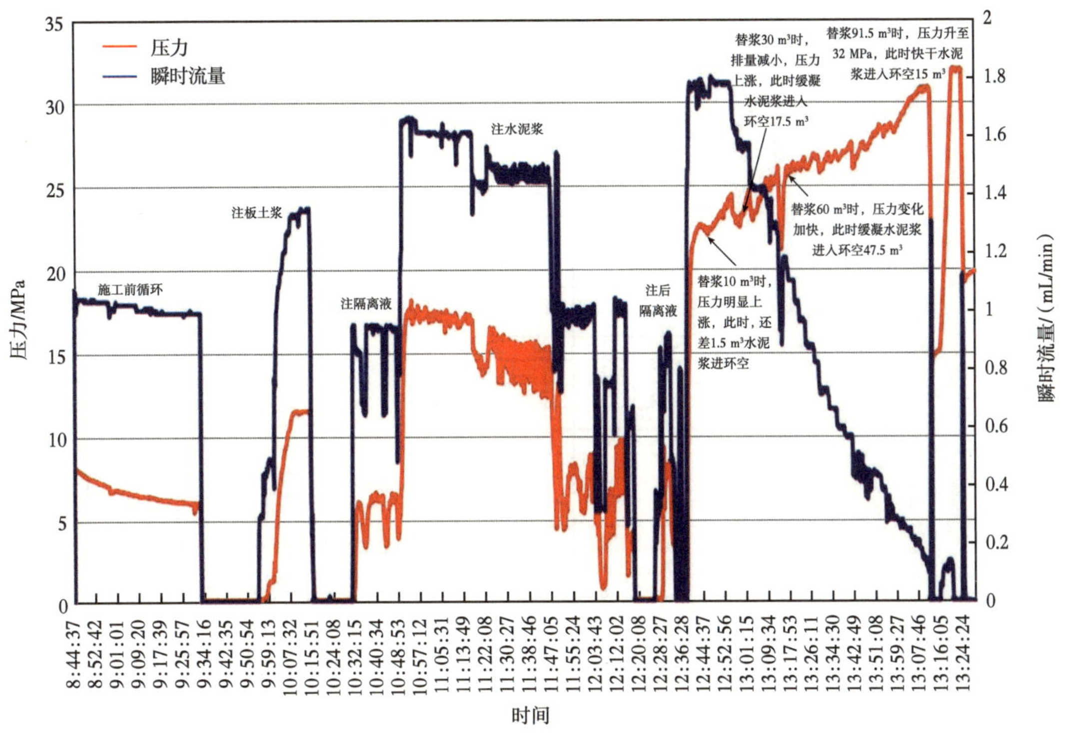

图 3-11 BZ104 井 ϕ196.85 mm 套管回接固井监测曲线

3. 探塞及电测结果

实际探得水泥塞塞面为 4055 m，塞长 1 748.3 m，设计塞长 200 m，电测结果显示插入筒未能插入回接筒（图 3-12）。

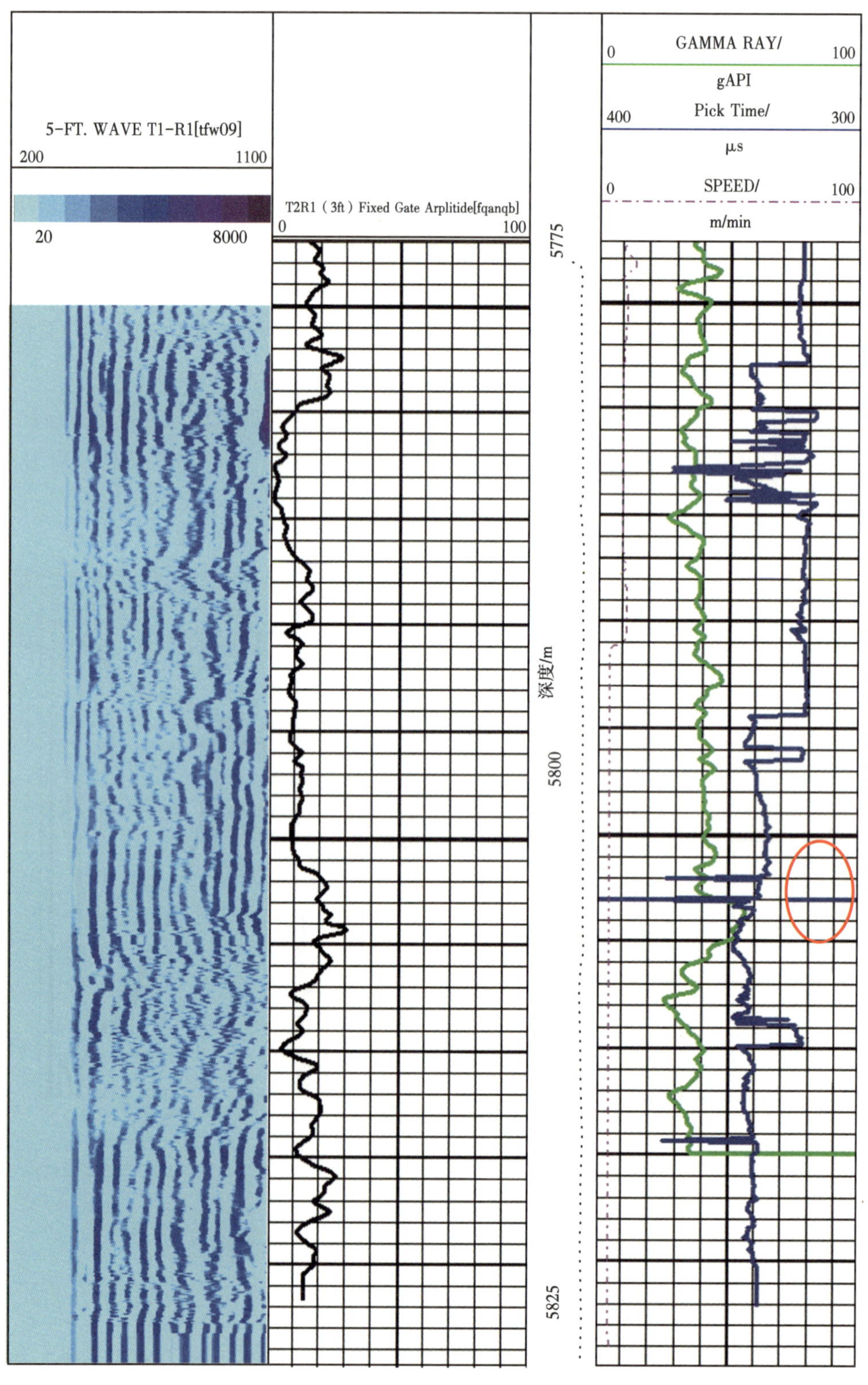
5-FT. WAVE T1-R1[tfw09]
200
1100
20
8000
T2R1（3ft）Fixed Gate Arplitide[fqanqb]
0
100
5775
深度/m
5800
5825
GAMMA RAY/
0
100
gAPI
Pick Time/
400
300
μs
SPEED/
0
100
m/min

图 3-12　电法测井结果

三、事故处理经过

（1）钻塞完后，短回接 ϕ139.7 mm 套管予以补救。

（2）试验复核情况：水泥浆与钻井液接触污染十分严重，与施工前试验结果一致；水泥浆本身存在高温增稠现象，且同一样品流变性测试结果重复性较差；尾浆稠化时间复核结果存在缩短现象，但由于参与复核的三家单位结果不一致，仅能说明存在尾浆稠化时间缩短的可能性。

四、事故原因分析

1. 直接原因

（1）水泥浆与钻井液多相接触污染严重，致使浆体流动性变差。

（2）水泥浆高温增稠，导致浆体本身流动性变差。

（3）尾浆存在提前稠化的可能，尾浆稠化时间重复性差。

2. 间接原因

现场应变处置欠妥，发现高泵压后未及时下插。

五、经验和教训

（1）对于水泥浆污染实验不满足要求的井，首先考虑更换水泥浆体系以满足施工要求。

（2）开展水泥浆抗污染剂评价、引入和试验。对于水泥浆与钻井液直接接触污染严重时，考虑使用水泥浆抗污染剂以解决相容性问题。

（3）加强方案论证，强化固井施工设计。应充分论证回接固井施工期间存在的风险，制定应急方案；针对回接固井可能遭遇的替浆高泵压，应适当延长稠化时间并控制快干水泥浆封固段长或改为单凝体系；完善新水泥浆体系的室内评价内容，评价内容应充分结合现场施工工艺，找出水泥浆高温增稠根本原因。

（4）贯彻好公司《固井管理实施细则》，严格执行对水泥浆化验管理（含取样、药水配置和样品保留等）、干部驻井、生产异常汇报等相关制度。

六、事故警示

（1）浆体复查实验出现不一致时，应找出原因并复核一致时再施工。

（2）对于污染严重的，应考虑更换浆体体系或增大隔离液用量（按照体积最大处的段长不小于 600 m）以保证充分的物理隔离。

（3）回接固井出现憋高压时，应立即停泵下插，保证回接筒插入。

第八节 HA10-2C 井插旗杆

一、基本情况

HA10-2C 井设计井深为 7062 m，于井深 6265 m 开窗侧钻，至 6945 m 中完井。最大井斜为 75.14°/6 827.22 m，最大狗腿度为 16.11°/6 493.66 m，电测井底温度为 145.2 ℃，无井径数据。井身结构如图 3-13 所示。

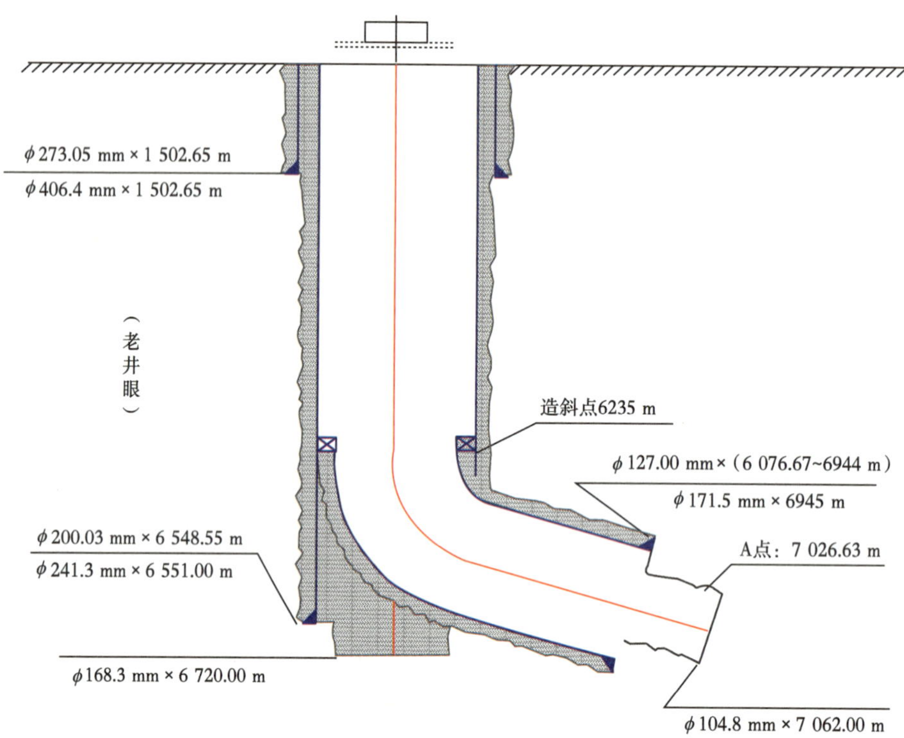

图 3-13 HA10-2C 井井身结构示意图

2015年5月19日，通井起钻完，开始下尾管及TAM工具，5月20日下尾管送入管柱完，浮鞋下深 6 944.1 m，封隔器下深 6 932.26~6 929.67 m，开孔短节下深 6 918.45~6 917.63 m，悬挂器下深 6 081.05 m，喇叭口位置为 6 076.67 m。

二、事故发生经过

1. 悬挂器坐挂、TAM 封隔器坐封

阶梯打压，每隔 1 MPa 稳压 2 min，打压至 11 MPa，稳压 10 min，压力不降，出口不返，下压 196 kN，悬挂器坐挂成功。

封隔器从 10 MPa 上升至 12 MPa、13 MPa、14 MPa、15 MPa、16 MPa 及 17 MPa，

每次阶梯打压后稳压 2 min，放回水泄压后一次性打压至 18 MPa，稳压 5 min 无压降，胀封成功。正转 35 圈，悬挂器倒扣脱手成功，循环 2 h，起钻。

2. 下内管工具试压、开孔、循环

下内管开关管柱完，接方钻杆悬重 1567 kN，投球试压，打压至 5 MPa 出口见返，判断为下内管工具到底遇阻时，固井短节滑套在钻压作用下，内管工具下狗块已经将其开孔。正转 45°，调整工具方位，将内管工具关孔狗块移至固井短节滑套下端，上提关孔再进行试压。上提 98 kN 关孔成功，对内管工具皮碗试压 7 MPa，稳压 5 min，无压降，内管工具皮碗密封合格。

正转 45°，调整内管工具方位，上提钻具将内管工具下狗块（关孔狗块）移至固井短节滑套上端，再下压 49 kN 开孔，开泵循环，排量为 0.6 m^3/min，泵压为 11 MPa，开孔成功（图 3-14）。

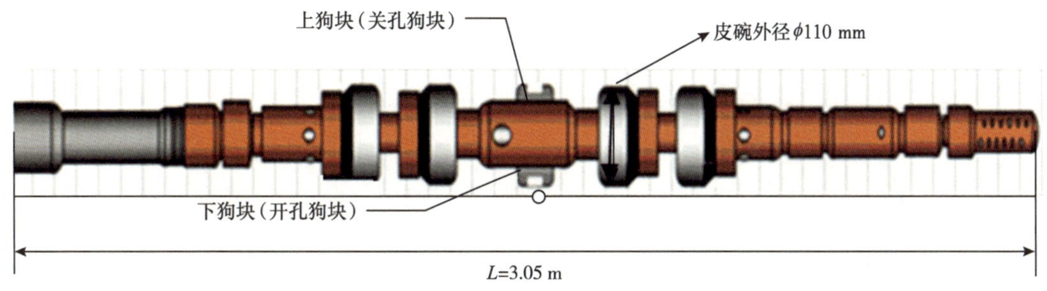

图 3-14　内管开关工具示意图

3. 固井施工

循环、固井准备（表 3-6），排量为 0.6 m^3/min，泵压为 11 MPa，循环期间无掉块返出。

表 3-6　固井施工参数表

时间	施工内容	密度 /（g/cm³）	用量 / m³	排量 /（m³/min）	泵压 / MPa
10:50—11:15	注前置液	1.35	10.0	0.6	10.0
11:15—11:40	注水泥浆	1.88~1.90	15.5	0.6	6.0~10.0
11:40—11:45	注后置液	1.35	0.5	0.6	1.5
11:45—12:40	替钻井液	1.30	32.0	0.6	0 升至 5.0 升至 13.0
12:45—13:15 调整内管开孔工具方位，取出开孔工具。					

起钻至第 18 柱，悬重由 1723 kN 上升至 1788 kN，下放至 1158 kN，起至第 19 柱无法起出，最大上提 2256 kN，最大下放 883 kN。接方钻杆开泵，憋压至 25 MPa，无法顶通，正转转盘 26 圈，扭矩由 4 kN·m 上升至 6 kN·m，反循环憋压至 18 MPa，无法顶通（图 3-15）。

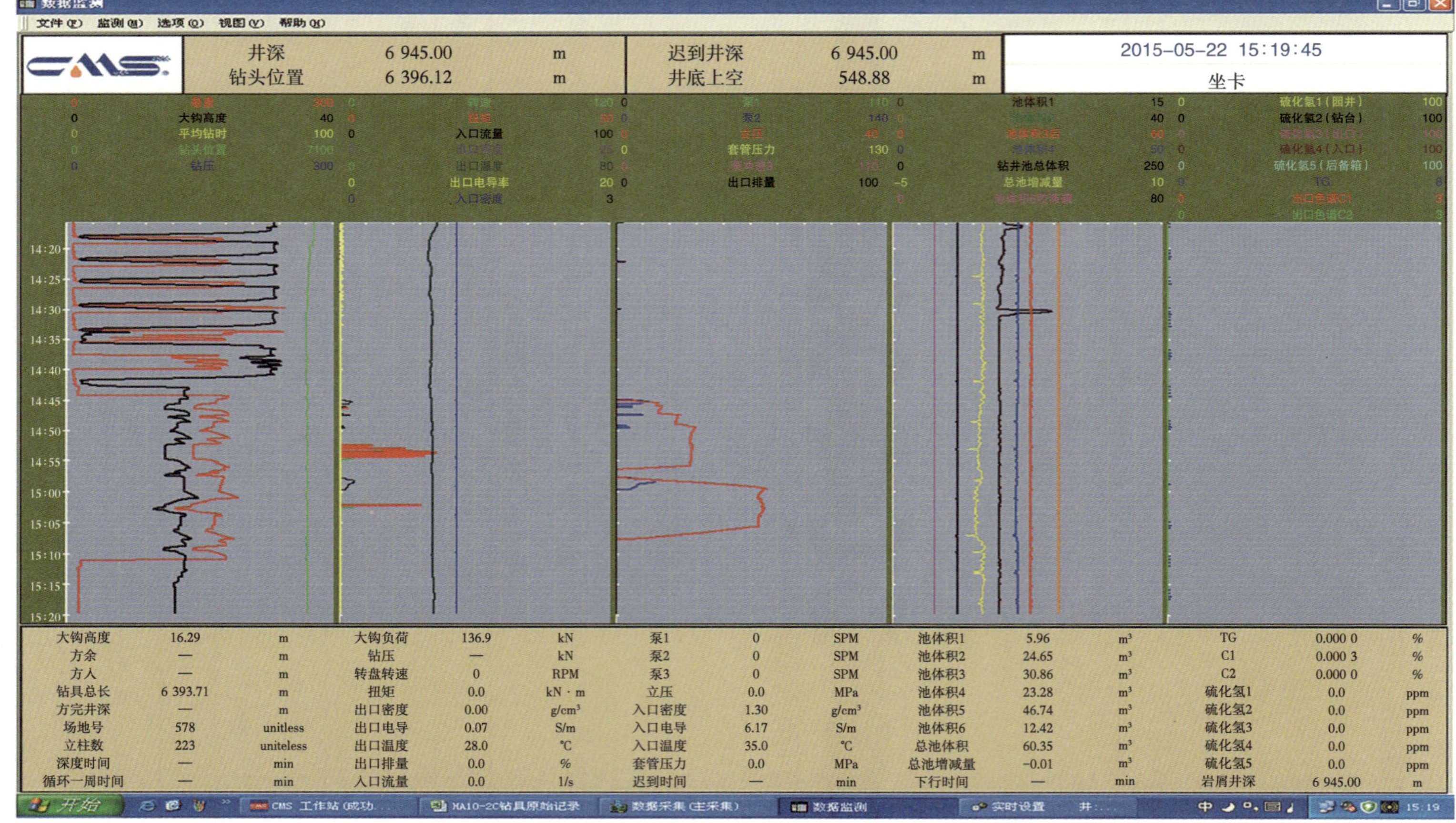

图3-15 起钻至19柱，钻具卡死录井截图

井内钻具：内管工具 +2⅞ in 钻杆 ×855.69 m+4 in 钻杆 ×5 541.3 m，尾管内 2⅞ in 钻杆为 318 m。

三、事故处理过程

1. 试验复核情况

水泥浆添加剂为古莱特体系，委托古莱特石油技术服务公司进行水泥浆性能实验复核，由一勘固井公司、油田质检中心再进行复核（表 3-7）。实验温度为 145 ℃，实验压力 86 MPa，升温升压时间为 60 min。

表 3-7　各单位化验室稠化时间对比表

水泥浆性能	稠化时间 min/100 Bc	7∶3 污染试验 min/100 Bc	7∶2∶1 污染试验 min/100 Bc	7∶1∶2 污染试验 min/100 Bc
古莱特大样	418	18	308	555
一勘大样	391	—	425 未稠	420 未稠
古莱特复查	404	17	391	420 未稠
一勘复查	387	17	356	394
质检中心复查	345	18	316	424 未稠

2. 打捞、套铣并重新开窗侧钻

组接 4 in 反扣钻杆 + 反扣母锥倒扣，经过多次打捞、套铣，捞获部分落鱼，最后重新开窗侧钻。

四、事故原因分析

（1）内管固井工具施工前、关孔后试压正常，因此排除工具原因。

（2）水泥浆污染实验稠化时间不满足施工要求，水泥浆窜槽被钻井液污染，提前稠化是造成本次事故的主要原因。

五、经验和教训

（1）对于水泥浆污染实验不满足要求的井首先考虑更换水泥浆体系以满足施工要求。

（2）针对选择性固井工艺，可考虑增加重合段长，设计水泥浆返至喇叭口即可，不留上塞。

（3）对于各家体系都污染严重的井可考虑注入污染无问题的先导浆，增加隔离液用量。

六、事故警示

（1）对于选择性固井工艺，应增加重合段长（不少于 500 m），水泥浆不返至喇叭口以上。

（2）对于污染严重的，应考虑更换浆体体系或增大隔离液用量（按照体积最大处的段长不小于 600 m），以保证充分的物理隔离。

（3）水泥浆存在污染时慎用选择性固井工艺，使用选择性固井工艺时，必须进行充分论证。

第九节　克深 8-7 井钻塞钻井液污染

一、基本情况

克深 8-7 井实际井身结构数据见表 3-8。固井前钻井液性能（高性能水基钻井液）见表 3-9。

表 3-8　克深 8-7 井井身结构数据

钻头		套管		
规格 / mm	钻深 / m	尺寸 / mm× 钢级 × 壁厚 /mm× 扣型	下入井段 / m	封固井段 / m
660.4	202	508×J55×12.7×BC	0~202	0~202
444.5	4200	365.13×P-110V×13.88×BC	0~4110	0~2 004.95 2 004.95~4110 分级箍：2 004.95
333.4	6 734.5	273.05×TP140V×13.84×TPCQ 293.45×140V×23.55×TPFJ	0~6 702.952 6 702.952~6 734.5	0~6 734.5 分级箍：2 998.117

表 3-9　钻井液性能

密度 / g/cm^3	黏度 / mPa·s	塑性黏度 / mPa·s	屈服值 / Pa	失水量 / mL	滤饼厚度 / mm
1.95	58	33	11	2	0.5
固相含量 / %	含油量 / %	含水量 %	Cl^- 含量 / mg/L	动切力 / Pa	pH 值
33	5	62	92 362	5.5（初）/15（终）	8

克深 8-7 井采用双级固井工艺，分级箍下深 2 998.117 m；该井于 10 月 4 日 22:00 至 10 月 7 日 1:00 进行下套管作业，下套管过程顺利；10 月 7 日 14:00 至 10 月 9 日进行固井施工，固井施工主要参数见表 3-10。

表 3-10　固井施工主要参数

	起止时间		工作内容	数量 /m³	密度 /（g/cm³）	排量 /（L/s）	泵压 / MPa
一级	14:25	14:30	冲洗管线，试压	—	—	—	25
	14:30	14:50	注前置液	25	1.02	35	14
	14:50	15:40	注领浆	95	2	36	23
	15:40	16:20	注尾浆	68	2	36	23
	16:20	16:30	释放胶塞	—	—	—	—
	16:30	16:40	注后置液	11	1.02	36	22
	16:40	18:10	替浆	296	1.95	40	22~14
	18:10	17:10	替浆到量未碰压	—	—	—	—
二级	16:30	16:35	冲洗管线，试压	—	—	—	25
	16:35	16:45	注前置液	15	1.02	50	12
	16:45	17:35	注水泥浆	101	2	50	18
	17:35	17:40	释放胶塞	—	—	—	—
	17:40	17:45	注压塞液	5	2	50	22
	17:45	17:50	注后置液	5	1.02	50	22
	17:50	22:20	替浆	133	1.95	50	14~18
	替浆到量碰压关孔，放回水断流，纯水泥返出地面			—	—	—	18~26

其中一级固井施工结束，分级箍开孔后排放混浆 23 m³。

本井水泥浆体系为欧美克，一级水泥浆配方：领浆为阿 G+35% 硅粉 +10% 铁矿粉 + 4.5%HX-11L+2.5%HX-21L+1.20%FS33L +0.05%O-SP+3.5% 盐 +0.1%DF-A）。尾浆为阿 G+35% 硅粉 +10% 铁矿粉 +（ 4.5%HX-11L+2.5%HX-21L+0.8%FS33L +0.05%O- SP+3.5% 盐 +0.1%DF-A）。

一级水泥浆及尾浆水泥浆主要试验性能及曲线如图 3-16 和图 3-17 所示。

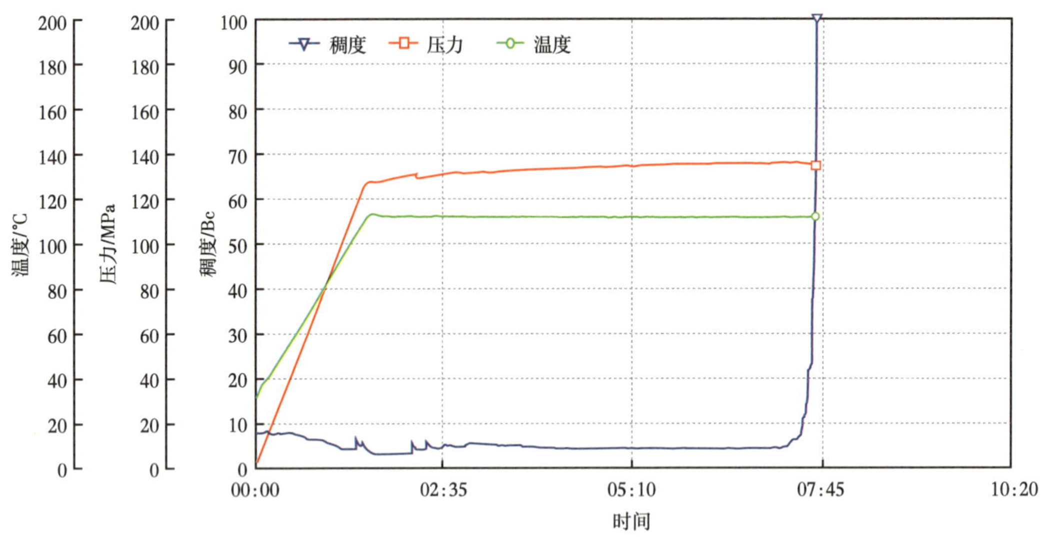

图 3-16　一级水泥浆主要试验性能及曲线

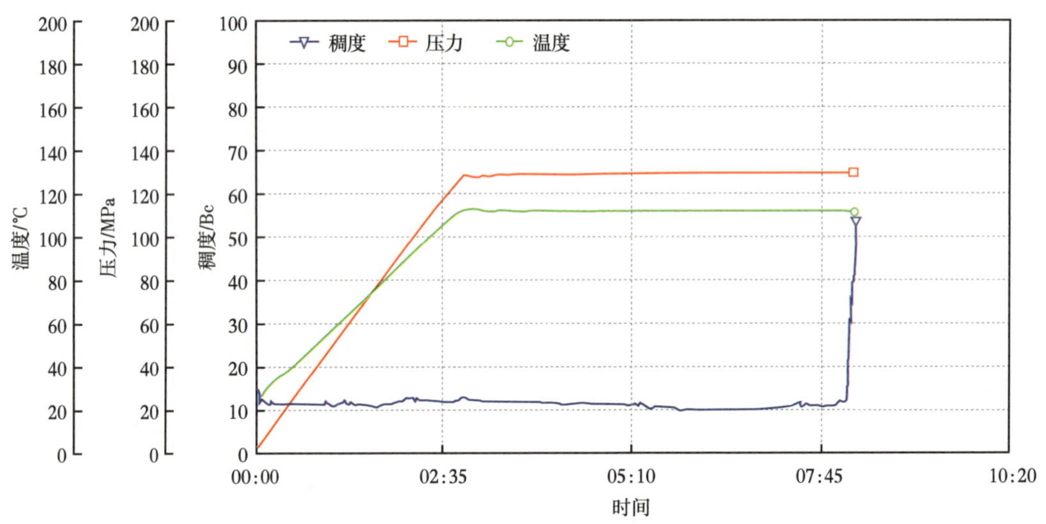

图 3-17　尾浆水泥浆主要试验性能及曲线

二、事故发生经过

克深 8-7 井于 10 月 13 日 10:00 探上塞面 2991 m（上塞 7.1 m，理论上塞 105 m），钻上塞参数：钻压为 19~39 kN，排量为 45 L/s，泵压为 21 MPa，转速为 50 r/min，钻时为 1 min/m；钻塞排放混浆共计 10 m^3。

10 月 14 日 4:00 探下塞面 6418 m（下塞 316.5 m，理论下塞 298.824 m），钻塞时效统计在 6418~6680 m 钻时较快，钻时可达 1~2 min/m；在 6680~6710 m 时钻压为 39 kN，钻

时为 5~6 min/m，钻塞排放混浆共计 16 m^3。

三、事故处理过程

钻塞至 6710 m 逐步提密度由 1.95 g/cm^3 上升至 2.12 g/cm^3。起钻完，更换钻头下钻，在 4200 m 顶通一次（顶通泵压为 2.5 MPa）。下钻至井深 6 669.83 m 时遇阻 59 kN，接顶驱准备开泵，发现泵无法顶通，怀疑水眼堵塞，准备起钻，发现起钻困难，决定转动顶驱（悬重 2197 kN、转速 20~30 r/min、扭矩 22~25 kN·m）倒划，直到扭矩正常后以单根方式起钻。

10 月 18 日起钻至井深 6 111.84 m（摩阻为 157~235 kN），停顶驱起钻正常，后整立柱起钻，分别在 5760 m、5174 m、4000 m 尝试顶通失败。起钻至井深 2 919.45 m，钻井液稠化成糊状，钻具水眼不通，钻井液还能流动。起钻至井深 1490 m，钻具水眼钻井液无法流出，甩至地面气管线无法顶出。尝试接光钻铤下钻通水眼。

四、事故原因分析

（1）本井为高性能水基钻井液，与水泥浆接触污染时间偏短，有增稠现象。钻塞过程中产生混浆量排放量不彻底，导致部分受污染的钻井液进入钻井液罐造成二次污染，引起全井筒钻井液的污染。

（2）钻塞结束后循环时间偏短，没有将全部受污染的钻井液循环出井筒，导致部分受污染的钻井液滞留在井筒中发生增稠变质，引发堵水眼和起钻困难等复杂。

五、经验和教训

（1）钻塞期间要通过观测密度和流体性能等方面的手段，尽可能将混浆排放干净，防止混浆进入钻井液罐造成二次污染。

（2）采用加重隔离液进行压胶塞，减少一级柔性胶塞上下的混窜和隔离，防止水泥浆与钻井液混窜形成大段混浆。

（3）钻完水泥塞结束后要充分循环，至少 2 周以上，同时要监测和维护好钻井液性能，确保井下钻井液均匀、性能稳定后进行下一开次钻进。

（4）下套管前应调整好钻井液性能，优化钻井液与水泥浆的接触污染效果。

六、事故警示

（1）排放混浆及时监测钻井液性能，排放的混浆不能再度进入循环系统。

（2）钻水泥塞过程中监测、维护好钻井液性能，不能等钻井液性能发生变化时才处理。

（3）水泥浆存在污染情况时，钻塞要引起高度重视，严禁钻具在井内静止进行其他作业。

第十节　克深 2-1-11 井丢手后起钻卡钻

一、基本情况

克深 2-1-11 井完钻井深为 6802 m，套管层次为 ϕ127 mm 尾管悬挂固井，钻井液体系为油基钻井液体系，密度为 1.85 g/cm³。井身结构示意如图 3-18 所示。

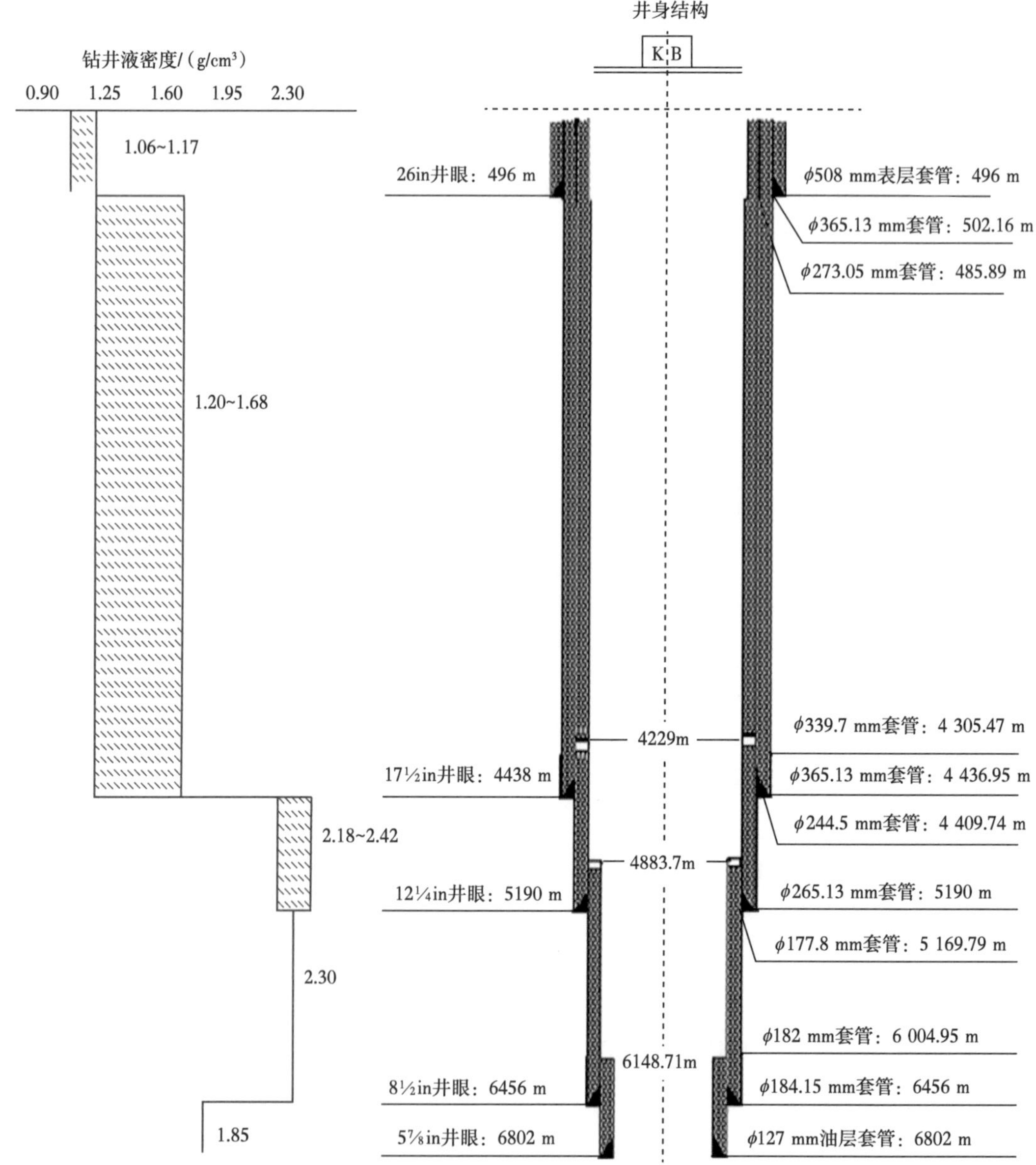

图 3-18　克深 2-1-11 井井身结构示意图

二、事故发生经过

1. 下入套管

下送 5 in 尾管（壁厚 9.19 mm）至井深 4200 m 后接通知起出井内套管，更换下壁厚 9.50 mm 套管，开泵憋压 7 MPa 不通。起钻每柱喷钻井液，起套管至浮箍位置发现浮箍上面半根套管被钻井液中的堵漏材料堵塞（图 3-19）。重新双扶通井后，下送尾管至井深 6802 m。

（a）断口情况起出球座后内附钻井液

（b）浮箍起出后被堵死

（c）浮箍内取出堵漏材料

图 3-19　现场照片

2. 循环洗井

下套管到底后，以 1 L/s 排量顶通，顶通压力 2.8 MPa，逐渐提排量至 6 L/s 时发现泵压由 6.1 MPa 升至 9.6 MPa，压力波动。降排量至 4 L/s 循环，泵压 7.3 MPa，活动管串，泵压下降至 5.5 MPa，压力较为稳定。提排量至 5 L/s 发现井漏，降低排量至 2 L/s，漏速为 1.2 m^3/h，以 2 L/s 循环排后效完。

3. 投球坐挂

投球、泵送球到位，缓慢打压至 16 MPa，下放至 1567 kN（刮壁称重为 1687 kN），确认坐挂成功。继续打压至 21 MPa 蹩通球座，出口返出正常。上提悬重至 1648 kN，正转 45 圈后上提 1.5 m 悬重涨至 1766 kN，下放至 1648 kN 正转 10 圈，上提 1.5 m 悬重 1687 kN 无变化，倒扣脱手成功。

4. 固井施工

起第二柱钻杆至井深 6101 m，发现悬重异常，悬重从 1678 kN 上升至 1942 kN，悬重最高提至 2158 kN 起出第二柱钻杆至井深 6097 m。起第三柱最高提至 2649 kN，无法起出，钻具卡死（水泥浆理论返高 5560 m）。固井施工流程见表 3-11。

表 3-11　固井施工流程

<table>
<tr><th>序号</th><th>时间</th><th>操作内容</th><th>工作量 / m³</th><th>密度 / g/cm³</th><th>排量 / L/s</th><th>压力 / MPa</th><th>备注</th></tr>
<tr><td>1</td><td>17:00</td><td>管线试压</td><td>—</td><td>—</td><td>—</td><td>30</td><td rowspan="3">注前置液和水泥浆期间共漏失钻井液 14.6 m³</td></tr>
<tr><td>2</td><td>17:00—17:20</td><td>注前置液</td><td>8.0</td><td>1.88</td><td>6~7</td><td>12~15</td></tr>
<tr><td>3</td><td>17:20—18:10</td><td>注水泥浆</td><td>17.3</td><td>1.88~1.91</td><td>6~7</td><td>15~18</td></tr>
<tr><td>4</td><td>18:10—18:30</td><td>注后置液</td><td>4.0</td><td>1.88</td><td>5~6</td><td>10~15</td><td>漏失钻井液 3 m³</td></tr>
<tr><td>5</td><td>18:30—20:20</td><td>替钻井液</td><td>43.5</td><td>1.85</td><td>6~8</td><td>14~21</td><td>碰压，漏失钻井液 19.3 m³</td></tr>
<tr><td>6</td><td>20:20—20:30</td><td colspan="6">泄压，无回流，卸水泥头</td></tr>
</table>

三、事故原因分析

（1）从对水泥浆稠化时间、污染实验、堵漏剂对水泥浆稠化时间的影响实验复查结果来看均无问题，满足施工要求。

（2）井漏后无法大排量循环清除井内的堵漏剂，固井施工时，被隔离液和水泥浆将其携带至喇叭口以上后由于流速减小而逐渐堆积、沉降，最终堵塞环空导致卡钻是造成本此事故的主要原因。

①第二次下套管至 4824 m 时，开泵 6 MPa 顶不通，开泵至 7.5 MPa（上下活动管串），憋压 10 min 降至 7.1 MPa 后顶通。

②在循环和固井替钻井液过程中有明显的压力波动表明环空不通畅（替浆至 8.9 m^3 时压力由 16.5 MPa 开始上升，替浆至 12.6 m^3 时压力升至 20.7 MPa，替浆至 14.4 m^3 压力降至 16.5 MPa）（图 3-20）。

③从事后套铣情况看，套铣至 5 425.26 m（此处应为混浆段，电测卡点 5370 m，理论水泥面 5560 m）处起出的钻杆外壁明显附有堵漏材料［图 3-21（a）］，而返出的固相颗粒大部分为堵漏材料［图 3-21（b）］，少部分为堵漏纤维和铁屑（图 3-22）。

四、经验和教训

（1）进行过堵漏施工的井，振动筛应更换为细筛布，将钻井液中的堵漏剂全部过滤干净，各钻井液罐、过渡槽等应充分清掏干净，避免钻井液罐底的沉砂及堵漏剂再度入井。

（2）下套管前必须使用扶正器仔细划眼，去除井壁固相杂质和虚滤饼，采用携砂能力强的高粘切钻井液或携砂纤维将井内的堵漏剂全部携带干净。

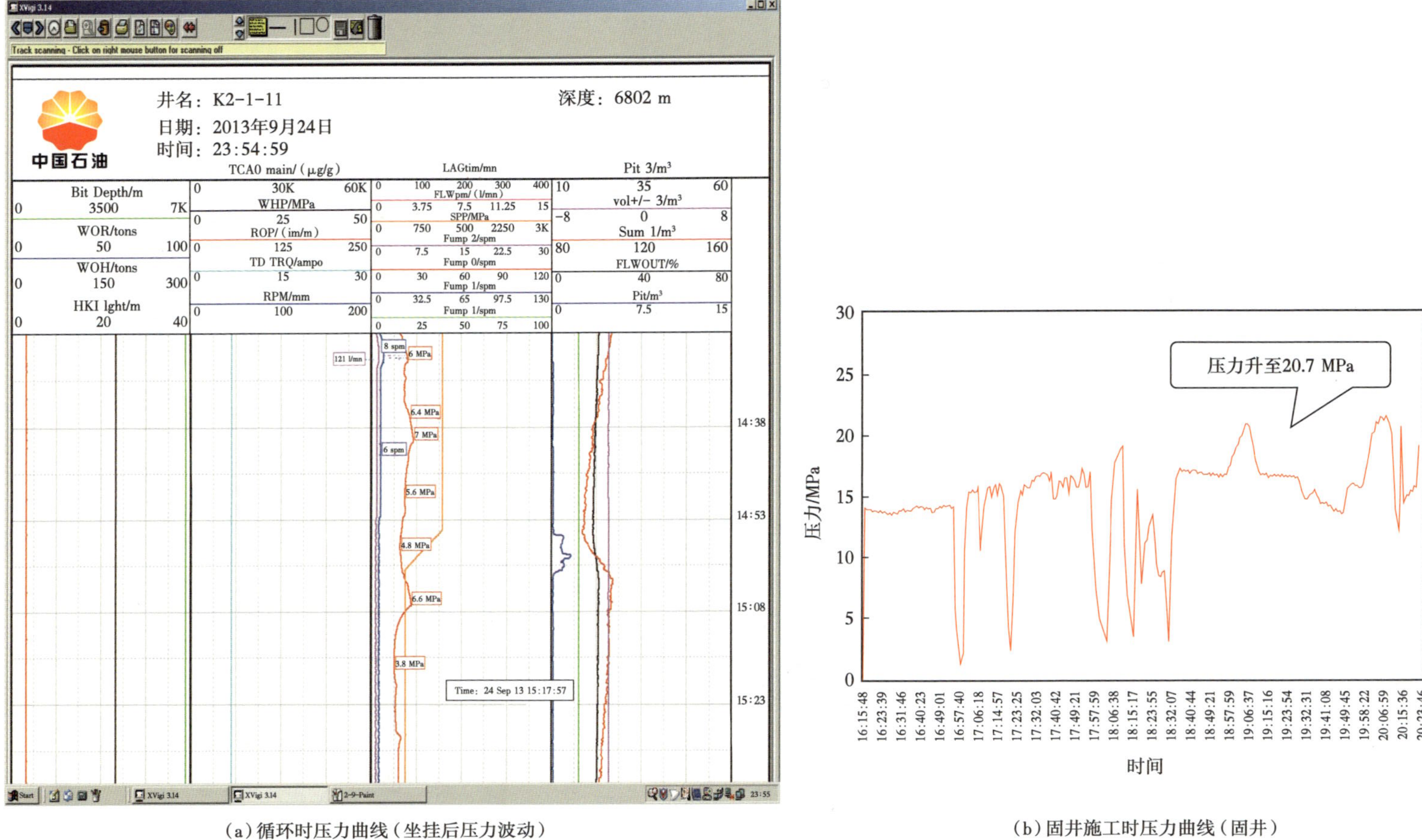

（a）循环时压力曲线（坐挂后压力波动）

（b）固井施工时压力曲线（固井）

图3-20　压力曲线

(a)起出的钻杆外壁明显附有堵漏材料

(b)返出的固相颗粒中大部分为堵漏材料

图 3-21　堵漏材料

图 3-22　返出的固相颗粒

五、事故警示

(1)井眼准备：下套管前通井无阻卡，大排量(不低于固井设计施工排量)循环洗井至无堵漏材料及岩屑等杂质返出为止，井漏无法提排量则进行承压堵漏。

(2)钻井液清洁：下套管前所有循环罐、循环管线及过渡槽进行清理，保证循环系统清洁。

(3)固井施工前应逐步提排量至固井施工排量后，循环不少于2周。

第十一节　克深132-1井钻塞期间卡钻

一、基本情况

克深132-1井开钻日期为2018年10月24日，设计井深为7588 m，目前井深为7086 m，钻井液体系为聚磺钻井液，钻井液密度为1.91 g/cm^3。井身结构如图3-23所示。

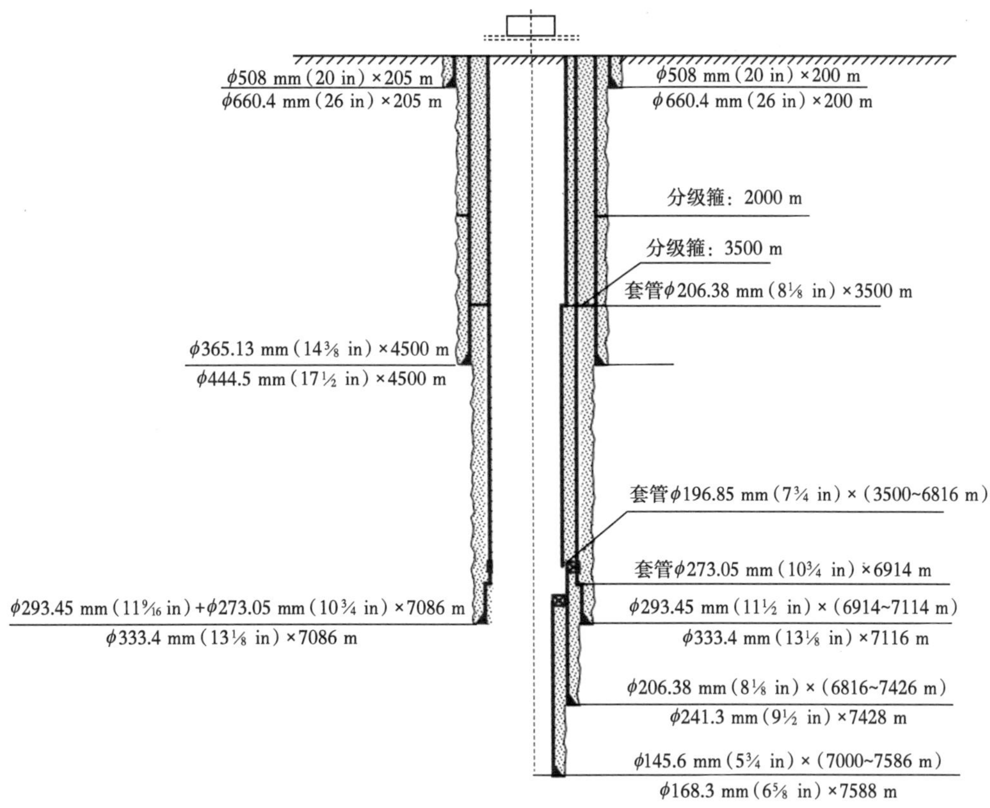

图 3-23 克深 132-1 井井身结构图

二、事故发生经过

2019 年 2 月 23 日采用密度为 1.91 g/cm^3 的钻井液钻至三开盐顶中完，下套管，双级固井未发生漏失，下钻探塞，下塞塞面 6785 m，采用密度为 1.88 g/cm^3 的钻井液钻至 7076 m（管鞋深度 7086 m），循环，替 24 m^3 封闭浆（封闭浆为原钻进期间井浆，封闭井段为 6579~7076 m），起钻至井深 6980 m，甩钻具（静止 13.25 h），甩完钻具，起钻发现卡钻。

三、事故处理经过

在 785~3041 kN 范围内间断活动钻具未解卡，开泵逐步憋压至 20 MPa、25 MPa 和 30 MPa 并下压至 785~1177 kN，水眼不通，钻具未开。下反扣钻具倒扣、套铣，最终捞获全部落鱼。

四、事故原因分析

（1）钻塞期间钻井液污染，未充分调整是造成本次事故的主要原因。本井固井时水泥浆与钻井液比为 7∶3，污染本身存在一定问题（图 3-24），钻塞期间可能存在水泥内添加剂与钻井液再次污染，钻井液被污染后未及时进行处理，钻井液性能见表 3-12。

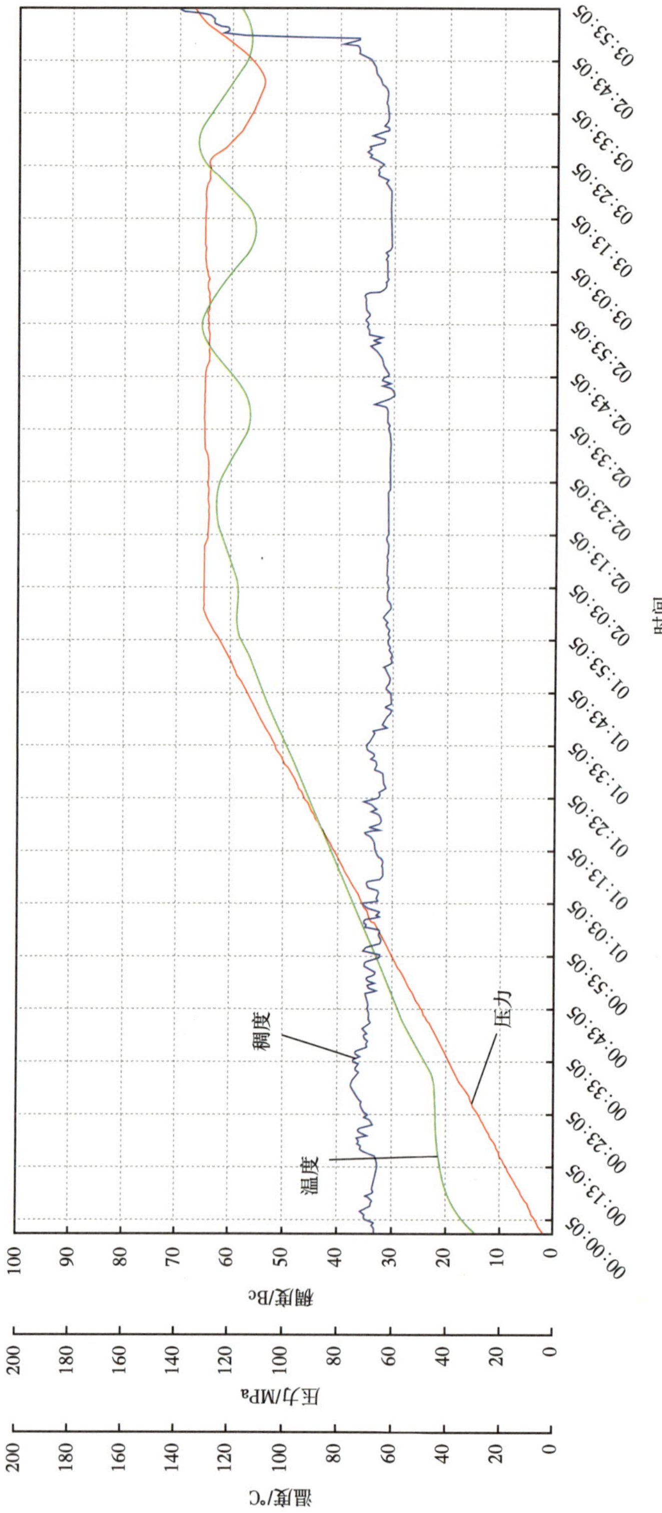

图3-24　一级污染领浆:钻井液=7:3稠化曲线（237 min/100 Bc）

表 3-12 钻井液性能表

工况	项目	密度 / g/cm^3	黏度 / mPa·s	含砂量 / %	pH 值	初切力 / Pa	终切力 / Pa	中压失水量 / mL	滤饼厚度 / mm	塑性黏度 / mPa·s	动切力 / Pa	Ca^{2+} 含量 / mg/L
下套管前	老化前	1.91	76	0.3	11	3	10	1.8	0.5	43	12	920
	老化后	1.91	—	—	—	4	16	—	—	42	16	—
钻塞	老化前	1.88	110	0.3	11	5	17	5	0.5	36	20	1400
	老化后	1.88	—	—	—	9	27	—	—	39	14.5	—

（2）循环完起钻时悬重已经异常，但未采取措施。接完最后一根立柱钻塞时悬重为 2171 kN，起钻时悬重为 2404 kN，比原悬重多 233 kN，未采取任何处理措施。

（3）用钻具完起钻时操作过猛，起钻时数据见表 3-13。

表 3-13 起钻时数据

时间	大钩高度 / m	悬重 / kN	超出原悬重 / kN	备注
06:40:09	2.11	2 308.5	—	—
06:40:40	4.59	2 623.0	452.0	—
06:41:10	14.42	3 437.5	1 266.5	30 s 内持续提升 9.83 m
06:44:28	8.53	2 402.9	放到接近起钻时悬重，钻具上移 6.42 m	

五、经验和教训

（1）钻塞过程中密切关注钻井液性能变化，发生污染后必须及时处理。

（2）钻塞完，尽量避免钻具长时间在塞面以下静止，如不能避免，必须定期活动钻具、开泵循环。

（3）出现异常情况，必须引起高度重视，查出原因，采取措施。

（4）司钻精心操作，起下钻司钻按照操作规程操作，严防过提。

六、事故警示

（1）探水泥塞时遇阻或探至理论水泥塞面时大排量循环 1 周，及时将混浆排放干净后再开始钻塞。

（2）钻水泥塞过程中监测、维护好钻井液性能，不能等钻井液性能发生变化时才处理，严禁钻塞过程中转换钻井液体系。

（3）钻水泥塞完严禁钻具在井内静止状态进行其他作业。

第四章　其他复杂事故典型案例

第一节　鹿场 1 井单吊环事故

一、基础资料

鹿场 1 井由巴派 P7011 钻井队总包，事故井深为 5375 m，层位为石炭系，岩性以粉砂岩和泥岩为主，设计及实际井身结构如图 4-1 所示。

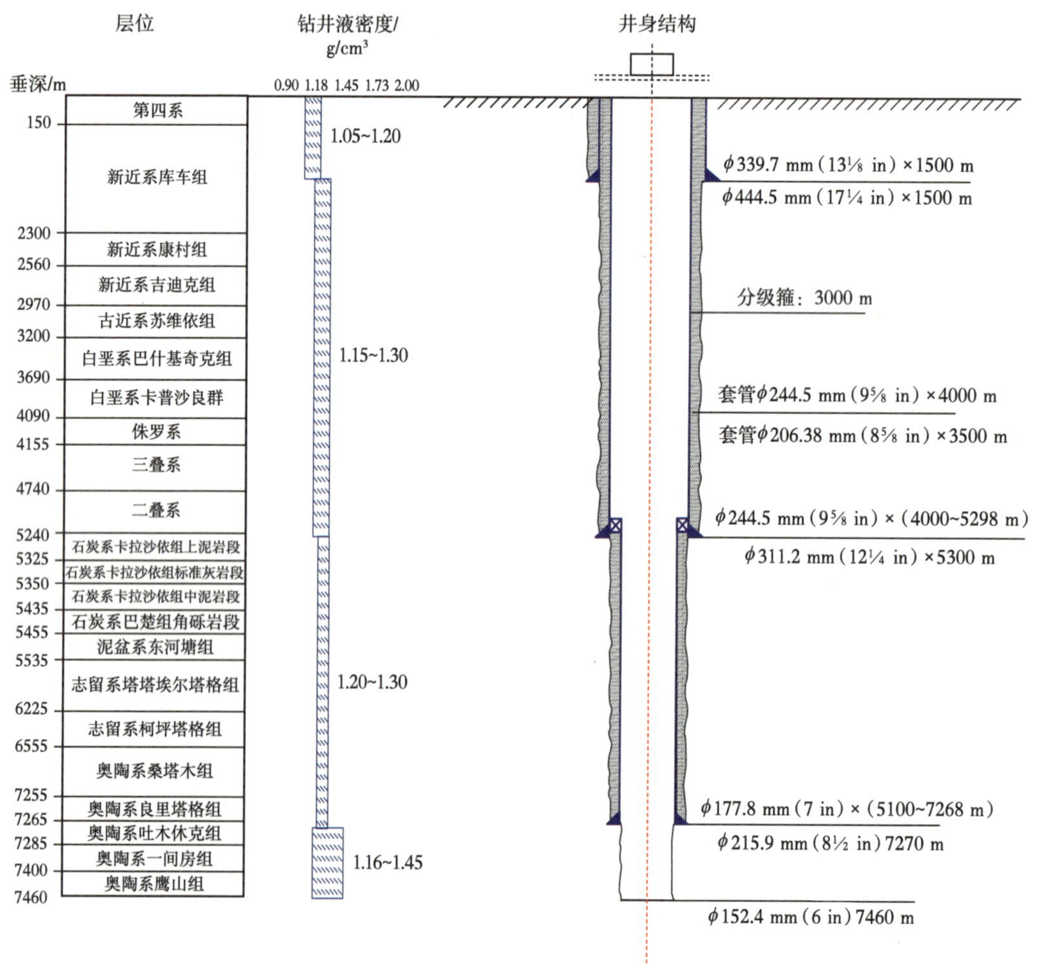

图 4-1　鹿场 1 井井身结构示意图

钻头型号：8½ in PDC 钻头。

钻具结构：8½ in PDC 钻头 +NC46 母 ×430+6 ¼ in 钻铤 12 根 +NC46 公 ×NC50 母 + 5 in 加重钻杆 ×15 根 +NC50 公 ×NC52T 母 +5 in 非标钻杆。

钻井液性能：密度为 1.27 g/cm^3，黏度为 51 mPa·s，初切力为 1 Pa，终切力为 8 Pa，API 失水量为 2.8 mL，HPTP 失水量为 9.8 mL，摩擦系数为 0.06，固相含量为 16%，含砂量为 0.2%，含油量为 3%，坂含量为 36 g/L，pH 值为 9，Cl^- 含量为 30 000 mg/L，Ca^{2+} 含量为 420 mg/L。

二、事故发生经过

2018 年 8 月 30 日起钻至井深 4 608.14 m，发生单吊环，钻具由内螺纹以下 0.68 m 断裂，钻具落井。

刹把由井架工操作，司钻旁站。场地工、外钳工负责井口操作。起到第 27 柱钻杆挂吊卡过程中，场地工将吊环推入吊卡并插好吊卡销子，而外钳工并未将吊环完全推入吊卡，井架工在未等到井口操作人员手势提示情况下上提游车，场地工发现外钳工并未将吊环挂到位，吊卡销子未完全插到位。

井架工刹死刹把，此时场地工和外钳工发现情况不对立即撤离，单吊环事故发生，钻具由内螺纹端面以下 0.68 m 处断裂落井。

三、事故处理过程及损失情况

（1）2018年8月31日，组织卡瓦打捞筒到井，下钻探得鱼顶，实探鱼顶位置为764.38 m，钻具悬重为 392 kN。抓获落鱼，上提至原悬重 1815 kN 未提开，最大上提至 2158 kN 未开，未捞获。

（2）2018 年 8 月 31 日，下钻探得鱼顶深度为 764.38 m。加压 39 kN 正转 10 圈扭矩由 0 kN·m 上升至 12 kN·m 释放扭矩回旋 6 圈，继续加压至 59 kN 正转 15 圈扭矩由 0 kN·m 上升至 15 kN·m 释放扭矩回旋 12 圈，再次加压至 78 kN 正转 12 圈扭矩由 0 kN·m 上升至 18 kN·m 释放扭矩回旋 12 圈。上提钻具由 392 kN 上升至 559 kN，倒转 15 圈，倒扣成功，悬重由 559 kN 下降至 392 kN。起钻完，发现转换接头与母锥连接处倒开。

（3）再下钻探得鱼顶，对扣正转 21 圈，扭矩由 0 kN·m 上升至 22 kN·m，释放扭矩后上提钻具悬重由 392 kN 上升至 785 kN，对扣成功。倒扣，上提悬重由 392 kN 上升至 765 kN，反转 15 圈，扭矩由 0 kN·m 上升至 15 kN·m 再下降至 0 kN·m，悬重由 765 kN 下降至 687 kN，倒扣成功，起钻。起钻完共捞获 5 in 非标钻杆 108 根 + 鱼头，合计 1 030.47 m。

井底落鱼：8½ in 牙轮钻头 0.32 m+NC46 母 ×430×0.50 m+6¼ in 钻铤 ×12 根 ×106.56 m+NC46 公 ×NC50 母 ×0.49 m+5 in 加重钻杆 ×15 根 ×139.28 m+NC50 公 ×NC52T 母 ×0.70 m+5 in 非标钻杆 ×351 根 ×3 329.14 m，落鱼长度为 3 576.99 m，理论鱼顶井深度为 1 794.85 m。

（4）2018 年 9 月 2 日，原钻具下钻探得鱼顶，施加正扭矩为 19 kN·m 正转 20 圈，对扣成功。上提悬重由 0 kN 上升至 2354 kN 再下降至 1864 kN（原悬重），起钻完，捞获全部落鱼，钻头完好，事故解除。

累计损失时间为 3.3 天。

四、事故警示

（1）现场各岗位人员按照标准配置齐全，培训到位并考核合格后上岗，岗位操作必须由专业人员完成，不得乱岗、窜岗。

（2）各项操作流程必须标准规范统一并培训到位、执行到位，各操作人员不得自行更改发挥。

第二节 其格 3 井单吊环

一、基础资料

其格 3 井由四勘 70592 钻井队总包，事故井深为 5 579.64 m，事故层位为泥盆系东河塘组。

二、事故发生经过

2018 年 1 月 10 凌晨，司钻下放游车准备起第 18 柱 5½ in 钻杆（钻头位置为 5 079.88 m），司钻在未得到内钳工续承龙手势确认的情况下就上提游车，悬重由 938.2 kN 突然下降至 62.8 kN，井口第一根 5½ in 钻杆从距内螺纹接头端面 0.69 m 处折断，下部钻具落井，由于吊环采取了防单吊环伤人措施，未造成人员伤害。

三、事故处理

卡瓦打捞筒打捞，一次打捞成功。

四、事故原因分析

1. 直接原因

司钻在内钳工一侧吊环未挂到位，未得到内钳工明确起车信号的情况下就上提游车，是本次单吊环起钻断钻具的直接原因。

2. 管理原因

（1）岗位操作规程执行不严。外钳工将吊环挂入吊卡后没有按照操作规程手扶吊环待司钻将大钩弹簧拉紧就转身取刮泥器，司钻在未得到内钳工挂好吊卡确认手势的情况下，主观判断吊卡已挂好，并上提游车。

（2）班组施工配合不到位。核查现场录井工程参数记录，发生单吊环前三柱钻杆起钻由 1 挡倒 2 挡，速度明显加快（由 5~7 min 缩短到 3~4 min），内外钳与司钻的配合出现脱节，司钻对生产节奏的控制不到位。

（3）冬季安全施工风险识别不到位。钻台视频显示，冬季施工，钻井液受气温影响，起钻时井口冒蒸汽，内钳工一侧不便于司钻观察吊环是否挂入吊卡。钻机大绳受顺穿影响，起钻时晃动幅度较大，影响内外钳挂吊卡作业。冬季施工期间晚上低温影响气控阀操作，存在放气滞后，影响司钻控制提升系统灵敏度。

（4）井队管理制度落实不到位。冬季安全生产教育和培训没有落到实处，未对冬季作业环境和气温变化新增的风险进行系统识别和培训。未严格落实四勘下发的《顶天车、顿钻及单吊环预防措施》。

（5）员工技能不足，培训不到位。从现场视频监控分析，内外钳在挂吊卡作业中站位错误，习惯性违章问题较多，井队对新员工的培训不到位。

五、经验和教训

（1）加强新员工的岗位技能培训和能力评估。随着油田工作量的增加，各勘探公司招聘大量新员工补充到各钻井队，新员工的岗位技能普遍较低，勘探公司要加强新员工的培训和能力评估。

（2）严格执行岗位操作规程，尤其是新员工上岗前要组织操作规程专项培训。在双吊卡起钻时，刹把操作必须在内外钳工挂好吊卡并插入吊卡销子接到手势之后起车，拉紧大钩弹簧后再上提钻具。

（3）强化现场施工组织管理。冬季或极端天气条件下，合理安排施工速度，坚决杜绝抢速度，逾越操作规程。值班干部钻台值班，纠正岗位违章行为，督促各岗位严格按照操作规程操作。完善岗位倒休班制度，合理安排休息，避免疲劳作业。

（4）加强关键设备维护保养。起下钻前将关键设备检查、保养好。明确设备检查保养责任人，司钻在起下钻前对设备维护保养情况再检查，发现设备异常停止起下钻作业。排除故障或更换设备后再恢复作业。

（5）加强冬季安全生产教育培训。针对此次事件，组织各岗位举一反三，认真剖析事故原因，识别属地冬季施工安全风险并制定相应控制措施。

（6）建议在油田范围内推行使用气动卡瓦，从本质安全上避免发生单吊环事件。

六、事故警示

（1）现场各岗位人员按照标准配置齐全，培训到位并考核合格后上岗，岗位操作必须由专业人员完成，不得乱岗、窜岗。

（2）各项操作流程与示意形式必须标准规范统一并培训到位、执行到位，各操作人员不得自行更改发挥。

第三节 中寒 1 井掉牙轮

一、基础资料

中寒 1 井由三勘 70163ZY 钻井队总包，事故井深为 5 584.77 m，井底岩性为灰色白云岩，井身结构如图 4-2 所示。

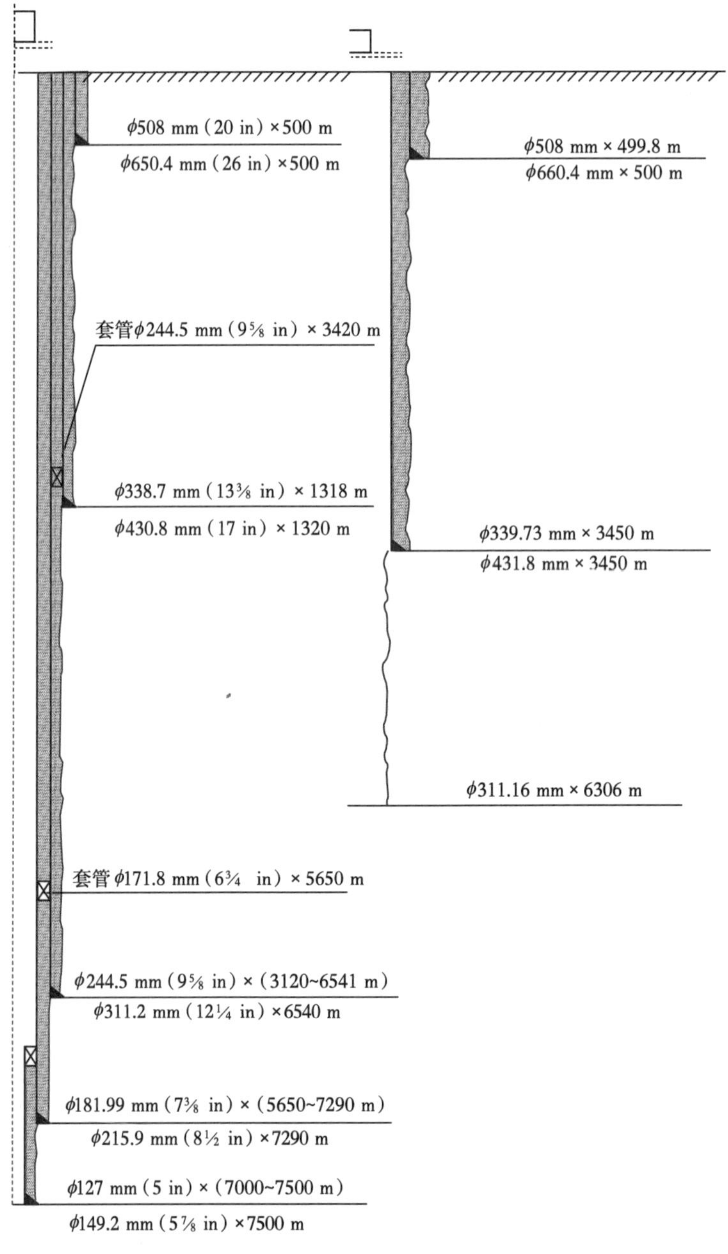

图 4-2 中寒 1 井井身结构示意图

钻头型号：12¼ in KPM1333DST。

钻井参数：钻压为 180~200 kN，泵压为 19 MPa，排量为 45 L/s，转速为 70 r/min。

钻井液性能：密度为 1.35 g/cm^3，黏度为 70 mPa·s，塑性黏度为 23 mPa·s，API 失水量为 2.8 mL，动切力为 11.5 Pa，pH 值为 10，坂含量为 40 g/L，Cl^- 含量为 43 300 mg/L。

二、事故发生经过

2018 年 5 月 16 日钻进至井深 5 584.77 m，扭矩增大（正常钻进扭矩为 13~14 kN·m，异常扭矩为 15~16 kN·m），起钻检查发现混合钻头一只牙轮巴掌断裂，牙轮落井（图 4-3）。

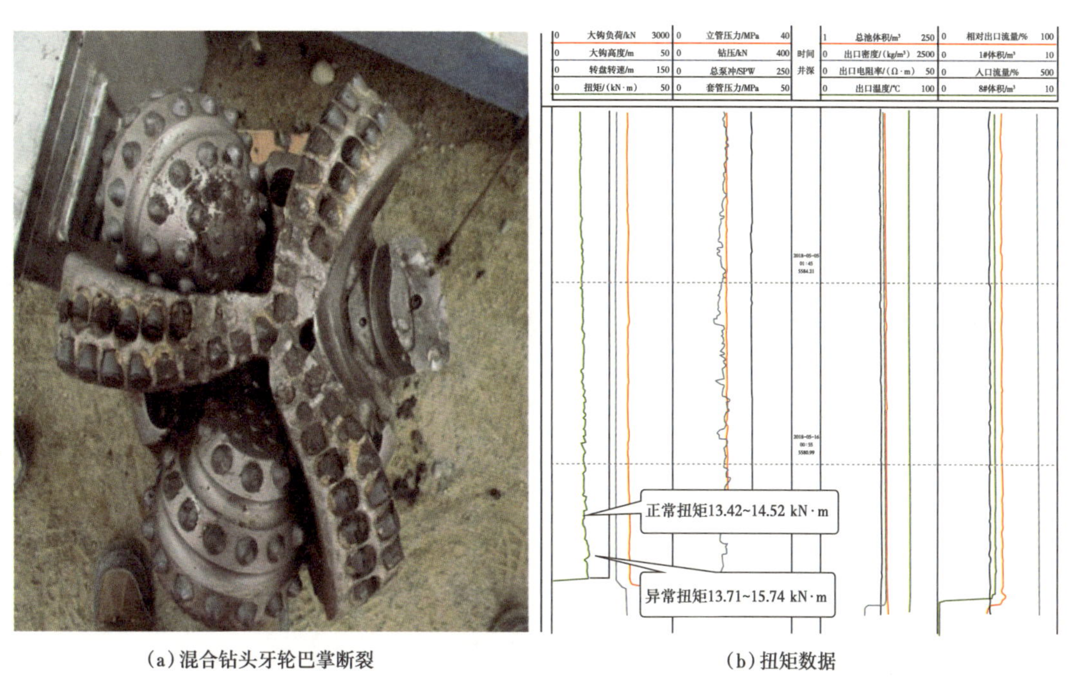

（a）混合钻头牙轮巴掌断裂　　（b）扭矩数据

图 4-3　事故相关照片

三、事故处理过程

下 ϕ297 mm 强磁打捞器捞获落井牙轮，事故解除，累计损失时间为 57 h。

四、事故原因分析

本只钻头于 2018 年 5 月 7 日 6:30 入井，2018 年 5 月 17 日 8:00 出井，纯钻时间为 125 h，进尺为 262 m，机械钻时为 2.10 m/h，起出钻头剩余两个牙轮完好，转动灵活，根据断口分析，该只钻头存在质量问题。

钻头信息：型号为 KPM1333DST，编号为 17091337，水眼为 W20×6。

五、经验和教训

（1）把好入井钻头的质量关。

（2）严格执行厂家推荐的参数，控制纯钻时间。

（3）钻进中观察记录好钻井参数，发现异常立即起钻检查。

六、事故警示

（1）各勘探公司源头必须严格管控采购钻头的入库检测，应引用无损检测方式检测入井钻头是否存在先天质量缺陷，确保入井钻头质量有序可依、有据可查。

（2）钻井现场应严格执行钻头厂家推荐参数，纯钻时间或累计转数控制在安全范围内，发现参数异常立即起钻检查。

第四节　沙南 3 井断钻头

一、基础资料

沙南 3 井由四勘 70008 队以大包模式承钻，事故井深为 5483 m，层位为古近系库姆格列木群，岩性为泥岩，事故井段主要岩性为盐岩，无油气水显示。其井身结构设计如图 4-4 所示。

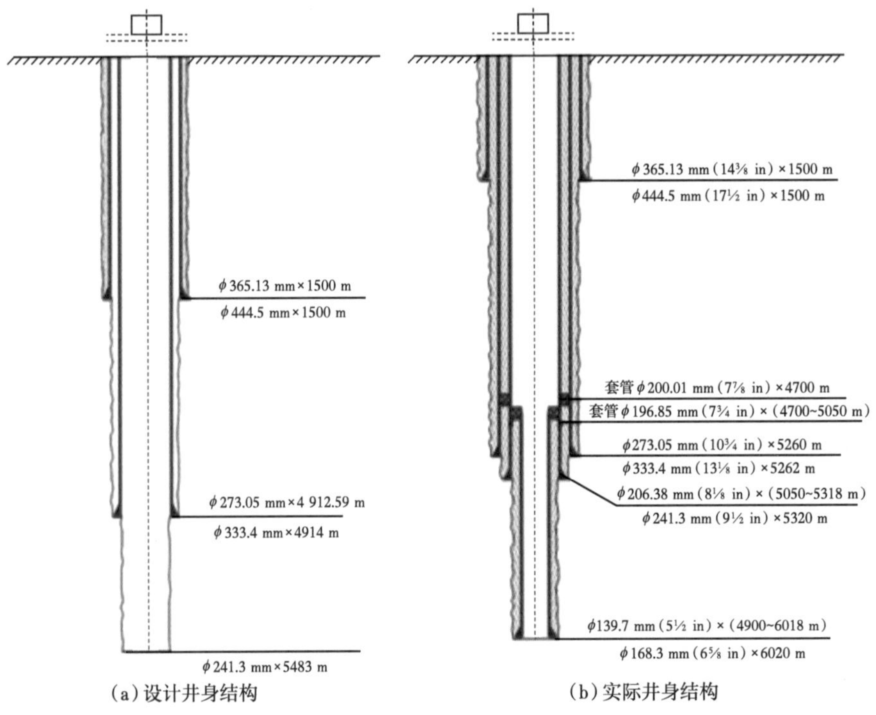

图 4-4　沙南 3 井井身结构示意图

钻头型号：9½ in LS517G。

钻具结构：牙轮钻头＋双母 630×410+7 in 钻铤 ×9 根 +520×411+5½ in 加重钻杆 ×14 根＋5½ in 钻杆。

钻井参数：钻压为 29 kN，转速为 60 r/min，排量为 27 L/s，泵压为 10 MPa。

钻井液性能：密度为 1.65 g/cm^3，黏度为 50 mPa·s，塑性黏度为 27 mPa·s，屈服值为 5 Pa，初切力为 1 Pa，终切力为 5 Pa，失水量为 3.2 mL，pH 值为 9.5，固相含量为 24%，含油量为 2%，HTHP 失水量为 12 mL，坂含量为 28 g/L，Cl^- 含量为 117 000 mg/L。

二、事故发生经过

2019 年 3 月 1 日下钻通井，下钻至井深 5 427.23 m 遇阻，循环划眼至井深 5429 m，划眼速度慢，至 3 月 3 日 18:00 起钻检查发现钻头外螺纹根部断裂落井。落鱼为 9½ in LS517G 牙轮钻头，落鱼长度为 0.26 m，理论鱼顶深度为 5429 m。

三、事故处理过程

2019 年 3 月 5 日下入光钻杆，注水泥塞完。下入常规钻具结构钻塞至 5320 m，下入完弯接头＋直螺杆结构至 5320 m 侧钻，侧钻至 5332 m 后换单弯螺杆 +PDC 钻头钻进，于 2019 年 3 月 14 日钻进至原井深，事故解除。

累计损失时间为 10.75 天。

四、事故原因分析

钻头质量可能存在问题。该钻头为立林产新钻头，扣型为 631，推荐上扣扭矩为 37.93~43.3 kN·m，现场使用 B 型上扣为 7 MPa（1 MPa 折合 6 kN·m）折合 42 kN·m，在厂家推荐的上扣扭矩范围内。划眼期间顶驱扭矩限定为 18 kN·m，低于钻头推荐上扣扭矩。划眼期间未进行大吨位提拉、下压或者高扭矩旋转等大负荷作业，出现钻头断裂，钻头质量可能有问题。

五、经验和教训

（1）合理使用钻工具，选用参数应适当。钻头紧扣扭矩虽然在推荐范围内，但使用的是上限，可能紧扣已对钻头造成一定损伤。

（2）发现井下参数异常应立即起钻检查。本次扩眼至井深 5424 m 时出现慢钻时，考虑盐岩不纯，返出岩屑为褐色泥岩，判断错误，认为可能是泥岩扩眼导致机速慢，继续扩划眼，造成钻头断裂。

（3）加强入井钻具、接头及钻头的管理。入井钻具认真检查，按标准扭矩上扣，定期错扣起钻释放应力。入井接头丈量好尺寸，绘制好草图，及时跟踪旋转时间，做到定期倒换。入井钻头量好尺寸，留好入井出井照片，按照标准扭矩上扣，及时跟踪旋转时间。

（4）加强井下异常的情况判断，对于井下出现任何的异常要做好记录，异常若无法准确判断，第一时间抓紧起钻检查，避免次生事故的发生。

六、事故警示

（1）现场使用钻头必须为油田公司入网产品，新引进产品必须经过相关 in 四新 in 评价程序。各勘探公司源头必须严格管控采购钻头的入库检测，应引用无损检测方式检测入井钻头是否存在先天质量缺陷，确保入井钻头质量有序可依、有据可查。

（2）发现参数异常立即起钻检查。

第五节　迪北 2 井 PDC 钻头冠部断裂事故

一、基础资料

迪北 2 井的事故井深为 2315 m，层位为侏罗系克孜勒努尔组，钻井液密度为 1.59 g/cm^3，为水基钻井液，井身结构为 20 in×178 m+13$^3/_8$ in×1474 m。

钻具组合：12$^1/_4$ in PDC 钻头 +244 螺杆（1.25°）+ 接头 631×NC56 母 + 浮阀 + 接头 NC56 公 ×630+ 无磁钻铤 + 无磁悬挂 + 接头 631×NC56 母 +ϕ308 mm 扶正器 +8 in 钻铤 ×6 根 + 转换接头（NC56 公 ×520）+5$^1/_2$ in 加重钻杆 ×2 柱 +5$^1/_2$ in 钻杆。

钻井液性能：密度为 1.59 g/cm^3，黏度为 95 mPa·s，塑性黏度为 42 mPa·s，初切力为 2 Pa，终切力为 15 Pa，中压失水量为 2.6 mL，Cl^- 含量为 56 497 mg/L，K^+ 含量为 30 450 mg/L。

二、事故发生经过

2018 年 2 月 26 日，钻进至井深 2313 m 时钻时为 10 min。钻进至井深 2 315.69 m 时钻时异常变慢，到 2314 m 时钻时为 72 min，到 2315 m 时钻时为 88 min。2 月 27 日起钻完发现钻头冠部 10 cm处断裂，起钻前未见铁屑返出，钻头型号 12$^1/_4$ in TK56，为乙供钻头（图 4-5）。

（a）钻头冠部

（b）钻头冠部侧面

图 4-5　现场钻头

三、事故处理经过

（1）第一趟和第二趟钻分别下入直径为 300 mm 和 308 mm 的磨鞋，磨铣扭矩平稳，持续有铁屑返出但未见铁丝及铁块，起出仅磨鞋底部边缘面有磨痕（图 4-6）。

（a）第一只磨鞋起出

（b）第二只磨鞋起出

（c）强磁打捞器

图 4-6　事故处理经过

（2）下强磁打捞未捞获。

（3）下牙轮钻头，初期扭矩波动大，上提下放阻卡，试钻 5 m 后上提下放正常，事故解除，起钻更换 PDC 钻头恢复钻进，起钻前未见铁屑返出。

四、事故原因分析

该钻头此趟为全新入井，入井时间为 47.5 h，累计进尺 72 m，进尺段岩性为砂泥岩互层，平均机械钻速为 3.13 m/h。初步判断事故原因为钻头质量差，造成钻头冠部断裂落井。

累计损失时间为 64 h。

五、经验和教训

（1）责成勘探公司与钻头供应商出具该钻头事故报告，明确钻头失效原因。失效原因未确定以前，该型钻头在勘探事业部范围内禁止使用。

（2）要求勘探公司细化后续钻进工程参数，发现异常，及时起钻检查。

（3）建议各勘探公司在选择钻头前，要进行充分的调研和分析，慎重选择。

六、事故警示

（1）各勘探公司源头必须严格管控采购钻头的入库检测，应引用无损检测方式检测入井钻头是否存在先天质量缺陷，确保入井钻头质量有序可依、有据可查。

（2）发现钻时异常变慢等参数变化应立即起钻检查。

第六节　大北 1401 井 Power V 巴掌活塞落井

一、基础资料

大北 1401 井由渤海钻探 70158 钻井队总包，事故井深为 1905 m，层位为库车组。

实际井身结构为 660 mm 牙轮 ×202 m/508 mm+444.5×1905 m。

钻头型号：17½ in GB28BVCPS。

钻具结构：17½ in G28BVCPS+Power V+731×NC610+ 浮阀 +17½ in 扶正器 +9 in 无磁钻铤 +9 in 无磁悬挂 +731×NC610+17½ in 扶正器 +9 in 钻铤 ×3 根 +NC611×NC560+8 in 钻铤 ×12 根 +NC561×520+5⅞ in 有线钻杆 +5⅞ in 钻杆。

钻井液性能：密度为 1.30 g/cm^3，黏度为 55 mPa·s，初切力为 2 Pa，终切力为 7 Pa，坂含量为 35 g/L，pH 值为 9，含砂量为 0.2%，固相含量为 16%，Cl^- 含量为 22 500 mg/L，Ca^{2+} 含量为 100 mg/L。

工具于 2019 年 10 月 30 日 00:00 点入井，于 2019 年 11 月 8 日 00:00 出井，累计旋转时间为 193.5 h。

二、事故发生经过

事故类型为 Power V 有一巴掌磨损严重，活塞落井

2019 年 11 月 7 日钻进井深 1904 m，钻时持续变慢，其他参数无变化，岩性为褐色泥岩，考虑钻头不适应地层，决定起钻更换钻头，起钻完发现 Power V 有一巴掌磨损严重，活塞落井（图 4-7）。

（a）起钻图片1

（b）起钻图片2

（c）起钻图片3

图 4-7　起钻现场照片

三、事故处理过程

下入磨鞋磨铣。

四、事故原因分析

（1）直接原因：Power V 磨损严重，导致活塞落井。

（2）间接原因：地层研磨性强，对 Power V 磨损严重，工具材质抗研磨能力不够。

五、事故警示

（1）Power V 垂钻工具每趟入井前应进行全套无损检测，对巴掌等耗材磨损件应更换。

（2）根据邻井及本井已钻情况分析井下工具的一趟钻安全钻进时间，不盲目追求单趟钻进尺，发现参数异常变化应立即起钻检查。

第七节　英沙 1 井 VDT 巴掌落井事故

一、基础资料

英沙 1 井由四勘 70157 钻井队总包承包，采用渤钻钻井液和西部钻探录井 L10992 录井队。事故井深为 3 526.18 m，层位为新近系阿图什组，岩性为泥岩和砂岩。设计井身结构如图 4-8 所示。

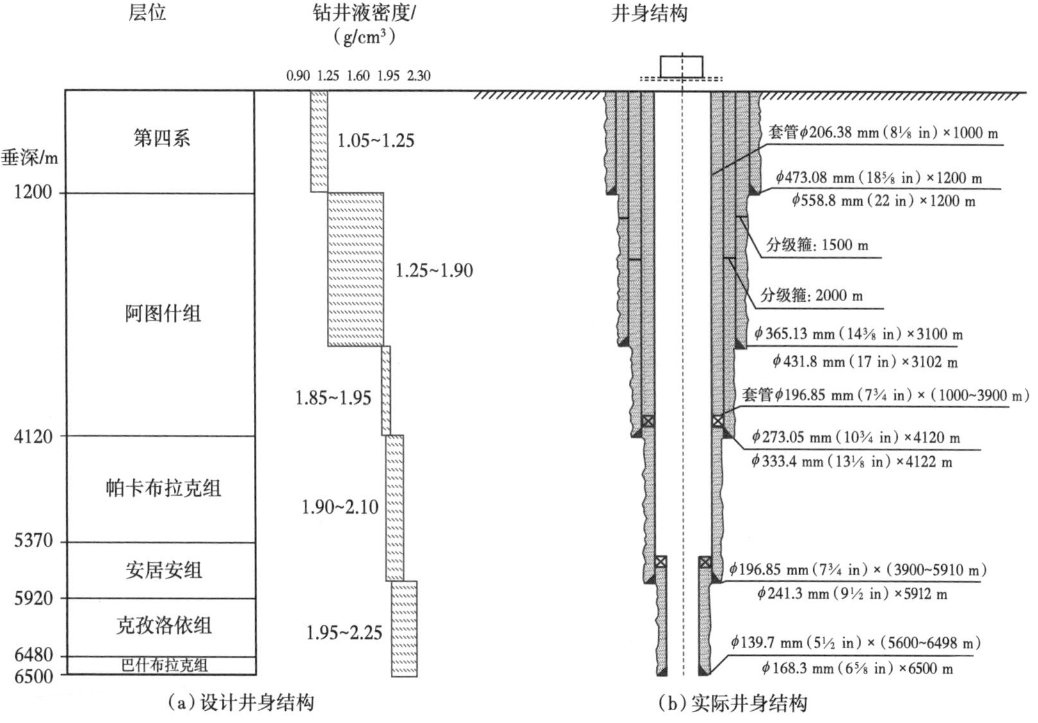

图 4-8　英沙 1 井井身结构示意图

钻头型号：13⅛ in PDC 钻头（HTS1653）。

钻具组合：13⅛ in PDC 钻头 +VDT+9 in 浮阀 +9 in 钻铤 ×1 根 +ϕ330 mm 双向扩眼器 + 9 in 钻铤 ×2 根 +NC61 公 ×NC56 母 +8 in 钻铤 ×15 根 +NC56 公 ×520+5½ in 加重钻杆 ×13 根 + 5½ in 钻杆。

钻井参数：钻压为 98 kN，转速为 90 r/min，排量为 42 L/s，泵压为 21 MPa。

钻井液性能：密度为 1.90 g/cm^3，黏度为 55 mPa·s，屈服值为 8 Pa，塑性黏度为 39 mPa·s，初切力为 2 Pa，终切力为 10 Pa，滤饼厚度为 0.5 mm，pH 值为 9.5，Cl^- 含量为 52 000 mg/L，Ca^{2+} 含量为 1000 mg/L，含砂量为 0.3%，固相含量为 35%，含油量为 3%。

二、事故发生经过

事故类型：落物卡钻（VDT 巴掌脱落）。

2019 年 9 月 19 日 VDT 钻进至井深 3 526.18 m 时，出现托压现象，降排量至 22 L/s，上提钻具，逐步上提至 2256 kN（逐步上提吨位为 1589 kN、1678 kN、1717 kN、1785 kN、1834 kN、1933 kN、2050 kN、2197 kN 和 2256 kN）工具脱开，悬重由 2256 kN 下降至 1766 kN，顶驱蹩停，下放至原悬重 1550 kN，释放扭矩，多次活动钻具（活动吨位 294~1550 kN）无效，期间扭矩设定为 30 kN·m、35 kN·m 和 40 kN·m 转动多次无效，发生卡钻。

三、事故处理过程

（1）泡解卡剂：2019 年 9 月 19 日泵入解卡剂 15 m^3［解卡剂配方：柴油（10 m^3）+ WFA-1（2 t）+ 快 T（1 t）+ 重晶石（30 t）］。浸泡井段为 3 526.18~3 448 m，水眼内留 12 m^3，每小时顶替 1 m^3。泡解卡剂期间，间断活动钻具，原悬重为 1550 kN，活动吨位 294~2747 kN，下压时施加扭矩 45 kN·m。

2019年9月20日泵入解卡剂19 m^3［解卡剂配方：柴油（10 m^3）+ 水（6 m^3）+WFA-1（2 t）+ 快 T（1 t）+ 重晶石（30 t）］，浸泡井段为 3 526.18~3390 m 和 3 526.18~3 448 m，水眼内留 12 m^3，每小时顶替 1 m^3。泡解卡剂期间，间断活动钻具，原悬重为 1550 kN，活动吨位为 294~1766 kN，下压时施加扭矩 45 kN·m。

（2）震击、浸泡：2019 年 9 月 21 日倒扣成功起钻。原悬重为 1550 kN，倒扣后悬重为 1521 kN。落鱼结构：13⅛ in PDC 钻头 ×0.42 m+VDT 工具 ×5.73 m+9 in 浮阀 ×0.47 m+ 9 in 钻铤 ×1 根 ×9.26 m，落鱼总长度为 15.88 m，鱼顶深度为 3 510.30 m。

接入接波纹上击器，震击管柱组合：NC61 公 ×NC56 母 +8 in 波纹上击器 + 转换接头（NC56 公 ×520）+5½ in WDP×13 根 +5½ in 钻杆 ×359 根。2019 年 9 月 22 日 22:30 下钻至 3 510.3 m 对扣成功，至 2019 年 9 月 23 日 5:00 共上击 21 次，未解卡。

（3）2019 年 9 月 23 日泵入解卡剂 18 m^3［解卡剂配方：柴油（11 m^3）+EZSPOT（2 t）+ 水（2.5 m^3）+ 重晶石（28 t）］。浸泡井段为 3 526.18~3440 m，水眼内留 12 m^3，每小时顶替

1 m³。至 16:00 期间共上击 109 次，累计震击 130 次，未解卡。

（4）2019 年 9 月 23 日倒扣起钻，接入下击器下钻至 3 510.3 m。震击管柱组合：NC61 公 ×NC56 母 +8 in 波纹下击器 +8 in 波纹上击器 + 转换接头（NC56 公 ×520）+5½ in WDP×13 根 +5½ in 钻杆。至 15:00 对扣震击，未解卡。

（5）回填侧钻，2019 年 9 月 26 日下光钻杆至井深 3510 m，注水泥塞回填，在 3350 m 侧钻。

累计损失时间为 15.5 天。

四、事故原因分析

直接原因：国产垂钻 VDT 工具扶正块在上提时脱落，卡在钻头与井壁之间造成卡钻。

间接原因：国产垂钻 VDT 工具外筒（扶正块）在井下处于低速或静止状态且扶正块与井壁接触面积大，井下存在托压现象，需大幅度提拉方可解除。

五、经验和教训

（1）尽量使用成熟垂钻工具。

（2）事故发生前，已出现多次托压现象，且上提工具脱开吨位呈现逐渐升高趋势，现场未果断停钻，抱有侥幸心理。

六、事故警示

（1）对井壁稳定性较差的地层须使用推靠机构随钻具同转动的垂钻工具。在已出现托压、蹩卡现象时，应及时起钻甩掉外筒或支撑机构不随钻具同转动的垂钻工具。

（2）垂钻工具每趟入井前应进行全套无损检测，对巴掌等耗材磨损件与运动构件应更换、维护。

第八节　博孜 22 井 VDS 垂钻 PAD 脱落卡钻

一、基础资料

博孜 22 由新疆派特罗尔公司 P7015 钻井队总包，事故井深为 5179 m，层位为新近系吉迪克组，岩性为泥岩和粉砂岩。

钻头型号：U516 s。

钻具结构：12¼ in U516 s+ 扭冲 +VDS+ 悬挂接头（731×NC61 母）+9 in 浮阀 +9 in 短钻铤 ×1 根 12¼ in 扶正器 +NC61 公 ×NC730+9 in 无磁钻铤 ×1 根 +12¼ in 扶正器 +×9 in 钻铤 ×2 根 + 转换接头（NC61 公 ×NC56 母）+8 in 钻铤 ×15 根 + 转换接头（NC56 公 ×520）+5½ in 有线钻杆 ×15 根 +5⅞ in 钻杆。

钻井参数：钻压为 98 kN，转数为 70 r/min，排量为 40 L/s，泵压为 21 MPa。

钻井液性能：密度为 1.93 g/cm^3，黏度为 60 mPa·s，失水量为 3.8 mL，滤饼厚度为 1 mm。

二、事故发生经过

2019 年 8 月 7 日起钻至井口准备卸 VDS 垂钻工具，发现 VDS 垂钻工具 $2^{\#}$，$3^{\#}$ 巴掌支撑块落井，仔细检查后发现活塞，$2^{\#}$ 支撑块底座大半块落井（图 4-9）。

图 4-9　VDS 垂钻工具落井

井下落物统计后发现共有巴掌支撑块 2 块，活塞 2 个和支撑块底座半块（图 4-10）。

（a）巴掌支撑块2块

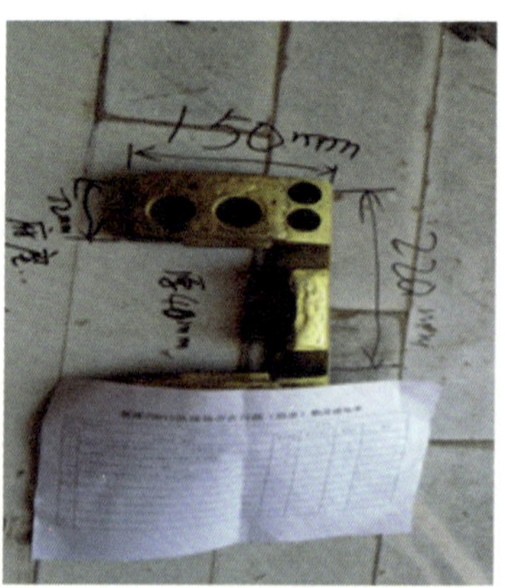

（b）活塞2个

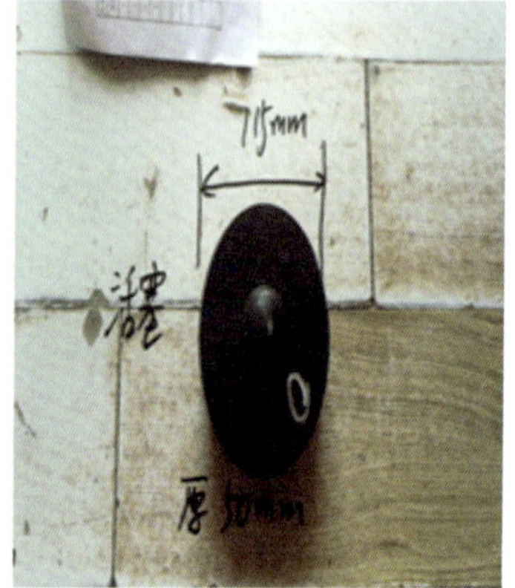

（c）支撑块底座半块

图 4-10　井下落物统计

三、事故处理过程

（1）自制一把抓工具打捞，钻具组合：273 mm 打捞篮（一把抓）+BC×630+631×NC56

母 +8 in 钻铤 ×9 根 +NC56 公 ×520+$5\frac{1}{2}$ in 加重钻杆 ×15 根 +$5\frac{7}{8}$ in 钻杆，未捞获打捞筒侧壁有深划痕，结合钻进和划眼过程分析，推断落物挤入井壁（图 4-11）。

（2）下入侧开式强磁打捞，钻具组合：280 mm 侧开式强磁 +411×520+$5\frac{1}{2}$ in 加重钻杆 ×15 根 +$5\frac{7}{8}$ in 钻杆，下强磁打捞管柱至 5113 m 遇阻，蹩停，证实落物确实藏于井壁。

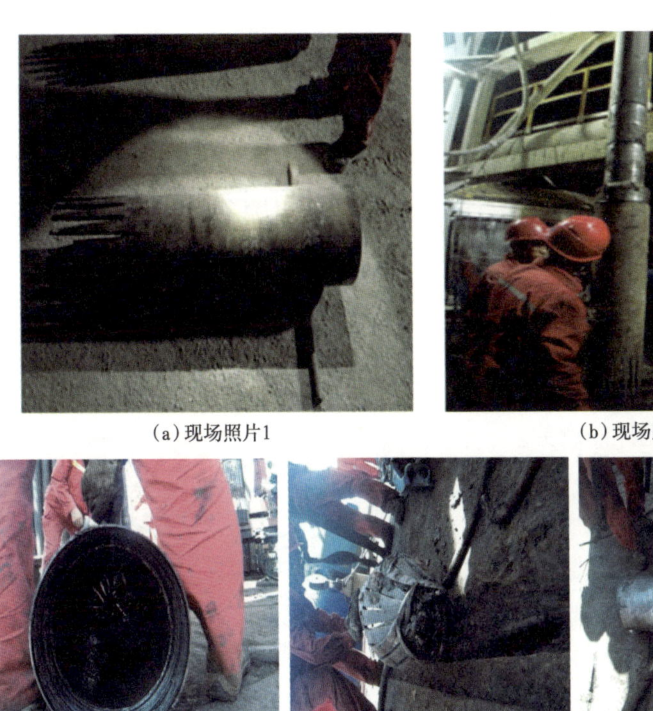

(a) 现场照片1　(b) 现场照片2

(c) 现场照片3　(d) 现场照片4　(e) 现场照片5

图 4-11　现场照片

（3）通井、下入反循环平底强磁、巴拉斯钻头磨铣，井段为 5179~5182 m，进尺 3 m，事故解除（图 4-12）。

累计损失时间为 10.94 天。

(a) 钻头侧面

(b) 钻头正面

(c) 钻具

图 4-12　现场照片

四、事故原因分析

（1）吉迪克组井壁失稳，井下有严重掉块，短起困难，频繁的划眼使工具支撑块、活塞、底座等经受过度的交变应力，最终导致疲劳损坏。8 月 5 日在 4755~5179 m 井段进行短起下的过程中，掉块导致起钻挂卡严重，经常蹩停顶驱，倒划眼起钻至 4755 m。下钻也有大段划眼，且频繁蹩停，划眼到底时井下扭矩波动剧烈，循环后起钻，循环时返出大量掉块。

（2）超时间使用，此趟钻 VDS 工具入井时间 440.5 h，开泵时间 294 h（只要开泵，工具的支撑块都撑出工作），纯钻 164.5 h，厂家推荐工作时间为 200 h。起钻前，未考虑到井壁失稳等复杂情况可能增加工具工作时间，在使用 176 h 时未及时起钻更换工具，继续打钻及短起下复杂，致使工作时间超出推荐时间。

（3）与扭冲工具的配合使用加速了工具的疲劳。扭冲加装在钻头和 VDS 之间，增加了巴掌和钻头之间的距离，为保证控工具制井斜的效果，使用的钻头压降比正常值高 1 MPa 左右，加速巴掌等配件的疲劳。

五、经验和教训

（1）根据井下情况，合理调整钻井液性能，针对易垮塌地层，维护好井壁稳定。

（2）根据井下情况，优化短起下钻频次，合理使用垂钻工具，在推荐安全工作时间内及时起钻进行检查或更换。

（3）强化垂钻工具及其配件的强度和耐磨度，不断改进和优化工具性能，延长工具整体工作时间。

六、事故警示

（1）对井壁稳定性较差、存在掉块的地层段应使用高性能、技术成熟的垂钻工具。使用成熟度不高的垂钻工具时，应缩短单趟钻安全时间，发现参数异常立即起钻检查。

（2）垂钻工具每趟入井前应进行全套无损检测，对巴掌等耗材磨损件与运动构件应更换、维护。

第九节　博孜 18 井 VDT 失效断裂

一、基础资料

博孜 18 井由新疆派特罗尔能源服务股份有限公司 P8007 钻井队以大包模式承钻，事故井深为 832 m，层位为第四系，岩性为砾岩和砂岩。其井身结构设计如图 4-13 所示。

钻头型号：17½ in ES14V 牙轮。

钻具结构：17½ in 牙轮 +VDT 工具 +9 in 钻铤 ×1 根 +17½ in 扶正器 ×1 根 +9 in 钻铤 ×1 根 +17½ in 扶正器 ×1 根 +9 in 钻铤 ×4 根 +NC61 公 ×NC56 母 +8 in 浮阀 +8 in 钻铤 ×15 根 +NC56 公 ×520+5½ in 加重钻杆 ×15 根 +5½ in 钻杆。

钻井参数：钻压为 120~180 kN，转速为 50~60 r/min，排量为 55 L/s，泵压为 9 MPa。

钻井液性能：密度为 1.15 g/cm^3，黏度为 54 mPa·s，塑性黏度为 14 mPa·s，动切力为 5.5 Pa，初切力为 1.5 Pa，终切力为 10 Pa，固相含量为 7%，pH 值为 8，含砂量为 0.3%，失水量为 6.4 mL，滤饼厚度为 0.5 mm，Cl$^-$ 含量为 2332 mg/L。

二、事故发生经过

博孜 18 井于 2019 年 3 月 17 日下钻至 829 m 遇阻，接方钻杆划眼（钻压为 10~20 kN，转速为 50 r/min，排量为 40 L/s，泵压为 5 MPa），划眼过程中扭矩异常（蹩转盘），起钻检查井下钻工具。

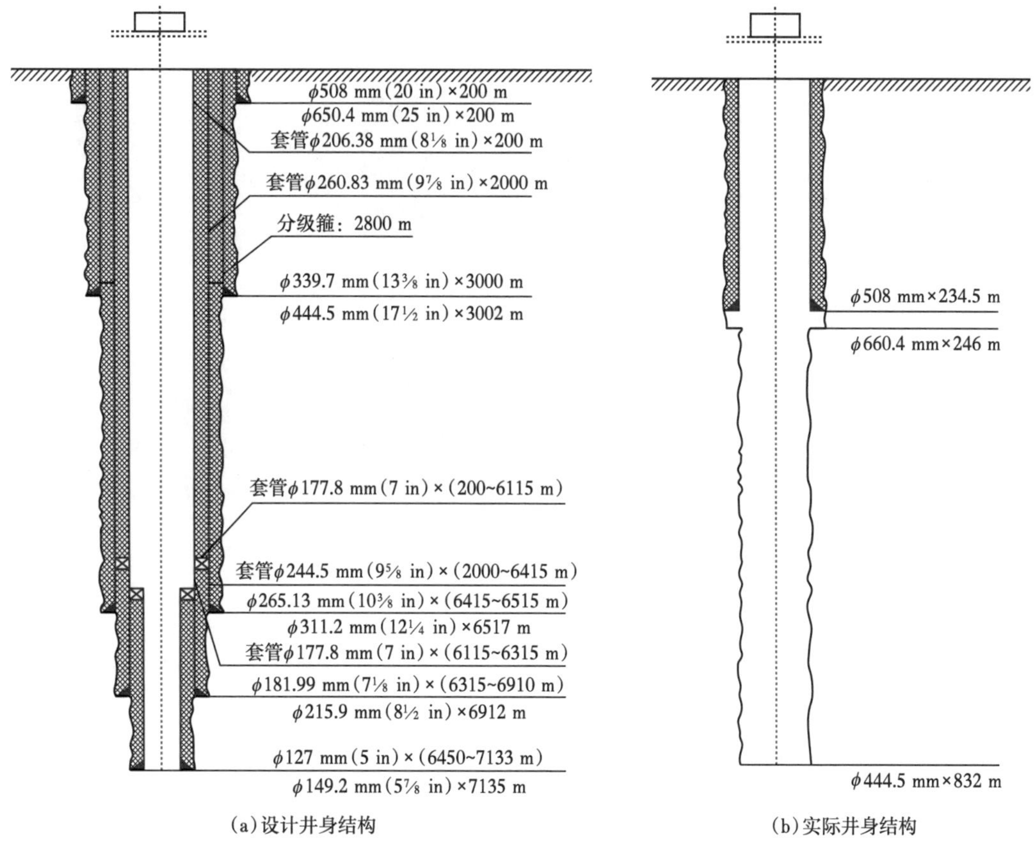

图 4-13　博孜 18 井井身结构示意图

起钻完，VDT 工具从距离内螺纹 1.55 m 处断裂，落鱼长度为 5.71 m，鱼顶深度为 826.29 m，落鱼结构为 17½ in 牙轮钻头 +VDT 工具。

三、事故处理经过

下打捞管柱至825 m，管柱结构：286×242 mm打捞筒+631×NC56母+8 in钻铤×3根+NC56公×520+5½ in加重钻杆×13根+5½ in钻杆。打捞，排量为29L/s循环冲洗鱼头，下压392 kN，泵压由1 MPa上升至3 MPa，上提钻具，悬重由589 kN上升至706 kN再下降至608 kN。起打捞管柱完，捞获井内落鱼。

累计损失时间为6 h。

四、事故原因分析

博孜区块上部地层岩性均为砾岩，钻进过程中蹩跳钻严重，容易造成井下钻工具疲劳损伤断裂（图4-14）。

五、经验和教训

（1）博孜区块上部地层岩性均为砾岩，蹩跳钻严重，发现井下扭矩异常及时起钻检查。

（a）起钻

（b）打捞管

（c）落鱼

图4-14　起钻现场

（2）入井下钻工具仔细检查丈量，画好草图，每趟起钻检查好出井钻具。钻铤、加重钻杆、扶正器每趟起钻应卸扣释放应力，转换接头应勤更换。

六、事故警示

（1）对井壁稳定性较差、存在掉块的地层须使用推靠机构随钻具同转动的垂钻工具。在已出现托压、蹩卡现象时，应及时起钻甩掉外筒或支撑机构不随钻具同转动的垂钻工具。

（2）垂钻工具每趟入井前应进行全套无损检测，对巴掌等耗材磨损件与运动构件应更换、维护。

第十节　大北 204 井掉大锤

一、事故发生经过

2011 年 4 月 7 日大北 204 井钻进至井深 5 779.90 m，当时需要倒换钻井液泵，在倒泵活动钻具过程中，井队员工发现钻台面小鼠洞上的盖板歪，于是用大锤准备将其砸正，在敲击过程中大锤与木头柄脱开，此时司钻因倒换钻井液泵上提方钻杆，方补心提出转盘面，大锤正好甩入井口内（图 4-15）。

(a)井口敞开

(b)脱落的大锤把

(c)大锤头部形状

图 4-15　事故现场

大锤长为 160 mm，宽为 60 mm，套管内径为 245.37 mm，钻头尺寸为 241.3 mm。

二、事故处理经过

下入磨鞋磨铣。

三、事故原因分析

（1）作业前未对工具完好性进行检查。

（2）作业时风险识别不到位，安全防范意识淡薄。

（3）值班干部生产组织不力，钻台敲击作业时未对敞开的井口进行保护，为落物事故留下隐患。

（4）日常巡检不到位，没有及时发现本岗位工具所存在的安全隐患。

四、经验和教训

（1）井口作业前，仔细检查所用工具，确保工具完好。

（2）强化预防井下落物意识，在井口敞开无保护等情况下，严禁在钻台进行敲击、挪物等作业。

（3）加强值班干部管理，对井队干部进行综合性安全能力评估，并针对评估结果开展针对性等培训。

（4）加强岗位巡检，发现本岗位负责等设备、设施及工具所存在等隐患并及时整改。

（5）加强员工培训，提高全体员工的识险避险能力。

五、事故警示

（1）现场各岗位人员培训到位并考核合格后上岗，岗位操作人员须具备作业前风险识别与工艺安全分析的能力。

（2）各岗位强化预防井下落物意识，井口应随时盖严，在敞开时应专人负责盯防，严禁周边其他人进行敲击、挪物等行为。

第十一节　大北 303 井大方瓦落井

一、事故发生经过

2011 年 3 月 4 日，大北 303 井 26 in 井眼钻至 51 m，起钻准备加装两只 ϕ26 in 螺旋扶正器下钻钻进。起钻至井深 18.57 m 坐卡后，开始接 ϕ26 in 螺旋下扶正器，司钻待井口人员接好扶正器，便上提钻具准备下钻。

下钻前，需要将大、小方瓦全部取出，这时外钳工操作气动小绞车，副司钻、内钳工拿钢丝绳吊小方瓦，待钢丝绳吊钩挂好小方瓦后，便启动气动绞车上提，由于不见小方瓦活动，便继续加大上提的力度，瞬间将粘在一起的大、小方瓦一同弹出了转盘面，此时，由于大方瓦突然与小方瓦脱离落在了转盘面上，致使小方瓦上窜脱离吊钩后落入井内。

二、事故处理经过

（1）下 ϕ267 mm 强磁打捞器，起钻未捞获。

（2）下入 20 in 套管本体加工的打捞钩打捞，未捞获。现场从捞钩的痕迹判断，小方瓦在井底是仰面平躺状态，打捞钩无法打捞。另外，落物在井底仰面状态时，其对角线长度为 660 mm，没有了套铣、打捞的空间，不能用套铣筒套铣，也不能用一把抓打捞。

（3）使用 ϕ415 mm 六刀翼高效鞋磨铣，共磨铣 6 只磨鞋，磨铣井段为 50.83~78.14 m 和 79.16~86.94 m，磨铣进尺为 35.09 m。

（4）使用 11¼ in 强磁打捞器打捞碎片六次。

累计损失时间为 8.5 天。

三、事故原因

（1）当时夜间气温比较低，正常钻进时钻井液流进大小方瓦间的缝隙里结冰，导致大小方瓦粘在一起。

（2）大方瓦的安全销子没有锁紧，导致吊小方瓦时大小方瓦一起被带出。

（3）钻工操作气动绞车过猛。

四、经验和教训

（1）指导、培训员工充分了解岗位上设备性能及运转情况，发现隐患要及时汇报及处理。

（2）每次起完钻后，要认真检查大、小方瓦能否顺利提出，将大方瓦内的钻井液清理干净，并在小方瓦外涂一些润滑脂，保证取装灵活。

（3）避免长时间不活动大方瓦，造成大方瓦与转盘以及大方瓦与小方瓦之间黏结过死。

（4）取小方瓦时，用小绞车先进行试提，如果发现有黏结的情况时应采用大锤震击、泡柴油等方式配合上提小方瓦，严禁猛提猛放。

（5）加强岗位操作人员的责任心和操作技能。

五、井下落物小结

（1）发生井下落物事故后，应立即开泵循环，将落物循环出来。

（2）井内有钻具时，应将钻具和井口之间的环形空间盖好。

（3）空井时，必须用铁板盖好，并固定牢靠。

（4）加强员工培训，培养员工随时盖好井口的意识。

六、事故警示

（1）现场各岗位人员培训到位并考核合格后上岗，岗位操作人员须具备作业前风险识别与工艺安全分析的能力。

（2）各岗位强化预防井下落物意识。避免长时间不活动大方瓦，每次起完钻认真检查大、小方瓦能否顺利提出，将间隙间的钻井液清理干净并涂油保养。

第十二节　跃满 251H 井大锤落井

一、基础资料

跃满 251H 井由新疆兆胜钻探有限公司 Z8004 钻井队总包，事故井深为 4433 m，层位为三叠系，岩性为泥岩。井身结构如图 4-16 所示。

钻头型号：RV505S。

钻具结构：12¼ in PDC 钻头 +630×NC61 母 +9 in 钻铤 ×2 根 +310 mm 扶正器 +9 in 钻铤 ×1 根 +310 mm 扶正器 +NC61 公 ×NC56 母 +8 in 无磁钻铤 ×1 根 +8 in 钻铤 ×17 根 +NC56×410+5 in 有线钻杆 +5 in 钻杆 +520×521+5½ in 钻杆。

钻井参数：钻压为 59~98 kN，转速为 70~80 r/min，排量为 40 L/s，泵压为 21 MPa。

钻井液性能：聚磺钻井液，密度为 1.25 g/cm^3，黏度为 44 mPa·s，塑性黏度为 17 mPa·s。

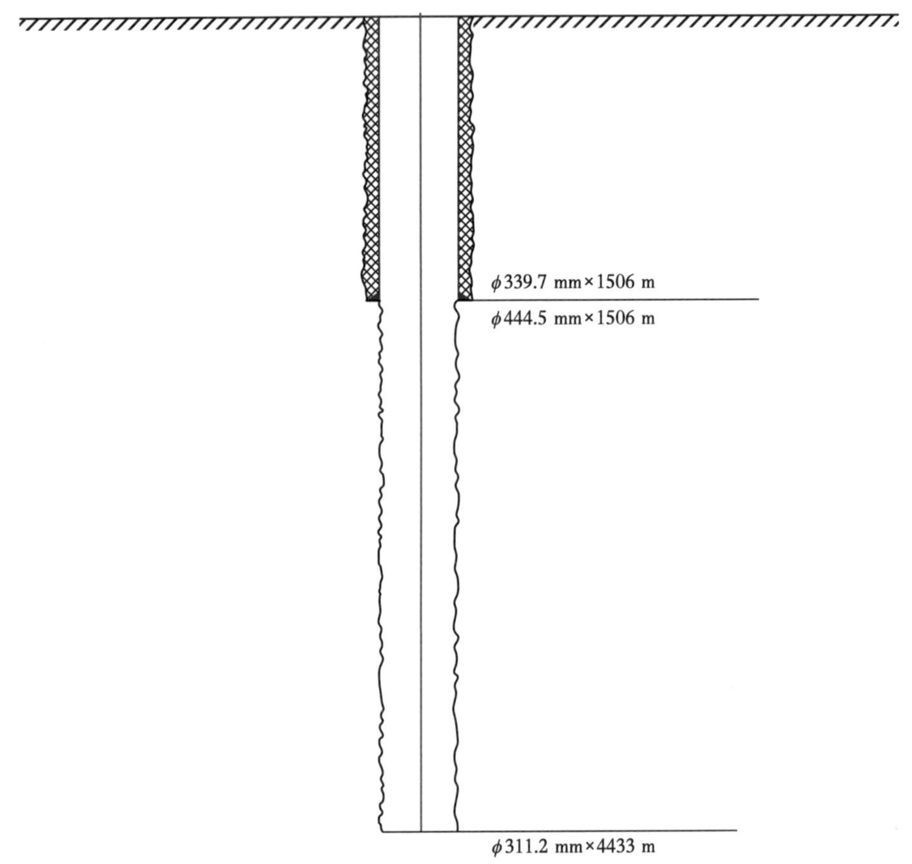

图 4-16　跃满 251H 井井身结构示意图

二、事故发生经过

二开钻进至井深 4433 m 时，发现冲管盘根刺漏，平台经理及大班组织人员抢修冲管，期间短起 4 柱 5½ in 钻杆，来回活动井内钻具。更换冲管盘根作业时，大锤不慎砸到转盘面上，弹入井内。

三、事故处理经过

（1）2018 年 12 月 17 日起钻，组合 12¼ in HE34JMRSV 牙轮钻头将落物通至井底，根据井底蹩跳情况判断大锤在井底。

（2）起出钻具，组合强磁打捞器下钻打捞，未捞获落井大锤，强磁打捞器上存在明显划痕，上部泥包。

（3）2018 年 12 月 21 日再次组合强磁打捞器下钻，成功打捞出落物，事故解除。

累计损失时间为 4.9 天。

四、事故原因分析

（1）井口操作人员安全意识不到位，未及时盖好井口。未对使用的大锤栓保险绳。

（2）管理人员未及时发现并制止操作人员的不当行为。

五、经验和教训

（1）值班干部及职工的安全意识需要提高。

（2）对每项高危作业都需要进行安全风险分析及防范措施。

（3）高危作业，值班干部及大班必须旁站监督并进行技术安全指导。

（4）井口周围作业必须强行盖好井口。

六、事故警示

（1）现场各岗位人员培训到位并考核合格后上岗，岗位操作人员须具备作业前风险识别与工艺安全分析的能力。

（2）各岗位强化预防井下落物意识，井口应随时盖严，在敞开时应专人负责盯防，严禁周边其他人进行敲击、挪物等行为。

第十三节 迪那 2-J5 井倒电溜钻

一、事故发生经过

迪那 2-J5 井由三勘探公司 70131 钻井队总包，事故井深为 2360 m，层位为新近系库车组，岩性为泥岩。

实际井身结构：660.4 mm×202.4 m+444.5 mm×2360 m。

钻具组合：444.5 mm PDC 钻头 +Power V 工具 +731×NC610+444.5 mm 扶正器 +NC611×630+9 in 钻铤 ×1 根 + 悬挂接头 +731×NC610+444.5 mm 扶正器 +9 in 钻铤 ×4 根 +NC611×NC560+8 in 钻铤 ×2 根 +8 in 浮阀 +8 in 钻铤 ×2 根 +NC561×520+5½ in 加重钻杆 ×6 根 +5½ in 钻杆。

二、事故发生经过

2018 年 3 月 26 日钻至 2360 m，电气师准备倒网电，询问工程师后，工程师通知司钻循环，准备短起至安全井段，循环至 15:00 点，司钻接工程师通知开始起钻，起至井深 2046 m（进老井眼 46 m），起钻无阻卡显示，接上顶驱，下放钻具离转盘面 16 m，司钻刹住刹把，此时悬重 1099 kN，工程师通知电气师可以倒网电了，电气师和司钻联系后开始倒网电，司钻张璞在钻台值班。

倒电完毕，电气师通知司钻，司钻开始活动钻具，下放钻具离转盘 10 m 左右时习惯性按下安全制动按钮，松开刹把，起身出司钻房安排内钳工准备倒大绳工具，听到身后有异响，扭头发现钻具仍在下落，马上跑向司钻房，此时钻具即将落至转盘面，来不及控制刹车，司钻为保证自身安全，躲至司钻房角落，钻具（顶驱）滑落至井口，吊环弯曲变形，游车斜倒在人字架背梁上，无人员受伤。

三、事故处理经过

使用吊车更换大绳，将游车拉起并与顶驱连接，并更换了倾斜油缸及吊环。然后正常起钻，事故解除。

（1）指派井架工对倾斜在人字架背梁上的游车用 1 in 钢丝绳加固，防止游车滑落。

（2）检查天车轮是否跳槽及其他悬吊系统，井架连接销子是否松动。

（3）每 30 min 小排量顶通 10 min。

（4）使用吊车更换大绳，将游车拉起并与顶驱连接，更换倾斜油缸及吊环。

（5）试起钻具，无阻卡显示，悬重 1099 kN 正常，然后正常起钻，事故解除。

（6）对钻具、井口工具、顶驱等设备进行探伤。

四、事故原因

1. 直接原因

（1）违反操作规程：司钻在活动钻具结束后，按下安全钳制动按钮，司钻在没有观察井口的情况下，认为钻具已经静止，习惯性松开刹把，起身出司钻房安排别的的工作，致使钻具及游车大钩仍在下落的情况下，溜至转盘面，违反操作规程是造成此次事故的直接原因。

（2）由于倒网电停电，在送电后司钻没有确定液压站是否合闸的情况下盲目活动钻具。当时液压站压力为 5 MPa，该压力只能保证在没有后续压力的情况下活动盘刹手柄 4~5 次，所以当司钻按下安全钳制动按钮后，安全钳液压油压力低不能完全抱住 1099 kN 的悬重的钻具，而造成钻具下滑。

2. 间接原因

（1）员工技能不足，培训不到位。安全意识和操作规程培训未落到实处，对人员的培训流于形式，思想上麻痹大意，操作人员存在习惯性违章现象。

（2）员工对设备的性能了解不足。

（3）队伍管理不严格，规章制度落实不到位。

（4）员工对倒网电的程序没有认真学习，各项动作没有落实到位。

五、下一步防范控制措施

（1）加强员工教育培训，尤其是关键岗位人员的操作技能培训，请三勘设备管理专家到井，对所有员工进行安全、岗位操作规程的培训，切实提高员工规范化的操作水平。

（2）提高员工的安全意识，狠抓员工的违章行为，加强教育培训，杜绝习惯性违章和无知性违章作业。

（3）加强设备关键点的巡查和保养工作，发现安全隐患立即整改。

（4）加强队伍的管理工作，严格落实值班干部关键作业环节盯现场，对各种规章制度和操作规程要安排专人，严格落实到位。

六、事故警示

（1）现场各岗位人员培训到位并考核合格后上岗，岗位操作人员须具备作业风险识别与工艺安全分析的能力。

（2）倒完网电等特殊作业后，司钻应与电气师、机房、内外钳等各岗位核实设备运转无误后再进行下步操作。

（3）司钻为井口操作与井控关键岗位，无人替换时，当班司钻不得离开操作控制面板。

第十四节　YM2-14-1X 井卡防磨套

一、事故发生经过

YM2-14-1X 井由二勘 70172 队承钻总包，事故井深为 5837 m。

钻头型号：6¾ in HJ517G 牙轮。

钻具结构：6¾ in HJ517G 牙轮 +NC35 母 ×330 双母接头 +4¾ in 螺纹钻铤 ×3 根 +310×NC35 公变扣接头 +3½ in 浮阀 +3½ in 加重钻杆 ×24 根 +3½ in 钻杆 ×128 柱 +311×HT40 母变扣接头 + 4 in 钻杆。

钻井液性能：密度为 1.35 g /cm^3，黏度为 55 mPa·s。

井口防喷器组：环形 FH35-35/7 0+ 单闸板 FZ35-70（剪切）+ 双闸板 2FZ35-70（上 3½ in 半封和下 4 in 半封）+ 升高短节（35-70）+ 变径变压法兰（35-70×28-105）+ 钻完井一体化四通（28-105×28-70）+ 套管头 TF10¾ in×7⅞ in-（28-70）（图 4-17）。

二、事故发生经过

2018 年 3 月 24 日因钻浮箍机速慢，起钻检查钻头，至 2018 年 3 月 25 日起至最后一柱钻铤，井深 10.31 m 挂卡，悬重由 160 kN 上升至 1109 kN，下放至 0 kN，钻头卡在防磨套处。

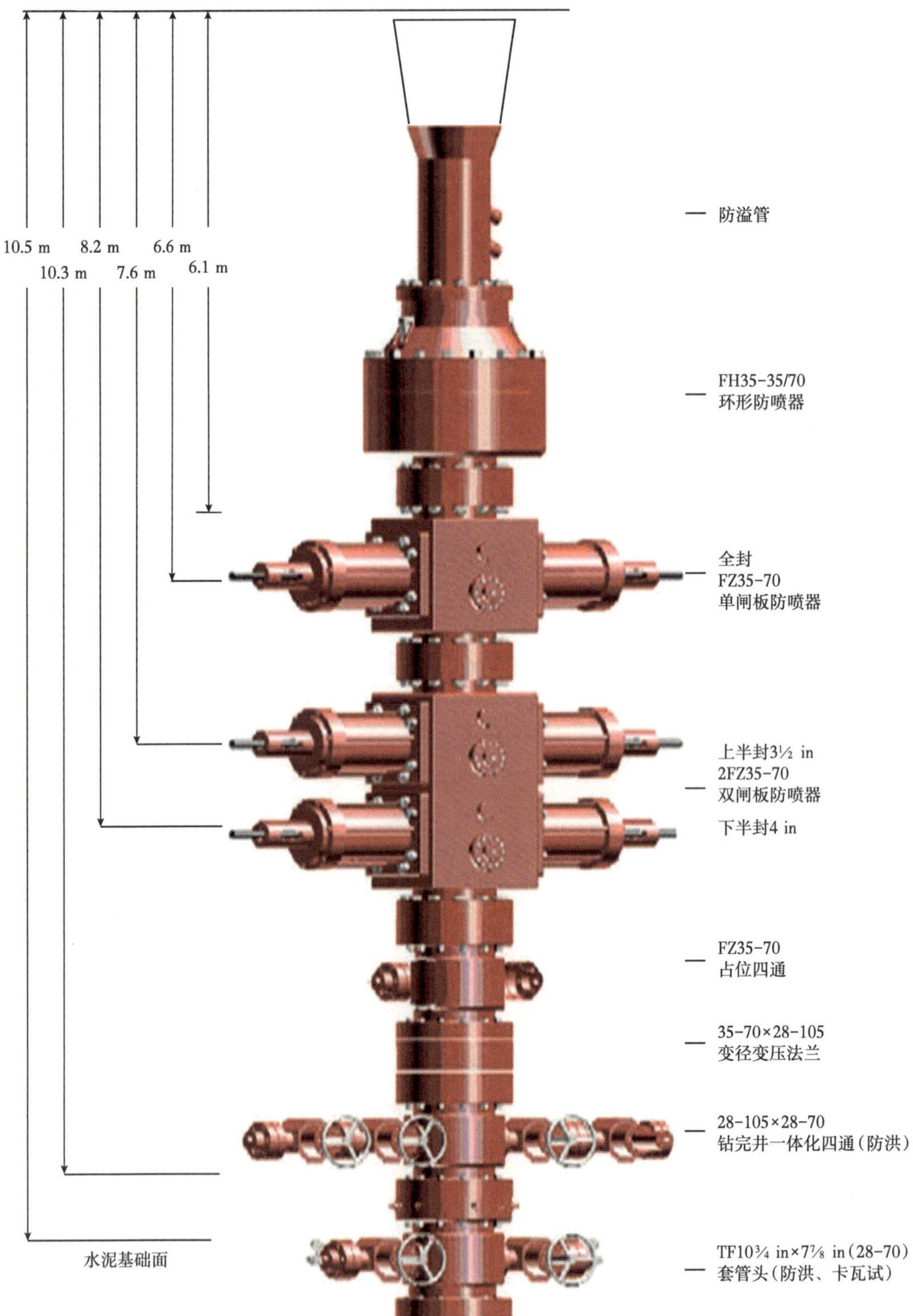
10.5 m
10.3 m
8.2 m
7.6 m
6.6 m
6.1 m
防溢管
FH35-35/70
环形防喷器
全封
FZ35-70
单闸板防喷器
上半封3½ in
2FZ35-70
双闸板防喷器
下半封4 in
FZ35-70
占位四通
35-70×28-105
变径变压法兰
28-105×28-70
钻完井一体化四通（防洪）
水泥基础面
TF10¾ in×7⅞ in（28-70）
套管头（防洪、卡瓦试）

图 4-17　井口防喷器组

三、事故处理经过

（1）检查钻完井一体化四通顶丝。有 5 颗顶丝灵活好卸，另 5 颗顶丝在松开备帽后均可以卸松到位，检查这 5 颗顶丝，圆锥头处有磨损，顶丝顶杆未变形弯曲。

（2）甩钻完井一体化四通。卸开四通上下法兰连接螺栓，井口 7⅞ in 套管盖 10 mm 厚钢板防止井下落物，切割井口 4¾ in 钻铤，用风动绞车配合绷绳甩出钻完井一体化四通。

（3）切割钻完井一体化四通内部残留的防磨套及钻头，检查钻完井一体化内部发现完好。

（4）重新安装钻完井一体化四通，连接井口封井器组。并按井控细则要求重新试压。

四、原因分析

（1）防磨套顶丝未松。该井井口有两套顶丝，一个是表层套管头顶丝，一个是钻完井一体化四通顶丝。实钻过程中防磨套位置处于钻完井一体化四通内。实际松的顶丝是套管头顶丝。

（2）刹把操作不细心，未及时发现悬重变化，上提吨位过大（悬重由 160 kN 上升至 1109 kN，多提 949 kN），导致防磨套被钻头提拉变形，卡在钻完井一体化四通内。

（3）干部盯防不到位，值班干部未确认防磨套顶丝是否松到位。

五、事故警示

（1）现场各岗位人员培训到位并考核合格后上岗，钻井工程师对本井所安装的井控装备的基本原理、内部结构、开关状态应准确掌握并亲自核实。

（2）钻头过井控装备时为关键操作阶段，应精细操作，注意最后一柱钻具是否居中、钻头是否挂住防磨套、防磨套是否松动、防磨套是否挂在井控准备的内台阶上等，遇阻不能盲目加大载荷上提。

第十五节　博孜 102-2 井涡轮工具轴芯失效落井

一、基础资料

博孜 102-2 井由新疆兆胜 Z8001 钻井队总包，事故井深为 4387 m，层位为新近系康村组，事故井段主要岩性为小砂砾岩。

井身结构：开 20 in 套管下至井深 203 m。井身结构如图 4-18 所示。

钻头型号：13⅛ in DD3540 M 孕镶钻头。

钻具结构：13⅛ in 孕镶钻头 +9⅝ in 0.8° 弯涡轮 +731×NC61 母 +13⅛ in 扶正器 + 浮阀 + NC61×630+ 定向接头 +8 in 无磁 +631×NC56+8 in 钻铤 ×15 根 +NC56×520+5½ in 加重钻杆 ×14 根 +5½ in 钻杆。

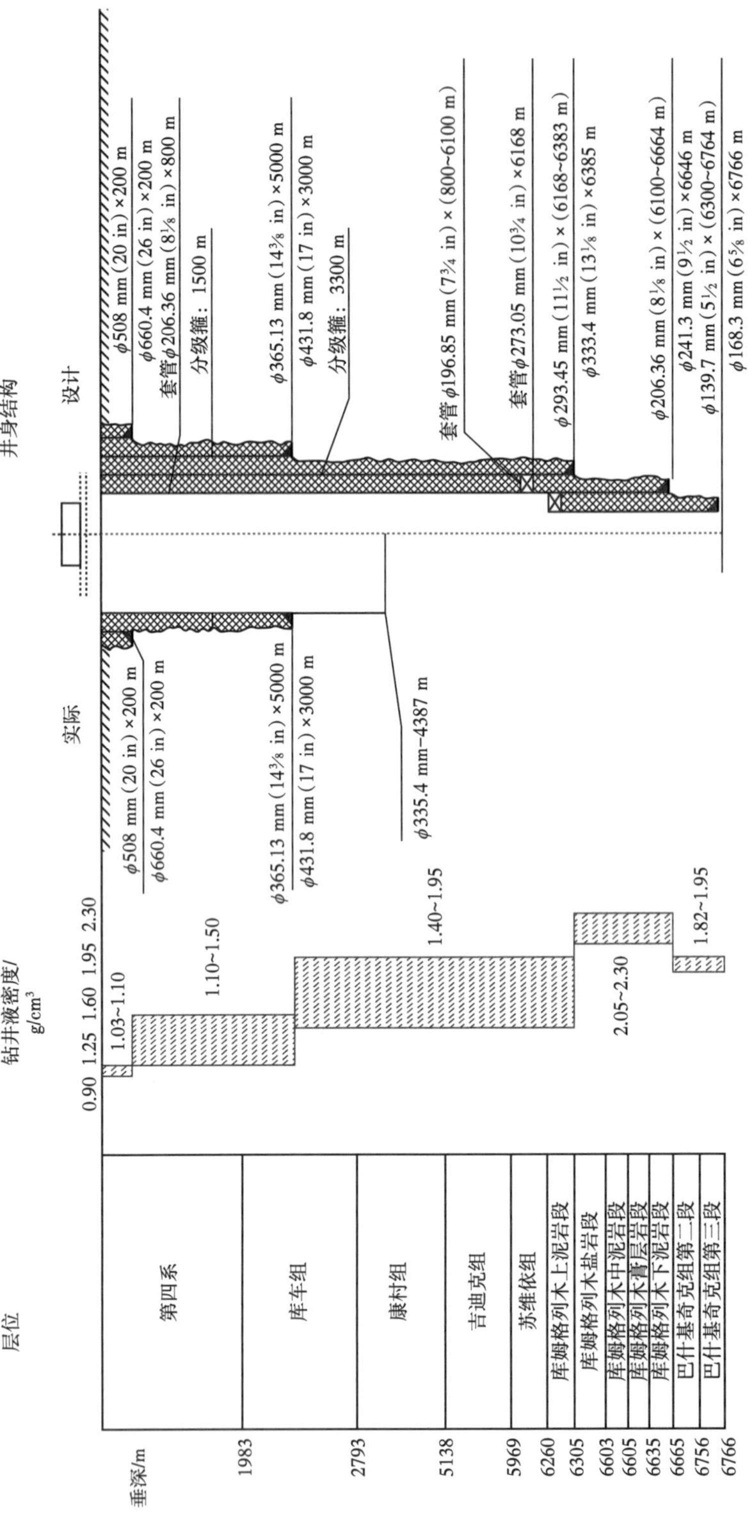

660.40 mm 井眼：20 in套管封固地表疏松层，加固井口，原则上下至成岩性较好地层；
431.80 mm 井眼：14⅜ in套管下至库车组中下部，以实钻情况为准。
333.40 mm 井眼：10.75 in+11.55 in复合技术套管下至盐顶，封固盐上薄弱地层。以现场地质卡层为准。
241.30 mm 井眼：8⅛ in套管封固全球盐层，以现场地质卡层为准。
168.30 mm 井眼：5½ in套管封固目的层。

图 4-18　博孜102-2井井身结构示意图

图 4-18　博孜 102-2 井井身结构示意图

钻井参数：复合钻进钻压为 40~80 kN，定向钻压为 70~90 kN，转速为 50 r/min，扭矩为 8~12 kN·m，排量为 41 L/s，泵压为 21~22 MPa。

钻井液性能：密度为 1.49 g/cm^3，为高性能水基钻井液体系。

二、事故发生经过

2019 年 1 月 13 日钻至井深 4 387.72 m，泵压由 21.1 MPa 下降至 20.1 MPa，钻压由 40 kN 上升至 60 kN，上提钻具，泵压由 20.1 MPa 下降至 14.6 MPa，起钻完，发现涡轮主轴脱落及 $13\frac{1}{8}$ in 孕镶钻头落井。

落鱼：涡轮主轴＋孕镶钻头，落鱼总长度为 8.40 m（涡轮主轴为 7.86 m，孕镶钻头为 0.54 m），理论鱼顶深度为 4 379.33 m（图 4-19）。

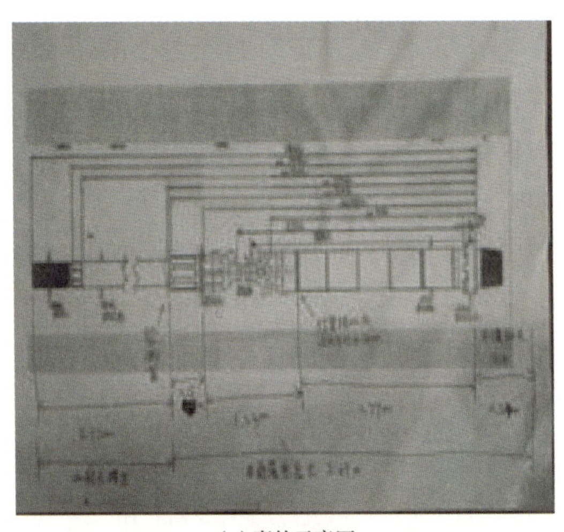

（a）事故示意图

（b）落鱼1

（c）落鱼2

（d）落鱼3

图 4-19　博孜 102-2 井事故图

三、事故处理经过

（1）1月15日组合 5⅝ in 打捞筒（配 ϕ95 mm 卡瓦），循环，探洗鱼头（鱼头位置为4 382.27 m），打捞，钻压由0 kN上升至98 kN，泵压由4.6 MPa上升至20 MPa，起钻完，捞获落鱼上加长轴5.72 m，井内落鱼结构：涡轮下轴2.15 m+孕镶钻头0.54 m，落鱼总长度为2.69 m。

（2）1月16日组合9⅝ in打捞筒（配ϕ163 mm卡瓦），探洗鱼头（鱼头位置为4 386.22 m），打捞，钻压由0 kN上升至98 kN，泵压由4.8 MPa上升至5.8 MPa再下降至5.5 MPa，起钻完，未捞获落鱼，井内落鱼结构：涡轮下轴2.15 m+孕镶钻头0.54 m，落鱼总长度为2.69 m。

（3）1月17日组合下9⅝ in打捞筒（配ϕ163 mm卡瓦），探洗鱼头（鱼头位置为4 386.22 m），打捞，钻压由0 kN上升至196 kN，泵压由4.8 MPa上升至5.8 MPa再下降至5.5 MPa，上提钻具悬重由1491 kN上升至1668 kN再下降至1491 kN，泵压由5.5 MPa下降至4.6 MPa，起钻，未捞获落鱼，井内落鱼结构：涡轮下轴2.15 m+孕镶钻头0.54 m：落鱼总长度为2.69 m。

（4）1月19日组合9⅝ in打捞筒（配ϕ162 mm卡瓦），探洗鱼头（鱼头位置为4 386.22 m），打捞，钻压由0 kN上升至78 kN，泵压由4.7 MPa上升至7.2 MPa，上提钻具泵压7.2 MPa无变化，起钻至井深4 366.6 m，上提遇卡，最大上提吨位为167 kN，下放98 kN放脱后，起钻无显示，起钻完，未捞获落鱼。

（5）1月19日组合ϕ196 mm母锥153×ϕ128 mm打捞管柱，循环探洗鱼头（鱼头位置为4 386.72 m），母锥造扣打捞，钻压多次加至9.8 kN，正转3~4圈，扭矩由6 kN·m上升至15 kN·m，泵压由3.8 MPa上升至4.6 MPa，释放扭矩由15 kN·m下降至0 kN·m，钻具回旋1.5圈。钻压再次加至19.6 kN，正转4圈，扭矩由9 kN·m上升至15 kN·m，泵压由4.6 MPa上升至5.1 MPa，释放扭矩由15 kN·m下降至0 kN·m，钻具回旋2圈。加钻压至49 kN，正转7圈，扭矩由6 kN·m上升至20 kN·m，泵压由5.1 MPa上升至5.7 MPa，释放扭矩由20 kN·m下降至0 kN·m，钻具回旋3圈。钻压加至59 kN，正转4~5圈，扭矩由6 kN·m上升至20 kN·m，泵压保持5.7 MPa不变，释放扭矩由15 kN·m下降至0 kN·m，钻具回旋3圈。上提钻具后再次加压至59 kN，正转5圈，扭矩由6 kN·m上升至20 kN·m，泵压保持5.7 MPa不变，释放扭矩由15 kN·m下降至0 kN·m，钻具回旋4圈，捞获全部落鱼，事故解除。

累计损失时间为8.5天。

四、打捞失败原因分析

打捞落鱼出井后，对下轴的尺寸重新测量，涡轮工具方所给的下轴直径数据错误，工具方给的打捞位置直径为ϕ166 mm，实际测量为ϕ160 mm和ϕ162 mm，与打捞卡瓦打捞位置的直径相差4~6 mm，导致选择的卡瓦过大，不能捞获落鱼（图4-20）。

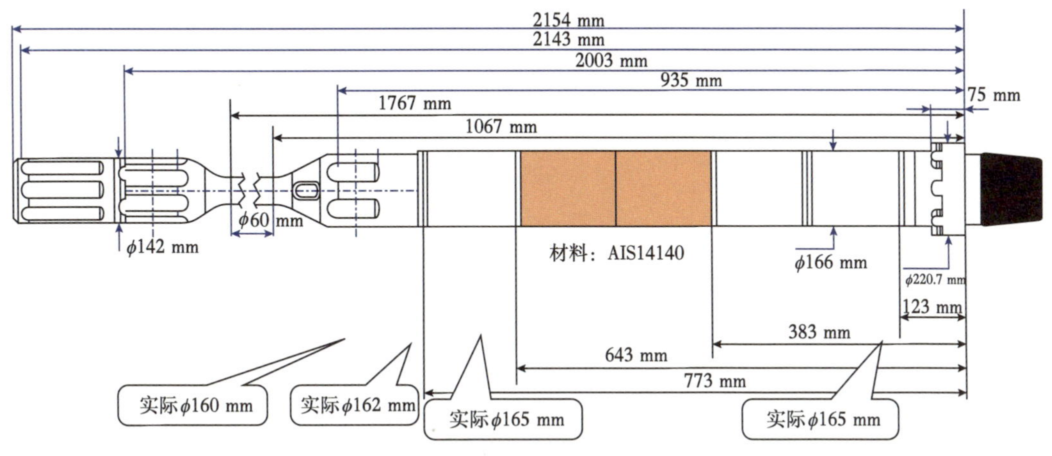

图 4-20　涡轮工具设计图

五、事故原因分析

（1）地层倾角导致涡轮芯轴偏磨，加大芯轴的横向震荡，地层硬度变化，钻头转数变化较大，产生反向扭矩，导致上部芯轴（产生动力）与下部芯轴（扭矩）螺纹连接处断裂。

（2）上部芯轴与下部芯轴断裂时形成反扭，同时瞬间释放扭矩，导致芯轴顶端与壳体连接压紧装置处外螺纹倒扣脱落。

六、经验和教训

（1）入井前加强对入井工具检查，钻进中判断好工具使用情况，控制工具使用时间，出井后测量好工具芯轴位移变化量，确认好能否达到再次入井的要求。

（2）钻进中对工具使用的井下情况提前判断，尽量减少因反扭引起的应力集中现象，如：钻头制动时，缓慢上提，使扭矩缓慢释放；钻进软硬交错地层时，控制好钻压，尽量避免因钻头受力不均引起涡轮芯轴转速忽高忽低现象。

（3）为确保涡轮不再出现芯轴断裂、脱落等现象，百勤油服已对涡轮内部芯轴进行了改进，由原来两节芯轴改换为一体式芯轴，以确保扭矩有效传递及释放，同时在压紧装置处加装防脱销，确保在出现异常时，涡轮芯轴不会出现脱落。

七、事故警示

（1）山前高负荷、恶劣井底应用环境下，不影响功能时入井工具结构应尽量简化，减少不必要的连接部件。不可避免的连接位置应设计防脱结构，避免发生连接位置脱离失效。

（2）井下工具每趟入井前应进行全套无损检测，对耗材磨损件应更换。工具方对本体及内部结构应准确掌握，钻井工程师应对可测量的数据进行复量并记录准确。

第二篇　井控典型案例

第五章　地层所含流体性质及未知压力引起的井控案例

第一节　英买 7-1 井浅层气溢流事件

一、发生经过

英买 7-1 井于 2006 年 4 月 8 日开钻，4 月 14 日钻进至井深 1500 m，下入 13⅜ in 套管固井完。井口试压 35 MPa，套管试压 10 MPa 稳压合格。4 月 18 日二开，钻井液密度为 1.16 g/cm^3，钻至井深 1515 m 做地破试验，地层破裂当量钻井液密度为 2.27 g/cm^3。钻进至井深 1601 m，循环 2 h 后，4 月 19 日 2:00 开始起钻，3:20 起钻第 13 柱（钻头位置 1225 m）时，钻井液工发现溢流 0.9 m^3，立即用对讲机向司钻汇报。井口人员发现钻具与井口方瓦之间有一股白雾飘出，司钻安排内钳工到钻台下检查原因，内钳工刚走下钻台梯子一半时，钻井液和天然气从防溢管喷出钻台面，钻具水眼内大量钻井液和天然气自二层台位置喷出。司钻立即跑回司钻操作房，发出长鸣信号，关闭井架灯和司钻操作房电源，同时立即组织人员撤离钻台面。

听到长鸣信号后，机工立即停 1 号车、启动 3 号车。井架工通过逃生装置从二层台逃生。同时钻井工程师、副司钻、外钳工立即赶到远程控制房。工程师安排副司钻、井架工去打开节流管汇上的 9 号平板阀。在钻台情况不明、钻具在井口位置不清楚的情况下，工程师先打开液动放喷阀，开始放喷，减少钻具内和环空喷势，为关井做准备。工程师了解了井口钻具情况后，关闭了 5½ in 闸板防喷器，组织人员上钻台，卸掉钻具，于 3:32 抢接旋塞成功，关闭旋塞，控制住井口。同时放喷口点火，试关井。由于喷出的流体为钻井液和天然气混合物，多次点火后成功，火焰长 8~10 m。于 4:00 试关井成功，套压为 6 MPa。

二、溢流压井处理

4月20日井口压力情况：套压为 14.3~13.9 MPa，因旋塞关闭，立压无显示。配好密度为 1.91 g/cm^3 的压井液 140 m^3 和 1.35 g/cm^3 的压井液 210 m^3。15:53 打平衡压力 10 MPa，开旋塞，立压 12.5 MPa，22:00 节流循环压井，排量为 23~42 L/s，火焰高为 15 m，向

井内注密度为 1.90 g/cm^3 和黏度为 120 mPa·s 的压井液 120 m^3，立压为 4.2~5.1 MPa，套压为 0 MPa，钻井液密度调至 1.48 g/cm^3。下钻，分段循环，复杂解除。溢流复杂共损失 67 h。

三、溢流发生原因

1. 直接原因

遭遇浅气层，钻井液密度偏低。

2. 间接原因

（1）英买力地区已钻井 21 口，从录井、测井等地质资料上反映不出来有浅气层，以往的钻井工程未钻遇到浅气层，本井地质、钻井设计上也无法准确对该浅气层进行预报和采取相对应的钻井工程措施。

（2）录井是及时发现浅气层的最直接有效手段，在钻井过程中已有气测异常显示，钻进至井深 1518 m 时全烃含量从 0.32% 上升到 4.95%，C_1 含量从 0.198% 上升到 2.55%，录井队却没有引起高度的重视，没有及时上报甲方、通知钻井队，失去了提前预防的时机。

（3）钻井队对开发井非目的层井段钻井施工中的井控意识淡薄，存在麻痹大意思想，对“发现溢流立即关井，及时控制井口”的原则没有落到实处，没有立即关井，控制井口。

（4）使用密度为 1.16 g/cm^3 的钻井液密度偏低（设计钻井液密度为 1.20~1.35 g/cm^3），不能平衡地层压力。

四、经验和教训

通过认真分析英买 7-1 井溢流复杂，教训是深刻的，暴露了安全生产、现场管理、生产技术措施等诸多方面不足。

（1）塔里木油田过去曾经发生过多口浅气层井喷事故，但都发生在新区勘探过程中，英买 7-1 井钻遇浅气层，充分暴露了老区块开发井在非目的层井段施工中的井控意识、风险识别、应急处置上的不足。

（2）地质录井作为浅气层发现、预告的直接有效手段，在该井浅气层遭遇过程中未起到应有的及时发现、预告作用。在钻进过程中，录井气测显示异常，录井队没有引起重视，没有及时上报甲方和通知钻井队。在溢流发生的第一时间，也未做到及时发现，及时通知钻井队。

（3）二开后没有严格执行钻井设计，钻井液密度低于设计下限。

（4）“发现溢流立即关井，怀疑溢流关井检查”的原则在溢流发生的第一时间、第一反应上未得到严格执行，现场处置突发井控事件能力有待加强。

（5）井控装备的准备工作不到位，液气分离器弯头没有安装，节流管汇试完压后各种闸阀没有及时恢复到正常工况，造成试关井的时间过长。

第二节　迪那 2-9 井地下井喷井控险情

一、发生经过

2006 年 9 月 16 日迪那 2-9 井钻进至井深 4600 m，层位为新近系吉迪克组，发现溢流 1.5 m^3，关井后溢流量为 12 m^3，套压为 18 MPa，立压在升至 6 MPa 时关钻杆旋塞阀。井底岩屑返至 4576 m，岩性为灰白色泥膏岩。钻井液出口密度由 2.14 g/cm^3 下降至 2.13 g/cm^3，黏度由 87 mPa·s 上升至 99 mPa·s。

井下钻具：12¼ in 钻头 +9 in 钻铤 ×2 根 +12¼ in 扶正器 +9 in 钻铤 ×1 根 +12¼ in 扶正器 +8 in 钻铤 ×14 根 + 绕性短节 +8 in 震击器 +8 in 钻铤 ×3 根 +5½ in 钻杆。

二、处理过程

1. 正反挤压井

第一次正反压井：关井至 9 月 17 日套压升至 24.7 MPa，地面用压裂车从环空反挤密度为 2.35 g/m^3 的钻井液 273 m^3，停泵后套压为 5.5 MPa。打平衡压 9.3 MPa 开钻杆旋塞，正挤密度为 2.40 g/cm^3 的钻井液 58 m^3，停泵压力为 0 MPa。

第二次反挤压井：18 日套压由 5.5 MPa 逐渐升至 25.6 MPa，反挤密度为 2.40 g/m^3 的钻井液 126 m^3，停泵套压为 0 MPa。

第三次反挤压井：9 月 19 日套压由 0 MPa 升至 25.5 MPa，反挤密度为 2.40 g/cm^3 的钻井液 183 m^3，停泵套压为 0 MPa，第一次正挤压井完，关闭了钻杆旋塞阀，之后多次打平衡压开旋塞阀，无法打开。

2. 增配井控装置

（1）自上而下钻台上加接盖板 +FZ28-105+2FZ28-105（B/178 mm）+FS28-105+ FZ28-105（C，侧出口接节流管汇）+FZ28-105（半封倒装）+28-105 短节 +28-105×35-35 法兰 +35-35 短节 ×4 只 +TF245 mm×178 mm-35 MPa（倒装，侧出口接节流管汇）+TF245 mm×178 mm-35 MPa+ 原井口装置，如图 5-1 所示。

（2）钻台下增配两套 4 通道 3 节流的节流管汇，分别接在环形防喷器以上的闸板防喷器和四通侧出口上，如图 5-2 所示。

3. 剪切钻杆

9 月 22 日反挤密度为 2.40 g/cm^3 钻井液 101 m^3，停泵套压为 0 MPa，打平衡压 40 MPa，剪切钻杆（图 5-3），立压由 40 MPa 升至 44 MPa 再降至 25.5 MPa。剪切钻杆后进行了三次正挤钻井液作业和一次反挤钻井液作业，钻井液密度为 2.40 g/cm^3，停泵立压套压均为 0 MPa，但关井 4 h 后，立压由 0 MPa 上升至 25 MPa，套压由 0 MPa 上升至 27 MPa。

图 5-1　钻台上井控装置

图 5-2　钻台下井控装置

图 5-3　被剪断的钻杆

4. 反复压井后井下情况判断

根据多次正反压井以及连续吊灌和间断吊灌的情况判断，无论压井排量高低，施工后压力恢复情况基本一致，即 4 h 后立压恢复到 25 MPa，5 h 后套压恢复到 27 MPa。根据压井情况判断，井下发生严重地下井喷，形成强烈“漏斗效应”，导致在正反压井时钻井液被抽吸，液柱下降很快，当液柱下降到一定程度而不能平衡上升的高压气体时，井口立套压开始上升。在进行了多次正反压井后，进一步证实了地下井喷，因此决定堵漏处理地下井喷。

5. 大型堵漏作业方案措施

进行四次大型堵漏作业，方案措施分别有：

（1）水泥浆堵漏过程。

（2）桥塞浆 + 水泥浆堵浆堵漏。

（3）桥塞浆 + 凝胶 + 快干纤维水泥浆堵漏。

（4）柴油 + 膨润土 + 水泥堵漏。

6. 溢流复杂处理过程

溢流发生后，进行了反压井三次和正压井一次，由于旋塞打不开，剪断 5½ in 钻杆后，又实施了三次正压井和一次反压井以及连续正反吊灌，在处理地下井喷方面，先后进行了水泥浆堵漏、桥塞浆 + 水泥浆堵漏、桥塞浆 + 凝胶 + 快干纤维水泥浆堵漏和柴油 + 膨润土 + 水泥堵漏等四次大的堵漏施工，累计挤入地层钻井液 3036 m^3，水泥浆 427 m^3（阿克苏 H 级水泥 662 t），桥堵浆 236 m^3，橡胶块 1.4 t，柴油 + 膨润土 + 水泥堵漏浆 45 m^3，柴油＋有机土隔离液 37 m³，效果均不理想。

7. 井下情况分析

漏层在高压产层的上部，漏失压力（承压能力）低于产层压力，根据多次堵漏情况来看，裂缝可能开启较大，并与井眼附近的断层连通，致使漏速很大。

钻头位置距井底 11 m，且在漏层以下，从钻具内挤入的压井液以及水泥浆不能进入高压产层，直接被强大的高速地层流体带入漏层。形成地下井喷，如图 5-4 所示。

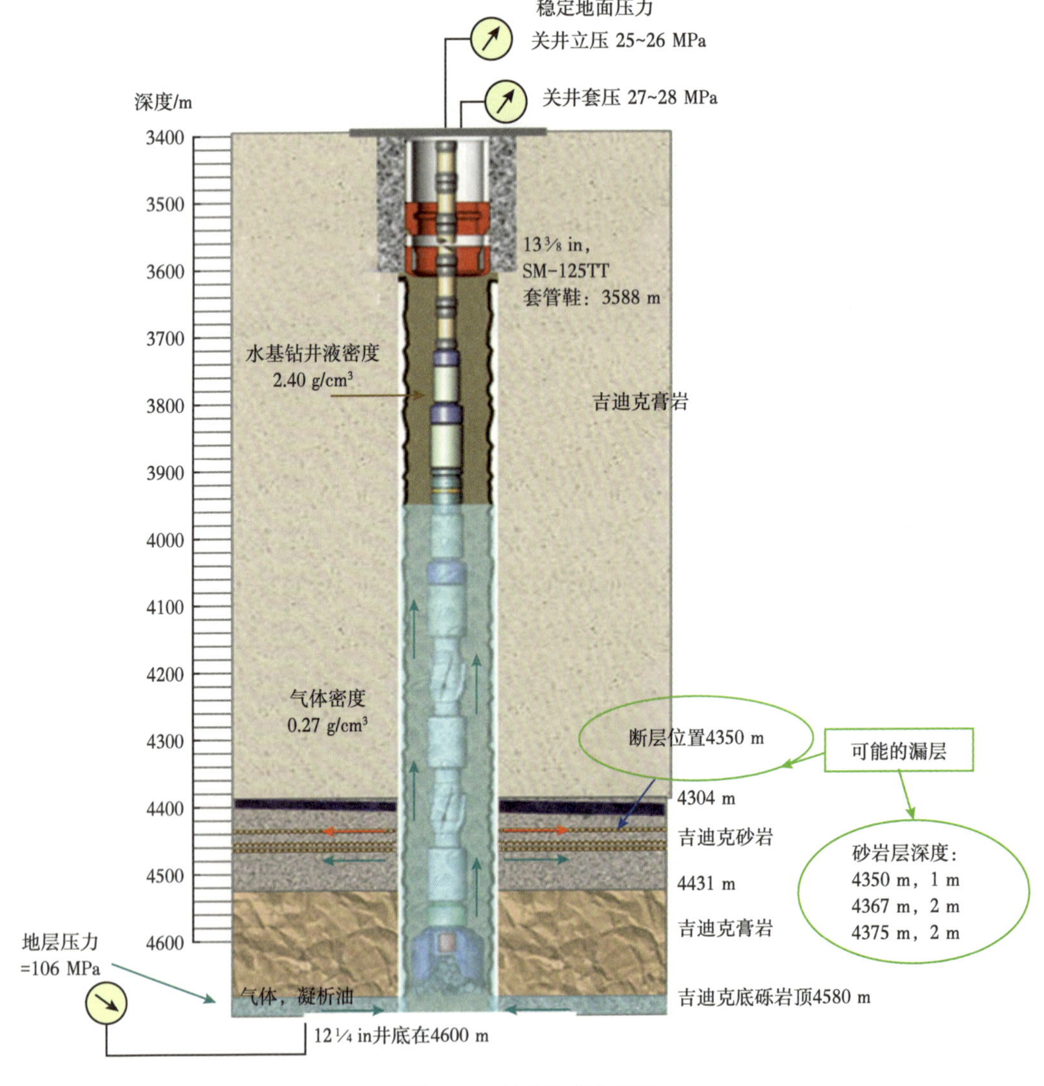

图 5-4　地下井喷示意图

8. 地下井喷堵漏难度分析

（1）强烈的地下井喷在漏层与井底之间产生的抽吸压力巨大，根据凝胶堵漏过程中的压力变化计算，漏层与产层之间压差在 42~45 MPa，说明地下井喷严重。

（2）堵漏时注入的各种高浓度的堵漏浆，在地下井喷的漏层破口处与高速流体相遇，堵漏材料“毫无阻碍”地进入漏层深部，致使堵漏没有任何效果。

（3）根据几次堵漏施工结束后的压力恢复情况来看，井下高速流体携带着常规桥堵浆中桥堵颗粒进入漏层，加剧了裂缝的扩张。

（4）正反挤压井排量远远小于井底流体的流速，始终无法建立井内液柱压力平衡。

9. 处理难度及风险分析

（1）常规桥堵浆和柴油膨润土浆无法封堵漏层。

（2）目前国外最先进的处理地下井喷技术，也难以解决该井如此强烈的地下井喷。

（3）无止境的压井堵漏，处理成本难以承受。

（4）每次压井堵漏施工后，井口立压、套压恢复并有所增加，增加了地面风险。

（5）哈里伯顿 IPM 项目经理建议尽快弃井，减少损失。

10. 封井弃井作业

鉴于上述分析，经请示股份公司，并组织专家讨论，决定对该井进行“封井弃井”处理。

（1）环空注水泥。10 月 21 日，反挤密度为 2.40 g/cm^3 的钻井液 85 m^3，套压由 27 MPa 下降至 0 MPa，反挤水泥浆 606 m^3 封井，关井候凝，立压由 33.5 MPa 下降至 30.0 MPa，套压由 2.3 MPa 下降至 2.1 MPa，泄套压，环空敞开候凝。

（2）钻具注水泥。10 月 23 日，压裂车正挤密度为 2.40 g/cm^3 的钻井液 48 m^3，立压由 28.5 MPa 下降至 0 MPa，水泥车正挤阿 G 级水泥浆 166 m^3（$CaCl_2$ 快干水泥浆 66 m^3），候凝，立压由 18 MPa 下降至 17 MPa，环空敞开观察无异常，泄压，立压由 17 MPa 下降至 0 MPa，套压为 0 MPa。

三、原因分析

由于迪那地区山前构造的复杂性，地震预测与实钻相差太大，地层可对比性差，没有标志层，造成卡层难度很大。地质上认为本井根据目前实钻情况分析，可能是该井区小断层发育，造成裂缝发育，吉迪克组底砾岩段高压气流通过裂缝向上运移到膏泥岩段地层造成该井出现复杂。

四、纠正和预防措施

（1）加强地质卡层工作，提高地质卡层能力和地层预测的准确性。

（2）加强钻井技术研究，尤其是山前高压地层钻井研究，扩大技术储备，提高复杂钻井难题的处理水平。

（3）继续强化井控管理，对高压气井目的层钻井要时刻做好井控装备和井控技术准备工作，随时处于临战状态，及早发现溢流并及时处理，确保井控安全。

（4）加强井下工具（尤其是井控工具）的管理，提高质量，注意检查保养。本井由于旋塞阀打不开，造成被迫剪切钻具，给复杂处理增加了难度。

第三节 英买 2-H9 井井漏引发溢流事件

一、发生经过

英买 2-H9 井是塔北隆起英买力构造的一口开发水平井，设计井深为 6322 m，目的层为奥陶系一房间组及鹰山组。2010 年 7 月 23 日 7:15 三开钻进至井深 6089 m，发现井漏。7:30 钻进至井深 6 089.8 m，8:00 小排量循环观察，排量为 7 L/s，泵压为 10 MPa，漏速为 20 m^3/h，漏失钻井液为 15 m^3。11:30 钻进至井深 6099 m，期间测漏速为 6.0 m^3/h。12:06 地质循环，发现溢流，12:09 关井，立压为 0 MPa 钻具带浮阀，套压为 2.0 MPa，井内钻井液密度为 1.13 g/cm^3，溢流量为 0.4 m^3。21:00 立压为 0 MPa，套压为 3.5 MPa。

二、处理经过

1. 节流循环压井

21:00—21:30 节流循环，排量为 8 L/s，泵压为 10.3 MPa，套压为 3 MPa，泵入钻井液 15 m^3，返出钻井液 14.4 m^3，进口钻井液密度为 1.13 g/cm^3，出口钻井液密度为 1.09~1.10 g/cm^3，分离器出口点火焰高为 2~3 m。停泵关井，立压为 0 MPa，套压为 3.4 MPa。

2. 压回法压井

7 月 24 日向环空反挤密度为 1.19 g/cm^3 的压井液 45 m^3，正挤密度为 1.19 g/cm^3 的压井液 15 m^3，停泵观察，立压为 0 MPa，套压由 5.4 MPa 下降至 2.4 MPa。反挤密度为 1.19 g/cm^3 的压井液 32 m^3，套压为 0 MPa。开井观察，出口无外溢。

三、原因分析

奥陶系碳酸盐地层裂缝发育良好，发生井漏后在钻井液的置换作用下地层流体进入井筒，并循环上升，造成环空液柱压力降低，引发溢流。

四、经验和教训

（1）对于套管下至油层顶部的缝洞型碳酸盐岩溢流井，用压回法把侵入井筒的地层流体压回地层，重建井内压力平衡。

（2）实践证明对于缝洞储层，用司钻法循环压井只能导致更多地层流体侵入井筒，风险增加，压井失败。

第四节　大北 206 井压井地下井喷案例

一、发生经过

2013 年 2 月 20 日大北 206 井用密度为 2.26 g/cm^3（实际为 2.22 g/cm^3）的钻井液钻至井深 6 245.34 m，层位为古进系库姆格列木群，岩性为灰白色石膏岩，钻压由 60 kN 上升至 170 kN，大钩负荷由 2000 kN 下降至 1890 kN，立管压力由 23.5 MPa 上升至 25.8 MPa，司钻立即上提钻具至井深 6 229.71 m，关井。关井后立管压力 0 MPa，套管压力为 4 MPa。经核实，关井后总溢流量为 0.7 m^3，初步判断是盐水溢流，微含气。

二、压井处理

经过 5 次节流循环，用密度为 2.46 g/cm^3 压井液节流循环压井成功。

三、原因分析

（1）裸眼段长、盐层厚、下高上低发生了盐水地下井喷。

（2）当钻进井深 6 245.34 m，钻时加快 6 min/m，钻压突然由 60.0 kN 上升至 170.0 kN，池体积上涨 0.3 m^3。

（3）判断岩性为灰岩和云岩类。钻遇高压盐水层发生溢流（关井折算压力系数为 2.37~2.39）。综合原因分析为裂缝性高压盐水层所致。

四、经验和教训

（1）针对这种情况，采用压裂车和应急抢险罐，一次性准备足够量的钻井液，确保入口密度，力争一次性压井成功。

（2）钻井期间选择好合适的钻井液密度，既避免溢流又防止井漏。

（3）尝试采用控压钻进或放水降压手段处理。

第五节　克深 9 井超高压盐水溢流案例

一、溢流简况

2013 年 6 月 4 日 0:30 克深 9 井用密度为 2.35 g/cm^3 的钻井液划眼到底，划眼井段 6717~7272 m，2:10 钻进至井深 7 274.70 m 时发现溢流 0.4 m^3，关井，关井立压为 1 MPa，关井套压为 0.5 MPa。18:00 关井观察，立压由 1 MPa 上升至 13 MPa 再下降至 12 MPa，套压由 0.5 MPa 上升至 12.5 MPa。

二、压井处理

6 月 5 日 11:00 关井观察，立压由 12 MPa 下降至 8 MPa，套压由 12.5 MPa 上升至 13.8 MPa。根据关井压力曲线，以关井立压为 10 MPa 计算地层压力，确定用密度为 2.52 g/cm^3 的钻井液压井。调集压裂车 3 辆、供浆车 1 辆和计量车 1 辆，接好正循环和反推及供浆管线，安装 4 个 60 m^3 的储浆罐。11:30 准备密度为 2.52 g/cm^3 的油基重浆 570 m^3，地面管汇试压合格。20:00 工程师法循环压井，注入密度为 2.52 g/cm^3 的压井钻井液 420 m^3（井内容积 310 m^3），压井排量为 15~12 L/s，控制立压为 20~38 MPa（套压由 16 MPa 下降至 0 MPa），返出钻井液密度变化由 2.35 g/cm^3 下降至 2.24 g/cm^3 再上升至 2.51 g/cm^3，Cl^- 含量由 25 000 mg/L 上升至 34 000 mg/L。敞井观察，出口无外溢，复杂解除。

三、溢流原因分析

（1）溢流原因为钻进至盐间超高压盐水，钻井液密度不够。压井过程中返出钻井液密度为 2.24 g/cm^3，破乳电压为 300 mV，说明是盐水溢流。

（2）根据同构造克深 7 井的实钻资料，克深 9 井在溢流前把密度由 2.30 g/cm^3 提到 2.35 g/cm^3 是正确的。克深 7 井用密度为 2.34 g/cm^3 的油基钻井液钻至井深 7 764.16 m 发现溢流 0.8 m^3，关井套压由 3.5 MPa 上升至 6.0 MPa，钻柱内有浮阀，立压为 0 MPa，估算地层压力当量钻井液密度约为 2.42 g/cm^3。

四、经验和教训

（1）本井使用压裂车压井是可取的。压裂车能在高压下连续工作，使压井得以顺利进行。

（2）顶驱钻杆立柱的中单根下未接内防喷工具需要今后注意。钻头在管鞋处的井口钻杆中接有浮阀，但已失效（起出发现可以密封）。

（3）压井过程中，出现异常高立压分析。

①重浆在环空上升过程中出现异常高立压，到达井口时达到 38 MPa 的循环立压。井下高温高压条件下高密度钻井液性能不稳定，黏度达 233~355 mPa·s，导致流动阻力增加是异常高立压的主要原因。

②压井过程中遇高立压，要分析情况，当时技术人员判断可能钻头喷嘴堵（起钻后发现钻头喷嘴有 1 个被堵死，从堵塞物看应是划眼时堵，还有 1 个被堵一半）。在短时间内紧急准备大量密度为 2.52 g/cm^3 的油基钻井液，重晶石粉与柴油未能充分乳化，从其他井倒运的钻井液不干净，堵钻头水眼造成节流，是出现高立压的次要原因。

③当钻头喷嘴被堵时，控制套压要依据进入环空的重浆所占的高度。若机械地按照书本来压井，可能会出现二次溢流，延缓压井进程，或可能导致次生事故。

④本井裸眼承压能力高是高立压一周压井成功的先决条件之一。

第六节　富源 102 井奥陶系鹰山组异常高压处理

一、基本情况

富源 102 井位于沙雅县境内，南西方向距跃满 4 井 6.2 km，设计井深 7620 m，设计目的层奥陶系一间房组，探索深层鹰山组 2 段含油气性。地层三压力钻前预测，本井地层孔隙压力系数小于 1.20，属于正常压力系统。

7⅞ in 套管下深 7173 m（吐木休克顶）。

井口防喷器组合为：35-70 环形 + 单闸板（剪切全封一体）+ 双闸板（上 3½ in 下 4 in）。

二、溢流关井

2015 年 8 月 28 日录井联机员坐岗发现池体积增加 0.5 m^3，出口流量由 20.6 m^3/h 上升至 22.5 m^3/h，立即通知司钻关井，关井完，核实溢流量 0.9 m^3。关井 21 min，套压升至 23 MPa，立压升至 24.2 MPa，关闭下旋塞。关井 1 h，套压升至 39 MPa，之后缓慢上涨。关井 22 h，套压升至 50 MPa。30 日压井前，套压为 51.2 MPa。套压在 39 MPa时出现拐点，折算地层压力系数为 1.73，关井立、套压变化如图 5-5 所示。

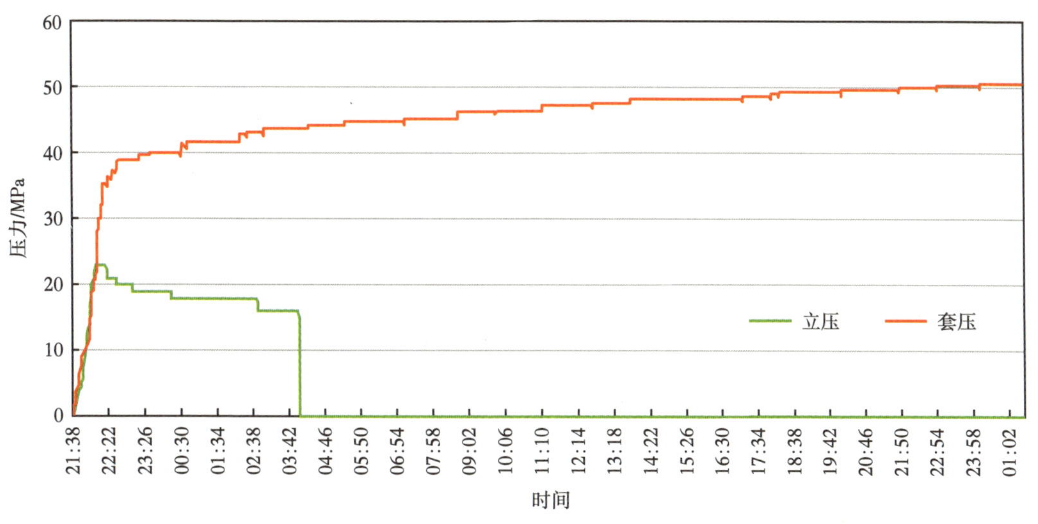

图 5-5　关井立压、套压变化图

三、压井处理

溢流发生后，业主启动了本单位应急预案（二级），组织 2500 型压裂车组和技术人员上井，开始组织密度为 1.80 g/cm^3 的压井液。初步确定使用压回法压井方案，先压环空再压水眼。若实施压回法压井过程中，井口压力达到最大承压能力地层仍然不破，则改用置换法压井。先压环空再压水眼的压井方案，是油田使用压回法压井中一种惯用的操作方式，主要是基于以下分析：

（1）环空的承压能力较水眼低。防喷器工作压力为70 MPa，井口套管抗内压72.5 MPa（其80%为58 MPa）。管内装有两只旋塞阀，额定工作压力均为70 MPa，井口4 in钻杆（壁厚为9.35 mm）抗内压强度为154.7 MPa。

（2）环空存在的泄漏风险点较多。

（3）管内受地层流体污染的程度较低。

（4）如果钻具出现问题，可剪切钻具有效控制井口，如果井口装备出现问题，则没有手段控制。

8月30日通过压裂车向钻具内打平衡压后，打开方钻杆下旋塞，观察到管内压力为47.2 MPa。同时打开水眼和环空通道，用压裂车挤入密度为1.80 g/cm^{3}的重浆60 m^3，油压由47.2 MPa下降至9.3 MPa，套压由51.2 MPa上升至55.2 MPa。

按当时的压井工艺无法降低井口套压，于是中止了压井施工。停泵油压为9.3 MPa，套压为55.2 MPa。现场井控专家和技术人员经过会议讨论后，决定调整压井方案，先压环空再压水眼。反挤190 m^3、正挤80 m^{3}压井液，压井成功。压裂车压井施工如图5-6所示。

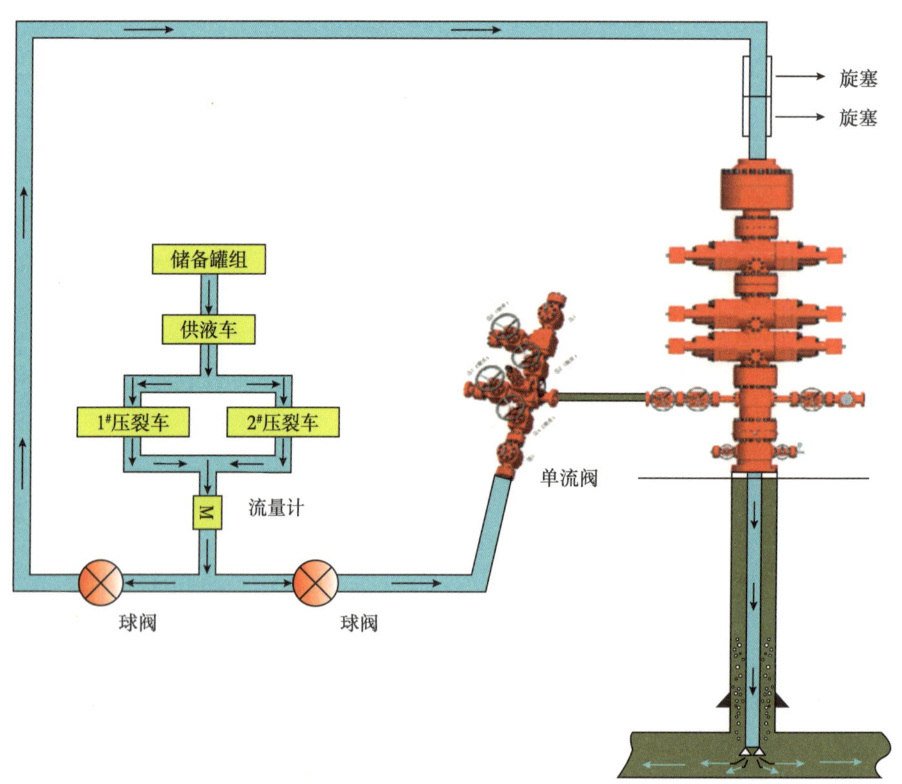

图5-6　压裂车压井施工

四、溢流原因

设计和使用的钻井液密度偏低，意外钻遇异常高压地层是导致此次溢流高关井压力的根本原因。富源 102 井根据关井压力推算，地层压力系数在 1.80 以上。邻井富源 1 井通过试油测静压折算，地层压力系数为 1.93。

五、经验和教训

（1）溢流发现、报告及关井及时。录井队录井坐岗人员发现溢流后及时报告司钻，司钻接报后立即组织关井，发挥了录井发现溢流的第一职责，避免了更高的关井套压。

（2）生产单位响应及时。溢流关井后，业主立即启动了本单位应急预案，相关人员立即赶赴井场，组织压裂车、储备罐和压井液等应急物资，为有序做好压井准备提供了保障。

（3）压井重浆准备及时。该地区钻井液密度均在 1.2 g/cm^3 左右，要在短时间内配制 300 m^3 密度为 1.8 g/cm^3 的重浆难度很大。巴派在富源区块承包了 4 口井，溢流关井后，这些井连夜配浆，充分体现了区域总包的优势。最终通过井队配浆和从库车运浆，在关井 25 h 后重浆全部到位，为及时压井赢得了时间。

（4）加强钻井三压力预测研究，在地质设计中提供更加准确的地层压力预测数据，杜绝因钻遇异常高压地层而导致的高关井压力事件发生。

（5）进一步完善井控应急预案。对不同的井控事故事件进行分类、分级，细化不同情况下的应急响应，确保应急工作职责明确、流程清晰、物资完备、联动有序。

（6）应急预案启动后，非特殊情况，各项技术方案、措施、指令的下达和现场信息的提报等应该采用书面形式，方便信息的准确传达。

（7）本次应急过程中，救援交通道路沿线没有设置明显的道路标识，都是井队派人带路，不便于救援队伍及时到达现场。

（8）压井施工应坚持在井控专家的指导下进行。专家的技能水平相对较高，压井经验相对丰富，对井下情况判断更加准确，即使在施工过程中发生突发情况，也能够最大限度地控制风险，防止事态恶化。

第七节　中古 70 井奥陶系鹰山组异常高压事件

一、基本情况

2018 年 3 月 31 日，勘探事业部所属中古 70 井钻进至井深 7 413.84 m 时遭遇异常高压，关井套压为 51 MPa，油田启动了井控突发事件应急预案，在油田的统一指挥协调下，在甲乙方各单位的通力协作下，4 月 1 日压井成功，应急状态解除。

中古 70 井由四勘 70170 钻井队承钻，是一口预探直井，设计井深为 7650 m，溢流井深为 7 413.84 m，层位为奥陶系蓬莱坝组。

地理位置为新疆维吾尔自治区民丰县境内。位于中古 501 井南东约 0.36 km，位于中古 5 井北西约 2.8 km。构造位置位于塔里木盆地塔中隆起塔中北斜坡中古 70 井区。预测目的层压力系数为 1.10~1.20。设计钻井液密度为 1.10~1.50 g/cm^3，实际钻井液密度为 1.43 g/cm^3。

加重材料和重浆储备：重晶石粉 100 t，密度为 1.60 g/cm^3 的重浆 160 m^3，密度为 1.84 g/cm^3 的重浆 100 m^3。

井口防喷器组合：控制头 +FH35-35/7 0+FZ35-70（剪切全封）+2FZ35-70（上 2⅞ in 下 4 in 半封）+ 升高短节 +35×70-28×105 法兰 + 钻采复合四通 +35×105-28-70 法兰 +TF10¾ in×8⅛ in-70 套管头四通 +14⅜ in×10¾ in-35 套管头。放喷管线为 FGX88-21，两边各接出 100 m。防喷器环形、单闸板于 2011 年出厂，双闸板于 2012 年出厂。

井内钻具组合：4⅜ in M0864PDC+2A30×NC26 母 +3½ in 钻铤 ×12 根 +XT26 母 ×NC26 公 +2⅞ in 钻杆 ×177 根 +310×XT26 公 +3½ in 浮阀 +DS40 母 ×311+4 in 钻杆 ×576 根 +4 in 下旋塞 +4 in 浮阀 +4 in 钻杆。

套管尺寸和强度：表层套管为 14⅜ in TP110×13.88 mm×795 m，抗内压强度为 33 MPa，抗内挤压强度为 24 MPa。技术套管为 10¾ in P110×11.43 mm×4794 m，抗内压强度为 51.4 MPa，抗外挤强度为 25.2 MPa；（8⅛ in+7⅞ in）技术套管下至 6190 m，井口为 8⅛ in C110×15.8 mm×4491 m，8⅛ in 套管抗内压强度为 101.6 MPa，抗外挤强度为 102 MPa，7⅞ in P110×14.2 mm×（4491~6190 m），7⅞ in 套管抗内压强度为 94.2 MPa。尾管为 5½ in TP110×9.17 mm×（6031~7318 m），抗内压强度为 85.3 MPa，抗外挤压强度为 76.5 MPa。

溢流层位及岩性：奥陶系蓬莱坝组，主要岩性为灰岩，裂缝—孔洞型储层较发育。

二、事件经过

2018 年 3 月 28 日钻进至井深 7346 m，全烃含量大于 10%，密度由 1.40 g/cm^3 上升至 1.43 g/cm^3，全烃含量由 14% 下降至 3%。3 月 30 日钻进至 7406 m，方钻杆与 310×DS40 接头连接处内螺纹台肩刺钻井液，短起至管鞋，更换接头，检查方钻杆外螺纹台肩，有刺痕，未贯通。下钻钻进至 7407 m，短起至 7 316.78 m 套管鞋内循环，组织方钻杆。

3 月 31 日更换方钻杆，下钻钻进至 7409 m，控制头总成漏钻井液，更换总成。

3 月 31 日 19:42 钻进至井深 7 413.84 m，出口全烃含量为 2.7%，立压由 16.7 MPa 上升至 26.2 MPa，悬重由 1545 kN 下降至 1390 kN，出口流量由 28.7 m^3/h 上升至 37.5 m^3/h，溢流 0.5 m^3，立即关井，关井后套压变化情况如图 5-7 所示。19:46 关井完，扣除回流量共计上涨 4.6 m^3，其中回流量为 1.4 m^3，关井立压为 13 MPa，套压为 51 MPa。关下旋塞，泵房放回水，立压为 0 MPa。4 月 1 日 10:40 关井观察，组织机具、压井液、加重材料和井控装备等。每 2 min 记录立套压，立压为 0 MPa（关下旋塞），套压由 51 MPa 下降至 50.1 MPa 再上升至 51 MPa。

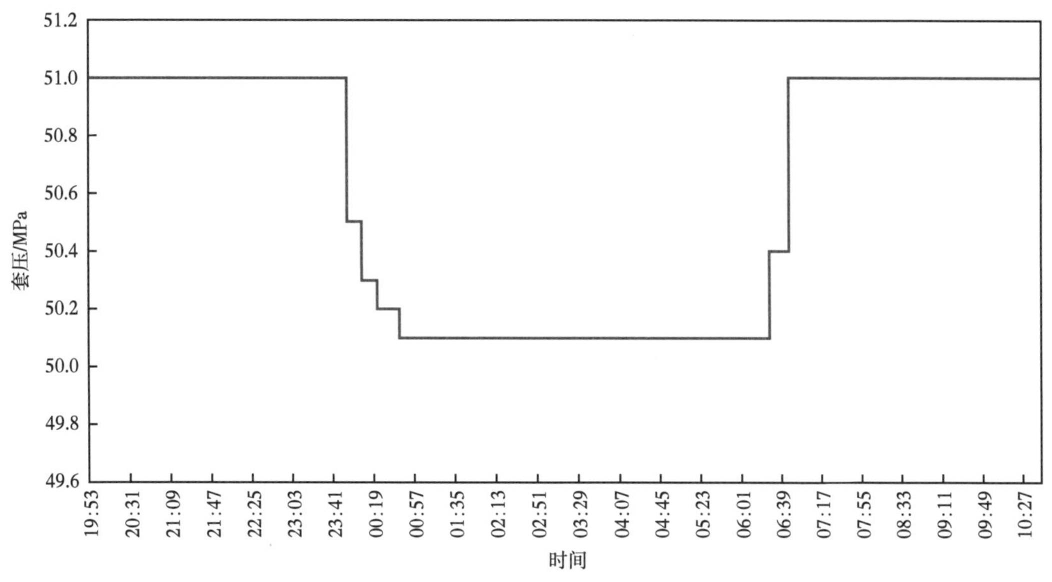

图 5-7　关井后套压变化图

考虑到中古 70 井井口防喷器组和节流压井管汇额定工作压力为 70 MPa，同时距离本井 360 m 的中古 501 井 H_2S 含量为 32 000 mg/m^3，采取节流循环压井有井口超压和钻具氢脆断裂的风险，因此优先采取压回法压井。根据关井套压 51 MPa 和溢流总量 4.6 m^3（溢流物所占井底环空液柱高度约 660 m，环空液柱压力减小约 4 MPa），折算地层压力系数约 2.07，确定用密度为 2.20 g/cm^3 压井液压井。

三、处理经过

4 月 1 日 10:10 对节流压井管汇、井口多功能四通、压裂车管线阀门进行开关状态确认。10:40 开压，压裂车打平衡压 40 MPa，开四通 1 号平板阀，12:50 压裂车环空挤入密度为 2.24 g/cm^3 的压井液 60 m^3，施工泵压由 51 MPa 上升至 55.7 MPa 再下降至 14 MPa，排量为 0.5 m^3/min。因压裂车上水不好，改用钻井液泵。

13:00—14:00 用钻井液泵反挤密度为 2.24 g/cm^3 的压井液 50 m^3，排量由 2 L/s 上升至 16 L/s，泵压由 16 MPa 上升至 19 MPa 再下降至 12 MPa，停泵，套压为 0 MPa，15:00 测环空液面为 580 m。

14:30 卸方钻杆，在下旋塞上加装 DS40 公 ×310 转换接头，与上钻台压井管汇连接，试压 70 MPa 合格。开下旋塞，水泥车正挤密度为 2.15 g/cm^3 的压井液 15 m^3，施工泵压由 49 MPa 上升至 54 MPa 再下降至 24 MPa。压裂车不上水，停泵，压力由 24 MPa 下降至

19 MPa。18:20 卸压裂车管线，接方钻杆，用钻井液泵水眼正挤密度为 2.15 g/cm^3 的压井液 21 m^3，施工泵压由 24 MPa 下降至 14 MPa，停泵压力为 0 MPa。开井，活动钻具。油田井控突发事件应急状态解除，现场压井施工结束。

四、原因分析

对于塔中奥陶系蓬莱坝组地层流体压力认识不足。钻井地质设计提示奥陶系蓬莱坝组地层孔隙压力系数约为 1.17，实际钻遇压力系数大于 2.00 的异常高压地层，导致高关井压力和溢流抢险的发生。

五、经验和教训

中古 70 井钻遇异常高压，关井压力达到 51 MPa，是油田公司成立以来很少遭遇的。在油田公司的统一协调下，在甲乙方各单位的通力协作下，中古 70 井的溢流险情在 24 h 内得到了安全处理，解除了应急状态，为油田处置溢流险情积累了宝贵经验。

1. 好的方面

（1）油田高度重视，统一协调指挥，是中古 70 井控突发事件应急抢险得以及时处置的关键因素。中古 70 井控突发事件发生后，油田公司立即启动井喷突发事件应急预案，生产运行处统一协调，甲乙方各单位全力以赴，油田公司领导连夜赶往现场，生产运行处、工程技术处、勘探事业部、工程技术部、第四勘探公司、第二勘探公司、沙运司、消防支队等单位立即行动，调动应急资源，使得中古 70 井的溢流险情在相对较短的时间内得到安全处理。

（2）现场员工高度的责任感和过硬的本领是中古 70 井得以控制的关键。中古 70 井钻遇异常高压，由于液柱压力远低于地层流体压力，关井前溢流速度达到 1 m^3/min，承钻井队作业人员井控意识强，及时发现溢流，果断停泵上提钻具，跟班工程师协同完成关井，在尽可能短的时间内完成关井作业，为后续的压井处理创造了条件。

（3）各兄弟单位的大力支持是此次溢流险情得以及时处理的必要条件。中古 70 井溢流关井后，需要配置密度为 2.20 g/cm^3 的压井液 220 m^3。井场储备密度为 1.80 g/cm^3 的重浆 100 m^3，密度为 1.60 g/cm^3 的重浆 150 m^3，储备重晶石粉 100 t。井场现有的重浆和加重材料只能配置 110 m^3 压井液。在油田公司的统一组织下，塔中油气开发部安排临近井队连夜配置压井液 270 m^3，并在 4 月 1 日 10:00 前拉运到中古 70 井 100 m^3，从临近井队组织重晶石粉 204 t，使得中古 70 井在 4 月 1 日早晨具备压井条件。二勘井下压裂及时派遣两台 2000 型压裂车到井，沙运司组织拉运钻井液车辆和其他机具，消防支队连夜到达指定位置，这些都为中古 70 井溢流险情的处理提供了有力支撑。没有兄弟单位的全力支持，中古 70 井的溢流险情不可能得到及时处理。

（4）科学决策是中古 70 井溢流险情得以安全处理的重要因素。根据关井压力高、临

井高含 H_2S 以及缝洞储层喷漏同层特性，油田决定采用压回法处理该井溢流，使得该井险情在短时间内得到处理，恢复正常生产。

中古 70 井 8⅛ in+7⅞ in 复合套管下至 6130 m，钻进至井深 7318 m 时，奥陶系良里塔格组和鹰山组油气显示活跃，即将揭开的蓬莱坝组是中古 70 井区新层系，可能钻遇异常压力，裸眼段长，发生井下事故复杂的概率大，事业部决定在井深 7318 m 下入 5½ in 尾管，封固上部地层，同时将钻井液密度由原设计的 1.10~1.35 g/cm^3 调整为 1.10~1.50 g/cm^3，实际密度为 1.43 g/cm^3，为钻遇异常高压做好了井眼和钻井液准备。

2. 存在的不足

（1）对于塔中奥陶系蓬莱坝组地层流体压力认识不足。钻井地质设计提示奥陶系蓬莱坝组地层孔隙压力系数约 1.17，实际钻遇压力系数大于 2.00 的异常高压地层，导致高关井压力和溢流抢险的发生。

（2）异常高压层上部的低压层没有封固。中古 70 井 5½ in 尾管下深 7318 m，地质预测 7400 m 进入蓬莱坝组，井段 7318~7400 m 为鹰山组，钻遇 4 套油气显示层，钻时最快为 19 min/m。揭开蓬莱坝组异常高压关井后，没套管封固的油气显示段井漏风险大，出现喷漏同存的复杂情况。

（3）中古 70 井安装 70 MPa 压力等级的井控装备，不能满足钻遇蓬莱坝组异常高压层的井控需要。根据关井压力，计算目的层流体压力约为 150 MPa，70 MPa 的井控装备不能满足蓬莱坝组异常高压的井控要求。

（4）压裂车组的橇装泵供液能力达不到施工需要。中古 70 井压井过程中，橇装泵上水不好，压井排量仅为 0.17~0.5 m^3/min，低于正常 1 m^3/min 的排量，甚至不上水，多次中止作业，改用钻井液泵完成压井作业。压裂车组配套的橇装泵上水罐搅拌机日常缺乏检查保养，一个搅拌机损坏，影响橇装泵的上水。

（5）配置压井液时间长，转运来的重浆性能黏切力高，杂物多。

（6）压井管线没有固定，振动较大，存在管线刺漏风险。

（7）井口 2FZ35-70 下半封右侧关井后，液压锁紧腔渗油（60 滴 /min）。

3. 下步改进建议

（1）新区新层系勘探，目的层钻井液密度应高开低走，即用较高的密度揭开储层，根据气测显示情况，调整密度。同时开展异常高压层的辨识工作，设计科学合理的钻井液密度，夯实一级井控的基础。

（2）新区新层系和边缘井勘探，加大重钻井液储备量，提高重钻井液的密度。中古 70 井关井后，压裂车组在溢流关井 7 h 后到井，而压井液在关井 15 h 后才勉强达到要求。主要原因是压井液密度高，井队加重时间长，转运来的压井液钻井液性能和密度需要调整。

（3）新区新层系勘探钻具组合近钻头使用浮阀，同时在钻头出管鞋时的钻具组合中增加浮阀。中古 70 井揭开储层后，泵压瞬间从 18 MPa 上涨至 26 MPa，得益于井下 3½ in（已失效）和 4 in 浮阀，水龙带没有承受 51 MPa 的高关井压力（水龙带工作压力为 35 MPa）。

（4）新区新层系钻探目的层使用 105 MPa 压力等级的防喷器组，提高遭遇异常高压层的井口安全性。

（5）新区新层系钻探揭开目的层前下入套管封固裸眼段的低压层，为可能钻开的高压层做好井眼准备。

（6）高关井压力压井时井口钻具接 2 个下旋塞。中古 70 井连接钻具的压井管线接了一个旋塞，如压井过程中管线刺漏，在 50 MPa 的高压下很难及时关闭下旋塞，存在旋塞旋钮打滑或球阀刺漏的风险，备用下旋塞增加了钻具内防喷的可靠性。

（7）异常高压井压裂车组使用供液车。中古 70 井压井过程中发生压裂车上水差的问题，延长了压井时间，增加了井控风险，异常高压井的压井优选压裂车组（压裂车、供液车和仪表车）压井。

（8）压裂车上钻台管线要多处固定。中古 70 井正压井施工时，管线抖动较大，长时间可能导致管线的疲劳损坏，增添井控风险。

（9）提高转运来的压井液的性能。

（10）提高井控装备的可靠性。车间检修和试压及时发现存在的问题，避免出现中古 70 井关井后锁紧腔渗油的隐患。

第八节　中古 113-6 井奥陶系鹰山组钻遇异常高压事件

一、基本情况

中古 113-6 井是一口开发井，设计目的层为鹰山组二段，孔隙压力为 1.20 MPa，区块预测 H_2S 含量为 4000 mg/kg。

溢流时井口组合：旋转控制头 FX35-17.5/3 5+ 环形 FH35-35/7 0+ 单闸板 FZ35-70（剪切全封）+ 双闸板 2FZ35-70（上 3½ in 半封，下 4½ in 半封）+ 变径变压法兰 35-70×28-105+ 钻完井一体化四通 28-105×28-70+ 套管头 10¾ in×7⅞ in（28-70）。

溢流时钻具组合：6¾ in PDC 钻头 +1.75° 螺杆 +3½ in 浮阀 +311×310+120 mm 无磁钻铤 ×1 根 +120 mm 无磁悬挂 +311×310（测斜座）+3½ in 无磁承压钻杆 ×1 根 +3½ in 加重钻杆 ×45 根 +3½ in 钻杆 ×483 根 +311×DS40 母 +4½ in 钻杆 ×129 根 +DS40 公 ×HT40 母 + 4 in 旋塞 +4 in 浮阀 +HT40 公 ×DST40 母 +4½ in 钻杆。

二、事件经过

2018 年 9 月 2 日 10:18，该井用 1.20 g/cm^3 的钻井液定向钻进至井深 7 241.4 m（鹰山组鹰二段，最后五米钻时为 21 min、20 min、19 min、19 min 和 21 min，池体积 133.8 m^3 无变化），悬重突然由 1918 kN 下降至 1276 kN，泵压由 21.6 MPa 上升至 26 MPa，停泵上

提钻具关井关旋塞，10:20关井成功，钻头位置为7 233.78 m，套压由0 MPa上升至38 MPa。关井过程中总池体积由133.8 m^3上升至140.2 m^3，液面上涨6.4 m^3，其中含回流1.2 m^3，核实溢流量14.4 m^3，其中含圆井内9.2 m^3。井口卡钻具死卡。

关井后26 s，套压由0 MPa上升至38 MPa，最终套压升至44 MPa。溢流时悬重、立压及关井后套压变化情况如图5-8所示。

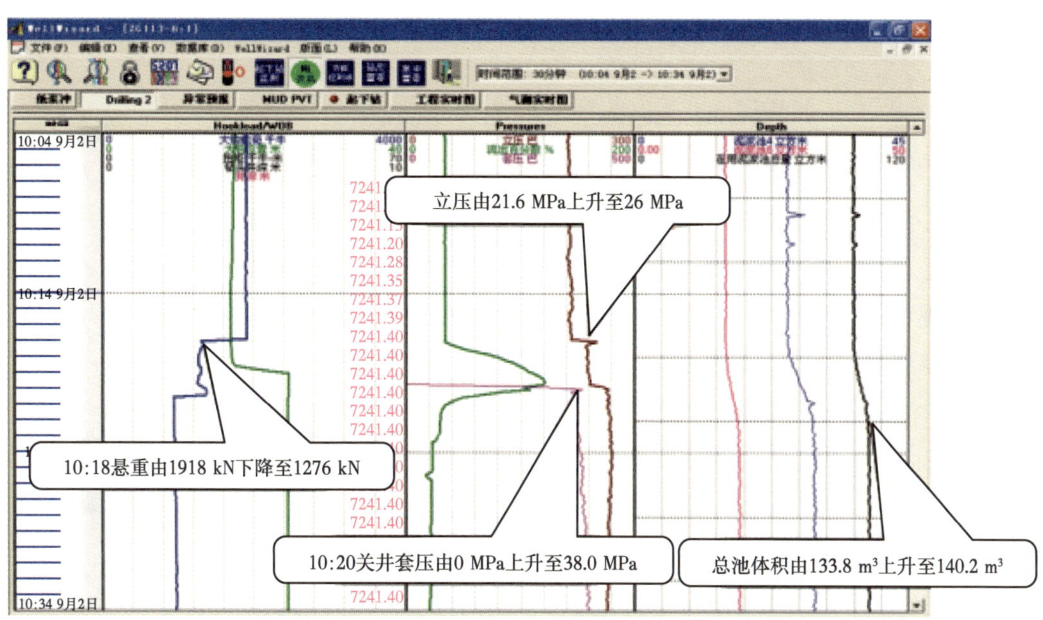

图5-8　溢流时悬重、立压及关井后套压变化录井截图

三、溢流处理

溢流发生后，立即按照油田公司溢流汇报程序进行了逐级汇报，油气田产能建设事业部启动了Ⅱ级井控应急预案。

压井液密度确定：考虑井口关井压力高，压井前为44 MPa，求取关井立压风险较高，压井液密度选择参考关井后15 min套压42 MPa进行折算，折算地层压力系数约为1.77，按照附加0.15 g/cm^3，最终确定压井液密度为1.92 g/cm^3。

压井方法选择：本井预测H_2S含量为4000 mg/m^3，井口防喷器组70 MPa（按80%计算为56 MPa），若使用工程师法压井可能造成井口套压过高，优先采用压回法。

考虑井口防喷器为70 MPa、套管抗内压为72.4 MPa，压井施工过程中控制最大套压为56 MPa（按防喷器80%）。

环空反推：2018年9月3日3:56开始实施压井施工，施工前套压由38 MPa上升至44 MPa，至5:43反挤密度为2.0 g/cm^3的钻井液47 m^3，反挤密度为1.92 g/cm^3的钻井液75 m^3（排量为8~24L/s，套压由44 MPa上升至52 MPa再下降至3.5 MPa），停泵套压为0 MPa。

水眼正挤：9 月 3 日 7:00 正挤密度为 1.92 g/cm^3 的钻井液 33 m^3（排量为 8~9 L/s，立压由 44 MPa 下降至 2.7 MPa，套压为 0 MPa），停泵观察，立压、套压均为 0 MPa），险情解除，总共耗时 20.7 h。

四、溢流原因

本井目的层三压力剖面预测地层压力系数为 1.20，溢流关井后折算地层压力系数为 1.77，远高于预测压力系数，液柱压力不足以平衡地层压力，从而导致溢流和高关井压力井控险情的发生。

五、经验和教训

（1）现场作业人员及时发现、及时关井，是避免险情失控的关键。ZG113-6 井在钻进过程中突然发现钻具悬重下降、泵压上涨、出口流量增加，录井队联机员、司钻、钻井液工及时发现，司钻在井口钻井液已经涌出的紧急情况下，沉着应对，采用硬关井迅速关井，有效控制井口，现场果断关闭井口钻具旋塞、卡好钻具死卡避免险情的进一步扩大，严格践行了油田公司积极井控理念“发现溢流立即关井，怀疑溢流关井检查”。

（2）双浮阀结构为管柱水眼安全提供了保障。该井钻具近钻头处和钻具出管鞋处分别接了一只 70 MPa 的浮阀，为管柱内井控安全提供了双保险，水眼正挤前旋塞顺利得到打开，有效避免了旋塞开启困难带来的次生井控风险。

（3）充分的压井前准备工作是压井施工顺利的保障。压井组织了三台 2500 型压裂车，一台供液橇、一台高压管汇车和一套监测控制系统。钻井队采用钻井液泵和两台螺杆泵供液管线连续向压裂车供液橇供液，保证了施工过程中上水稳定，施工连续。监测控制系统实时监测压井排量和压力，为领导及时决策提供了直观可靠的依据。

（4）领导高度重视，动用一切人力和物力与险情做斗争。油田事业部和川庆钻探新疆分公司及时沟通配合，第一时间组织多用机、压裂车、水泥车等应急车辆赶赴现场，准备压井施工。组织力量全力配制压井液，邻井全力支持，保证了该井压井施工得以快速开展。该井从溢流关井高套压险情发生到险情解除仅用时 20.7 h，成为油田近年类似险情快速处置的案例之一。

（5）油田公司领导高度关注，领导亲自靠前指挥，合理安排，甲乙方高度协同配合，是 ZG113-6 井控突发事件应急抢险得以及时处置的关键因素。

第九节　乔探 1 井寒武系高压盐水溢流处理

一、基本情况

乔探 1 井由川庆钻探新疆分公司 70128 钻井队承钻，设计井深为 6210 m，目的层为下寒武统肖尔布拉克组，设计预测溢流层位寒武系阿瓦塔格组及沙依里克组膏盐岩段地层压力系数为 1.92。2019 年 3 月 7 日乔探 1 井钻至 5 557.53 m 溢流关井，套压为 25 MPa，层位为寒武系沙依里克组，节流循环缓冲罐 H_2S 含量为 1000 mg/m^3，压回法压井后，钻具卡死。实钻井身结构如图 5-9 所示。钻井液密度为 1.68 g/cm^3。溢流层位为中寒武系沙依里克组。岩性为深灰色含泥灰岩，裸眼段为 5 180.00~5 557.53 m，其中有 6 层盐层共 52 m，2 层含盐泥岩共 12 m，3 层膏盐岩共 14 m。储备密度为 2.27~2.34 g/cm^3 的重浆 160 m^3，重晶石粉 280 t。

井口套管尺寸：9⅝ in P110×11.99 mm，套管额定抗内压强度为 65.1 MPa，按 80% 计算为 52.08 MPa。

钻具组合：8½ in KS1652PDC+430×4A0 双母 + 浮阀 +4A1×410 接头（测斜座）+ 无磁钻铤 +411×4A0 接头 +6¼ in 钻铤 ×15 根 +4A1×410 接头 +5 in 加重钻杆 ×15 根 + 411×NC52T 接头 +5 in 非标 +5 in 下旋塞 +6⅝ in 顶驱手动和液动旋塞。

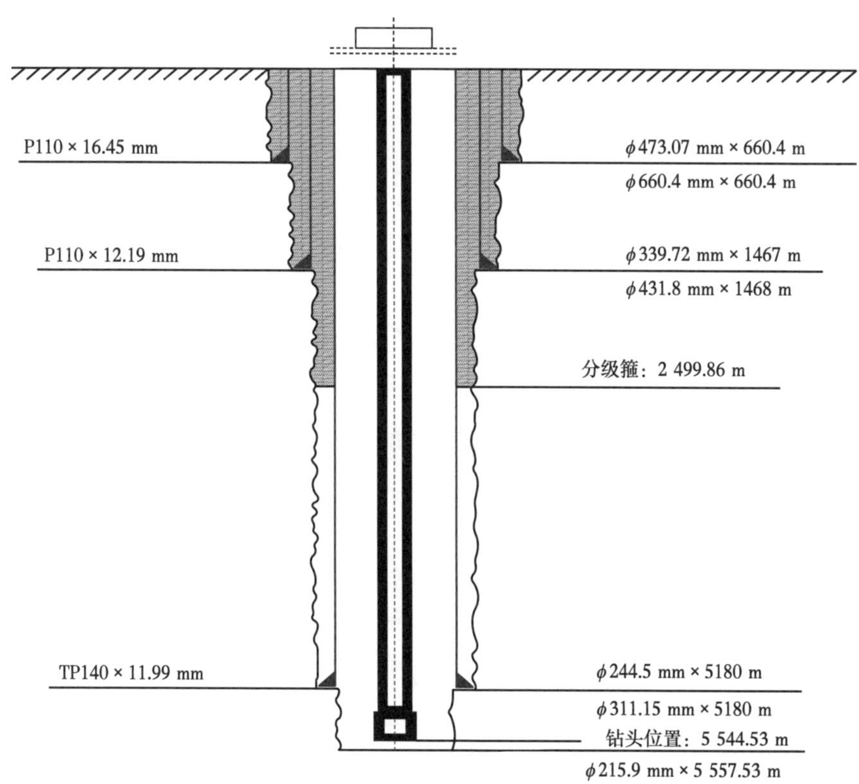

图 5-9　乔探 1 井实钻井身结构图

井口防喷器组合：控制头 +35-35×28-70 短节 +FH28-70/1 05+2FZ28-105（上下 5 in）+ FZ28-105（剪切全封）+FS28-105+TF18⅝ in×13⅜ in×9⅝ in×7 in-105。2019 年 2 月 19 日全套井控设备试压合格，旋转防喷器壳体于 2019 年 3 月 5 日试压合格。

二、事件经过

2019 年 3 月 7 日 3:29 乔探 1 井钻进至井深 5 557.53 m，扭矩由 8.9 kN·m 上升至 12.5 kN·m，立压由 18.1 MPa 上升至 19.6 MPa，悬重由 1779 kN 下降至 1684 kN，3:30 上提钻具过程中，发现出口流量上涨，同时发现液面上涨 0.5 m^3，未发现 H_2S，至 3:34 上提钻具至旋塞出转盘面，停泵，停顶驱，关上半封，立压为 7.7 MPa，套压由 0 MPa 上升至 19.52 MPa 再下降至 16.5 MPa 再上升至 25 MPa。未发现 H_2S。钻头位置为 5 544.53 m，关井后核实溢流总量为 11 m^3。

三、处理经过

乔探 1 井溢流适逢全国两会召开，油田启动井控突发事件应急预案，立即组织井控专家、机具、物资上井。3 月 7 日两台 2000 型压裂车和 1 台 2500 型压裂车组到井，连接上钻台和压井管汇管线，试压 50 MPa 合格。油田公司和勘探事业部负责人和技术专家陆续到井。讨论制定压井方案，3 月 8 日套压由 25.2 MPa 下降至 23.6 MPa 再上升至 25 MPa，准备密度为 2.15 g/cm^3 的压井液 280 m^3。

3 月 8 日 16:00—19:30 节流循环压井，压裂车泵入密度为 2.18 g/cm^3 的压井液 204 m^3，泵压为 8.4~34 MPa，排量为 0.2~1.5 m^3/min，套压由 24.3 MPa 上升至 35.9 MPa。泵入 114 m^3 压井液时，出口密度由 1.68 g/cm^3 逐渐下降至 1.09 g/cm^3，出口返出纯盐水，Ca^{2+} 浓度由 1400 mg/L 上升至 63 411 mg/L，Cl^- 浓度由 180 000 mg/L 上升至 220 856 mg/L，pH 值为 5，全烃含量为 14.86%，排放污染钻井液约 80 m^3。泵入 130 m^3 压井液时，缓冲罐出口发现 H_2S，含量由 23 mg/m^3 快速上升至 1000 mg/m^3（满量程），液气分离器出口点火不燃，立即关井，套压为 35.9 MPa。

3 月 9 日反推压井，反挤密度为 2.15 g/cm^3 的压井液 162 m^3，套压由 35.9 MPa 上升至 36.9 MPa 再下降至 3.4 MPa，立压为 0 MPa（钻具有浮阀）。装旋转控制头胶芯（套压由 3.4 MPa 上升至 6.2 MPa）。正注堵漏浆 21 m^3，浓度为 30%，配方为 1.68 井浆 + 4%KGD-1+6%KGD-2+6%KGD-3+2%KGD-4+4%SQD-98 中粗 +2%SQD-98 细 +2%TP-2+2%TYSD-1+2%TYFT-2，正顶压井液 49 m^3，密度为 2.20 g/cm^3，排量为 10~20 L/s，立压为 7~16 MPa，套压为 6.2~5.3 MPa，堵漏未成功。

3 月 12 日环空反推密度为 2.25 g/cm^3 的压井液 175 m^3，套压由 7.1 MPa 下降至 1.6 MPa，水眼正顶密度为 2.25 g/cm^3 的压井液 50 m^3，立压由 2.5 MPa 下降至 0 MPa。开节流阀排污 0.2 m^3，套压降为 0 MPa。正、反挤压井施工过程如图 5-10 所示。测卡点未成功，下放电缆至井深 5300 m 时，发现水眼开始冒钻井液，强起电缆，抢接旋塞。

3 月 13 日—14 日关井观察，准备密度为 2.25 g/cm^3 的压井液，间断向水眼及环空顶压井液，套压为 0 MPa，立压为 0 MPa。3 月 15 日敞井观察，钻具水眼和环空均未发现返液，溢流解除。

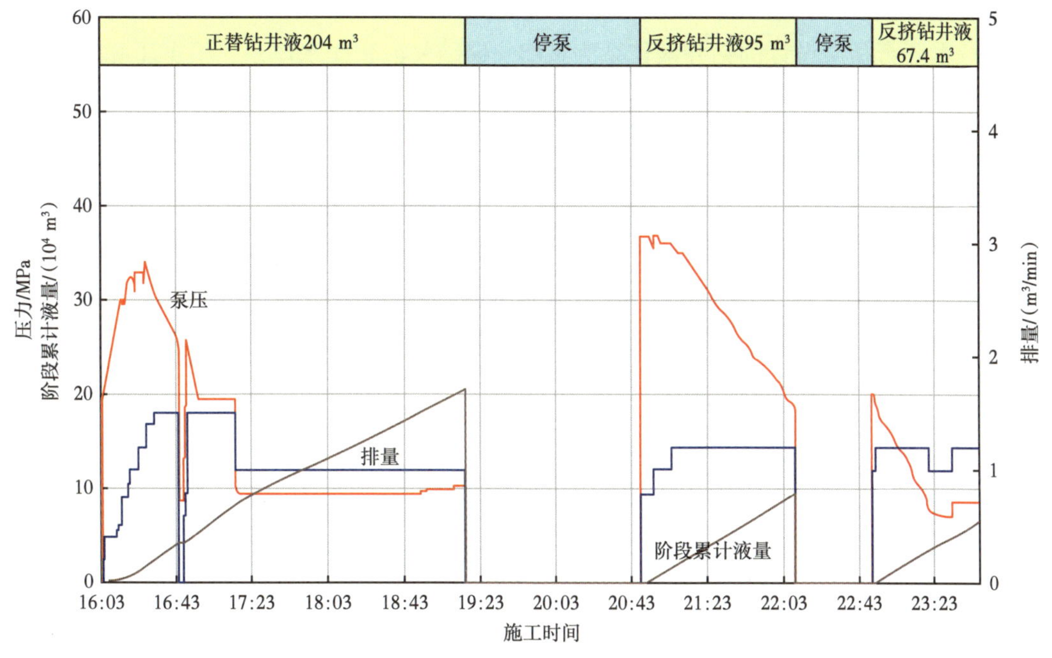

图 5-10　乔探 1 井压井施工曲线

四、原因分析

（1）根据溢流后关井套压，设计地层压力系数和钻井液密度远低于实钻地层压力系数，是造成本次溢流的直接原因。寒武系阿瓦塔格组和沙依里克组主要为膏盐层，其中盐间沙依里克组顶部为一套灰岩段，既可能发生井漏，也存在钻遇高压盐水层发生溢流的风险，钻进时钻井液密度为 1.68 g/cm^3，既要防漏，又要防高压盐水溢流，二者不能同时兼顾。地质设计中阿瓦塔格组地层压力系数为 1.92，沙依里克组地层压力系数为 1.73，设计四开井段钻井液密度为 1.55~2.1 g/cm^3。

（2）设计地层压力与钻井液密度和实际钻井液密度相差大，导致钻遇异常高压时，负压差较大，液柱整体上抬，溢流来势迅猛，造成关井套压高。

五、经验和教训

（1）新区块无相似的邻井资料作为对比，膏盐层钻进要选取合理的钻井液密度，防钻遇异常高压层发生溢流后关井压力过高。

（2）乔探 1 井裸眼段为 5 180.00~5 557.53 m，岩性为含泥灰岩、盐层、含盐泥岩和膏盐岩，钻遇井底高压盐水后，通过关井压力由 20 MPa 下降至 16 MPa 再上升至 25 MPa 变化现象判断，在关井压力上涨至 20 MPa 时，裸眼灰岩段可能发生漏失，出现地下井喷。节流循环压井时，密度为 2.15 g/cm^3 的压井液经钻头上返时，被盐水污染，地面表现为压井液上返时，套压不降反升，泵压不断下降，污染浆返出井口后，出口密度始终为 1.20 g/cm^3，施工终了泵压由 22.5 MPa 下降至 9.4 MPa，套压由 25 MPa 上升至 35 MPa。

（3）本开膏盐层设计的钻井液体系为 KCl—聚磺欠饱和盐水体系，根据压井时排出的盐水取样，Ca^{2+} 含量高达 64 000 mg/L，对钻井液造成严重污染，建议邻井钻膏盐层时使用抗钙性能好的钻井液体系。

（4）新区探井抓好 H_2S 防护。地质设计提示，塔中—巴楚地区寒武—奥陶系储层中 H_2S 含量普遍较高，没有对上部井段含 H_2S 风险进行预测和提示，乔探 1 井在寒武系沙依里克组高压盐水 H_2S 含量超过 1000 mg/m^3，需要完善上部井段 H_2S 风险识别。

（5）做到及时发现溢流及时关井，防止地层流体过多侵入井筒，便于后期压井处理。

第六章　含硫化氢溢流井处理

第一节　塔中 83 井溢流压井复杂及断钻具事故处理

一、事件经过

2006 年 7 月 5 日 3:04 塔中 83 井用密度为 1.07 g/cm^3 的钻井液钻进至 5 673.36 m，发现溢流 0.6 m^3，立即关井，立压由 0 MPa 上升至 7.8 MPa，套压由 0 MPa 上升至 10 MPa。

二、溢流压井及处理钻具事故情况

1. 溢流压井

从 7 月 5 日 11:30 开始节流压井，因液动节流阀失效和自动点火装置失效，暂停压井作业。停泵后记录立压为 0 MPa，套压由 10 MPa 上升至 16 MPa。12:35 改用手动节流阀，发现手动节流也打不开，此时检测到分离器排液口 H_2S 含量为 46 mg/m^3，立即关井。随后套压由 16 MPa 上升至 23.5 MPa，立压由 0 MPa 上升至 10 MPa，采油四通一顶丝发生刺漏，关闭下旋塞，操作人员佩戴正压式呼吸器进入井场，井场其余人员及营房人员及时撤离至安全区域。

15:00 操作人员佩戴正压式呼吸器紧采油四通顶丝，漏失停止。立压为 10 MPa，套压为 23.5 MPa，稳定。18:15 用密度为 1.17~1.20 g/cm^3 的钻井液 72 m^3（水眼及环空总容积 94 m^3），采用工程师法循环压井，立压为 8~11 MPa，套压由 23 MPa 下降至 26 MPa 再下降至 21 MPa 再下降至 11 MPa，分离器出口点火，焰高为 10~15 m，压井全程有 H_2S。地面压井钻井液用完，停泵立压为 2.5 MPa，套压为 11 MPa。关井观察。

19:25 井口吊卡突然弹开，方钻杆上弹 0.5 m，立压由 2.5 MPa 上升至 5 MPa，套压 11 MPa 未变，钻具原悬重为 1295 kN，坐吊卡悬重由 873 kN 下降至 226 kN，判断钻具氢脆落井。

7 月 5 日 21:30 根据井下出现高浓度 H_2S，危害较大现场及时决定采用压回法进行压井，把溢流直接压回地层。

第一次从 7 月 5 日 21:44 至 7 月 6 日 10:45，钻井液泵压回法间断压井，共挤 13 次，反循环压井管线试压 18 MPa，压井过程中地层吃入速度慢，泵压很快逼近 18 MPa，停泵等压力下降后再挤，反复 13 次，等压裂车。钻井液密度为 1.25~1.30 g/cm^3，排量为 0.22~0.33 m^3/min，井口压力控制在 8~16 MPa，累计泵入钻井液量为 72 m^3 时，井口压力下降到 0 MPa。

11:20 正循环节流排气，分离器出口点火，橘黄色火焰，焰高 5~8 m，立压由 0 MPa 上升至 2 MPa，套压为 0 MPa，振动筛有大片的铁锈返出。

19:00 关井观察，井口压力由 7.5 MPa 上升至 13.9 MPa，证明第一次间断压回法井失效。关井期间地面循环加重 1.22 g/cm^3 上升至 1.35 g/cm^3。

7 月 6 日 19:30 正循环节流排气，泵入密度为 1.35 g/cm^3 的钻井液 11 m^3，分离器出口点火，橘黄色火焰，焰高 15~18 m，井口压力由 13.9 MPa 下降至 6 MPa。22:30 用两台 70 MPa 压裂车采用压回法压井，反挤密度为 1.35 g/cm^3 的钻井液 108 m^3，井口压力由 6 MPa 上升至 19.8 MPa 再下降至 9.2 MPa，停泵后，观察立压为 0 MPa，套压为 0 MPa，溢流状况基本得到控制。

2. 打捞钻具

7 月 6 日 22:30 压井成功后开井起钻检查，落鱼长度为 5 022.40 m，理论鱼顶深度为 650.96 m。四次打捞，至 7 月 13 日，仍有落鱼 60.60 m。停止打捞，通井，完井测井，后填井侧钻。此次事故处理完毕。

复杂及事故共用时 8.46 天。

三、经验和教训

（1）发现溢流关井后根据关井立压测算的最低压井钻井液密度应为 1.22 g/cm^3，而在具体的压井施工中，由于塔中下部钻进的地层为奥陶系灰岩地层，根据邻井经验，密度过高，可能在压井过程中出现大的井漏，所以前两次的工程师法压井采用了密度为 1.17 g/cm^3 的无固相钻井液压井，密度不能满足井下压井需要。

（2）由于本井三开后采用的钻井液体系为无固相钻井液体系，而原二开的低固相钻井液及储备的 200 m^3 重钻井液占用了循环罐及储备罐的 2/3 容积，与在用的井内钻井液不能混用，造成压井液配备量仅约 100 m^3。第一次用工程师法压井，由于井控装备的因素，压入 21 m^3 压井液后中途停止，泵入井内的压井液被污染，第二次压井后期，压井液不足，造成前两次的正循环工程师法压井失败。

（3）井控装备安装及试压质量差，第一次的工程师法压井中，相继出现了电动节流控制箱电动泵打不起压力、液动节流阀开关状态不清楚、手动节流阀不能及时打开等问题，延误了正常压井时间。

（4）对本区块存在高浓度 H_2S 的危害认识不清，没有及时采用压加回法把 H_2S 压回地层，在地面监测到 H_2S 含量为 46 mg/m^3，而在井下实际浓度更高的情况下造成钻具出现严重的腐蚀现象，井下钻具提前损坏，造成严重的钻具事故。

第二节　金跃 402 井钻具氢脆井控险情

一、基本情况

金跃 402 井是油田公司部署在哈拉哈塘鼻状构造南翼的一口评价井，目的层是奥陶系一间房组和鹰山组。2014 年 6 月 25 日 12:08 三开钻井至井深 7 070.23 m 时发生溢流关井，13:03—13:30 套压由 0 MPa 上升至 28 MPa，立压为 0 MPa（钻具内有浮阀，关下旋塞）。压回法施工套压最高为 46 MPa，压力不降。水眼憋压 45 MPa 不降。

6 月 27 日至 7 月 3 日套管测试，4 mm 油嘴，油压由 42.26 MPa 下降至 35.5 MPa，累计产油 1170 t，产气 105 794 m^3。7 月 2 日 23:00 地面队取样口监测到 H_2S 含量为 5~15 mg/m^3。7 月 3 日 21:10 钻具从井深 271 m 处发生氢脆，上顶约 2 m，钻具上的控制头断裂，油气从水眼喷出至约二层台，发生井控险情，油田启动一级应急预案。险情发生后，钻井队抢关全封闸板，没有剪断钻具，打开两侧放喷管线，水眼喷出高度降至 7 m 时，抢关下旋塞成功，21:55 井口处于可控。

7 月 4 日采用压回法压井，施工泵压由 0 MPa 上升至 56 MPa 再下降至 30 MPa，停泵时压力降至 0 MPa，测环空液面深度为 243~251 m。共计泵入压井液 129 m^3，其中密度为 1.80 g/cm^3 的压井液 65 m^3、密度为 1.50 g/cm^3 的压井液 60 m^3、密度为 1.25 g/cm^3 的压井液 4 m^3。

1. 各开次完钻情况

一开时间为 2014 年 4 月 6 日 0:00，设计井深为 1500 m，实际井深为 1 508.88 m，一开完钻时间为 2014 年 4 月 9 日 0:00。

二开时间为 2014 年 4 月 13 日 12:00，设计井深为 7065 m，实际井深为 7036 m，二开完钻时间为 2014 年 5 月 31 日 03:30。

三开时间为 2014 年 6 月 20 日 14:00，险情发生时井深为 7 070.23 m。

2. 井身结构

井身结构数据见表 6-1。

表 6-1　井身结构数据

开次	钻头		套管			
	规格 /mm	钻深 /m	规格 /mm	钢级	壁厚 /mm	下入井段 /m
1	406.40	1 508.88	273.05	M65	11.43	0~1 508.88
2	241.30	7 036.00	200.03	P110S	10.92	0~7 034.45
3	171.45	7 070.23	裸眼			

3. 井口组合及试压情况

井口组合（自下而上）：套管头（TF10¾ in×7⅞ in-70）+ 油管四通（28-105 上部 ×28-70 下部）+ 变径变压法兰（35-70×28-105）+ 单闸（全封）+ 双闸（上下 4 in 半封）+ 环形。

三开井口于 2014 年 6 月 15 日现场试压。环形试压为 24.5 MPa，4 in 上下半封闸板试压为 70 MPa，全封试压为 70 MPa，节流、压井管汇试压为 70 MPa，放喷管线试压为 10 MPa，BT 密封试压为 40 MPa，套管头主密封试压为 40 MPa，均稳压合格。

4. 钻具结构

171.45 mm M1365D+330×NC38+5 in 钻铤 ×9 根 +NC38×NC40+4 in 加重钻杆 ×15 根 + NC40×HT40+4 in 钻杆 ×3 根 +4 in 浮阀 ×6812 m+4 in 钻杆 ×81 根 +4 in 浮阀 ×6066 m+4 in 钻杆 ×631 根 +4 in 方保接头 +4 in 下旋塞 +NC38×HT40+ 控制头（1502）。

5. 套管参数

技术套管为 7⅞ in P110S×10.92 mm×7 034.45 m，套管抗内压强度为 72.5 MPa。其中 7⅞ in TP110S×10.92 mm×4 380.23 m，7⅞ in P110S×10.92 mm×（4 380.23~7 033.75 m），浮箍下深为 6 924.3 m，短套管 1 下深为 6 367.6 m，短套管 2 下深为 3 046.55 m，变扣接头为 4 383.75 m。单级固井，正注反挤，正注密度为 1.35 g/cm^3 的领浆 12 m^3，密度为 1.88 g/cm^3 的尾浆 45 m^3，正注环空井段为 7036~4800 m，反挤密度为 1.35 g/cm^3 的钻井液 103 m^3，正注井段为 0~4800 m。

二、险情发生经过

2014 年 6 月 25 日 8:00—8:30 扩眼至井深 7063 m，取心井段为 7055~7063 m，12:08 钻进至井深 7 070.23 m，坐岗工发现溢流 0.5 m^3，录井显示全烃值由 0.44% 上升至 0.70%，通知司钻，溢流发生时参数变化情况如图 6-1 所示，立即关井，12:12 关井成功，罐面总共上涨 2 m^3。12:15 读取关井立压为 0 MPa（钻具带浮阀，关下旋塞）、套压为 0 MPa。向金跃项目组、勘探公司、井控专家汇报。13:02 关井，关井套压为 0 MPa，13:04—13:06 套压由 0 MPa 上升至 18 MPa，13:07 套压为 25 MPa，13:10 套压为 27 MPa，13:34 套压为 28 MPa。准备密度为 1.40 g/cm^3 的钻井液，采用压回法压井。

三、处理经过

6 月 26 日 1:20 关井观察，套压为 28 MPa，立压为 0 MPa（钻具带浮阀，关方钻杆下旋塞）。配密度为 1.40 g/cm^3 的压井液 200 m^3。2:35 连接泵车反挤管线，试压为 50 MPa，稳压 15 min，反挤密度为 1.40 g/cm^3 压井液 1.1 m^3，套压由 26.5 MPa 上升至 40 MPa。观察至 4:20，套压稳定。由于关闭下旋塞，无法观察立压。

4:05 连接泵车正挤管线并试压合格，打平衡压 10 MPa，开下旋塞，压力降至 0 MPa。正挤 3.7 m^3 时开始起压，泵入 4.2 m^3 时压力升至 40 MPa，压力不降。

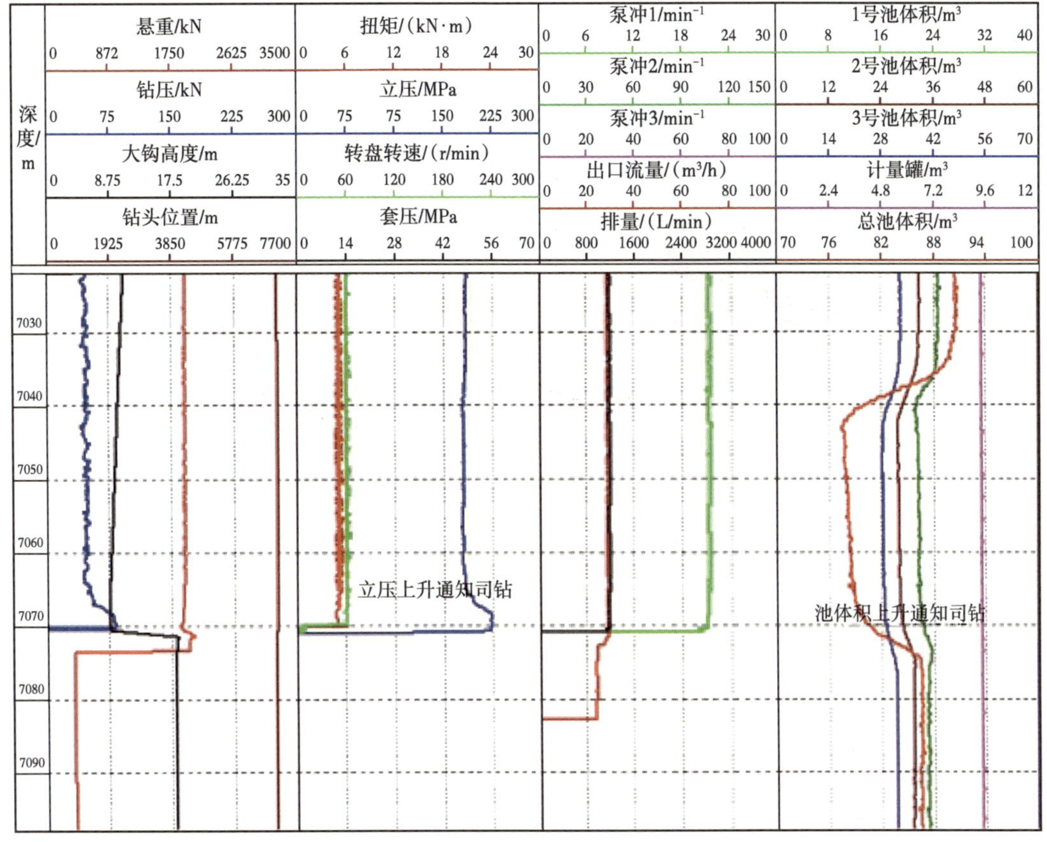

图 6-1　溢流发生时录井截图

4:54 放套压至 24 MPa，返出约 1.1 m^3 压井液。立压由 40 MPa 下降至 36 MPa，点火筒点火未燃。5:40 套压涨至 28 MPa，立压涨至 36.5 MPa。8:20 水眼泵入 0.6 m^3 压井液，立压由 36 MPa 上升至 45 MPa，套压为 28 MPa 不变。

9:00 观察，套压为 28 MPa，立压为 45 MPa。卸水眼压力至 42 MPa。10:50 泵车反挤管线试压 60 MPa 合格。11:20 反挤密度为 1.40 g/cm^3 压井液 1.5 m^3，节流管汇处套压由 28 MPa 上升至 46 MPa，期间立压为 42 MPa 不变。12:00 放套压至 28 MPa，返出约 1.5 m^3 压井液，点火筒点火未然。立压为 42 MPa 不变。21:00 分多次泄立压至 0 MPa，共计排液 0.9 m^3，套压为 28 MPa 未变。

6 月 27 日连接好地面流程，试压合格。8:00—11:10 套管试采，返出钻井液密度由 1.16 g/cm^3 下降至 1.13 g/cm^3 再下降至 1.09 g/cm^3，黏度稳定在约 40 mPa·s。管内补压 11 MPa，套压由 28 MPa 下降至 20 MPa 上升至 27 MPa。

11:15 出口间断出气，气量增大，倒流程。12:00，6 mm 油嘴套压为 28 MPa，立压由 11 MPa 上升至 15 MPa，累计排液 72.9 m^3，回收部分钻井液，出口密度降至 1.09 g/cm^3 时返出钻井液排入沉砂池。倒流程关井期间套压由 27 MPa 上升至 36 MPa，立压由 15 MPa

上升至 16 MPa。

13:00 套管测试，6 mm 油嘴套压为 29 MPa，累计排液 86.9 m^3，排气管点火（图 6-2）。

图 6-2　套管测试点火图

18:00 套管测试，6 mm 油嘴套压为 31.5 MPa，排液为 126.4 m^3，原油含水量降至 0%，无 H_2S。期间水眼泵入钻井液 0.2 m^3，压力由 17 MPa 上升至 34 MPa，观察 5 min 压力不降，卸压至 11 MPa，返出钻井液约 0.3 m^3。

7 月 3 日 21:10 用 4 mm 油嘴测试，套压由 28 MPa 上升至 41.26 MPa 再下降至 35.5 MPa，立压由 11 MPa 上升至 14 MPa。累计产油为 1 169.93 t，产气为 105 794 m^3，含水量为 0%。油密度为 0.819 3 g/cm^3（20 ℃），0.797 7 g/cm^3（50 ℃）。7 月 2 日 23:00 地面队分离器取样口监测到 H_2S 含量为 5~15 mg/m^3。

7 月 3 日 21:10 钻具在井深 271 m 处氢脆，井口钻具上弹（顶）1.5 m，钻具上端的控制头断裂，油气从水眼喷出，喷高至二层台。控制头阀门飞落至压井管汇处。固定钻具的 5 根 ⅞ in 钢丝绳有 4 根拉断、1 根固定的液压猫头拉倒，如图 6-3 至图 6-5 所示。

图 6-3　险情前的井口固定

图 6-4　钻台拉断的钢丝绳

图 6-5　钻台固定用的液压猫头

21:15 喷势较大，人员无法靠近抢关下旋塞，关闭剪切全封闸板，液控压力为 21 MPa，未能剪断钻具。

21:45 再次试关剪切全封闸板，管汇压力逐步打至 30 MPa，未能关闭全封闸板。

21:50 打开两边的放喷管线放喷。管内喷势减小，喷出流体高度距钻台面约 7 m。由于测试队管口有火种，主放喷管线点火成功。

21:55 关闭环形，井队书记带领带班队长、安全员、副司钻等四人佩戴正压式呼吸器抢关下旋塞成功，套压由 0.6 MPa 下降至 0.2 MPa。

井控险情发生后，井队平台经理向塔北勘探开发项目部报告，同意关闭剪切全封。打开两边放喷管线，喷势减小后，组织人员抢关下旋塞成功，井口处于可控状态。管内控制后，工人重新固定绷绳如图 6-6 所示。

图 6-6　工人重新固定绷绳

溢流险情发生后，油田公司立即启动一级应急预案。7 月 4 日油田主管副总经理到井，制定压井方案，组织压裂车、消防车等设备器具。压井方案为：

（1）钻井液准备：密度为 1.80 g/cm^3 的重浆 90 m^3，密度为 1.50 g/cm^3 的钻井液 160 m^3，密度为 1.25 g/cm^3 的钻井液 120 m^3。

（2）压裂车准备：2500 型压裂车 3 台，仪表车 1 台，高压管汇车 1 台，供液车 1 台，交通车 1 台。

（3）施工步骤如下。

①井口再接一只下旋塞并固定井口钻具。

②连接压裂车供液管线，连接压裂车与压 5 的地面管线并试压 70 MPa，稳压 15 min 合格。

③关闭节 9、节 10 及压 3，求并记录套压。

④先用 0.5 m^3/min 排量泵入密度为 1.80 g/cm^3 的重浆，启泵压力不超过 55 MPa，控制最高套压不超过 55 MPa，逐步提高排量至 2 m^3/min，累计泵入 60 m^3（如果启泵压力较低，适当减少密度为 1.80 g/cm^3 重浆的泵入量）。

⑤根据套压情况，泵入密度为 1.50 g/cm^3 的钻井液 56 m^3。

⑥停泵，监测环空液面位置。

⑦根据液面高度计算地层压力，确定泵入密度为 1.50 g/cm^3 或 1.25 g/cm^3 的钻井液。

⑧如果液面在 500 m 左右，压井施工完成。如果液面在 1000 m 以下，环空灌入密度为 1.25 g/cm^3 的钻井液。

7 月 4 日 08:00—11:11 地面连接压裂车管线，并试压合格。配置压井液，密度为 1.80 g/cm^3 的压井液 90 m^3；密度为 1.50 g/cm^3 的压井液 160 m^3，密度为 1.25 g/cm^3 的压井液 120 m^3。井口下 4 in 下旋塞关闭。同时用 8 根 ⅞ in 钢丝绳拉紧固定井口钻具，如图 6-7 所示。

⑨压井施工：11:11 压裂车地面管线试压 70 MPa 合格。打开压 4，压裂车供液，喷口喷出钻井液，关闭节 9、节 10 和压 3。

11:31 环空反挤密度为 1.80 g/cm^3 的压井液 14.7 m^3，压力为 0.2~0.4 MPa，排量为 0.5~2.1 m^3/min。

11:33 井队供液不足，停泵，套压为 0 MPa。

11:40 压裂车反挤，排量为 2 m^3/min，泵压为 0.16 MPa，启动钻井液泵同时反挤，泵入密度为 1.25 g/cm^3 的压井液 4 m^3。

11:45 压裂车反挤，排量为 1 m^3/min，钻井液泵排量为 0.8 m^3/min，压力为 8 MPa，入口钻井液密度为 1.50 g/cm^3。

11:47 泵压为 30 MPa，累计泵入压裂液 30 m^3。

11:50 泵压为 41 MPa，排量为 1 m^3/min。

11:51 套压为 46 MPa，排量为 1 m^3/min。压井液密度为 1.80 g/cm^3。

图 6-7　重新紧固后的井口

11:52 套压为 50 MPa，排量为 0.5 m^3/min。

11:55 套压为 54 MPa，排量为 0.5 m^3/min。

11:57 套压为 55 MPa，排量为 0.5 m^3/min。通过望远镜观察井口泵绳受力。

12:00 套压为 56 MPa。

12:05 套压为 55 MPa，排量为 0.5 m^3/min。

12:15 套压为 55 MPa。压井液密度为 1.80 g/cm^3。

12:45 套压为 50.5 MPa，泵入压裂液 60 m^3。

12:49 套压为 48 MPa，泵入压裂液 63 m^3。

12:57 套压为 48 MPa，泵入压裂液 66 m^3。

13:05 套压为 48 MPa，提高排量。

13:30 套压为 40 MPa，提高排量至 1.6 m^3/min，泵入压裂液 100 m^3。

13:40 套压为 34 MPa，压裂车排量 1.6 m^3/min，泵入压裂液 119 m^3。

13:50 套压为 30 MPa，停泵。累计泵入密度为 1.80 g/cm^3 的压井液 65 m^3，密度为 1.25 g/cm^3 的压裂液 4 m^3，密度为 1.50 g/cm^3 的压裂液 60 m^3，合计 129 m^3。

13:52 套压降至 0 MPa，监测液面高度由 234 m 下降至 251 m。

反挤压井施工过程如图 6-8 所示。

7 月 4 日 19:00 开井，上起钻具，悬重为 220 kN（原悬重为 1940 kN），起甩 4 in 钻杆 2 根，第 2 根内螺纹接头下 1.15 m 处夹扁变形，钻杆长度为 9.56 m。23:00 起出钻具 264.19 m，井下落鱼深度为 6 798.43 m，鱼顶井深为 271.8 m。钻杆自距内螺纹 6.12 m 处氢脆，钻杆长度为 9.47 m（图 6-9）。转入事故处理。

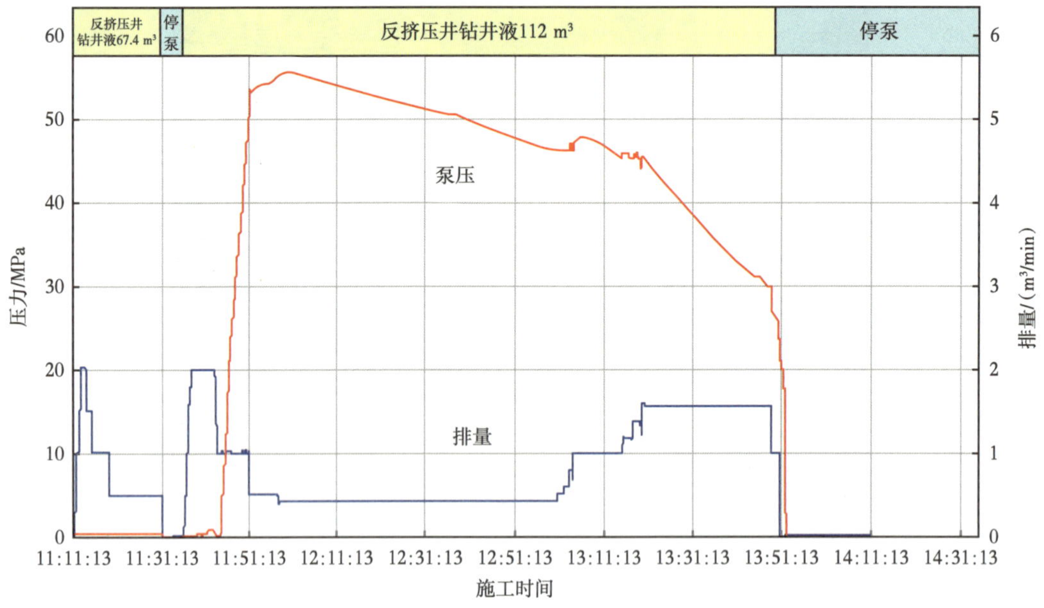

图 6-8　反挤压井施工曲线图

图 6-9　起出的氢脆钻具（氢脆点距钻杆内螺纹接头 6.12 m）

四、原因分析

（1）溢流原因：根据溢流关井后套压 28 MPa 分析，钻遇异常压力储层是导致溢流的根本原因。套管测试返出钻井液 73 m^3，见油花和天然气，钻井液密度由 1.16 g/cm^3 下降至 1.09 g/cm^3，表明溢流物在井底。6 月 27 日套管测试，4 mm 油嘴，油压为 42.26 MPa，产油量为 7 m^3/h，日产气为 16 960 m^3，相对金跃地区其他试采井，金跃 402 井是一口高压高产井。

（2）不能建立循环的原因：6 月 25 日溢流关井后，第 2 次水眼憋压 45 MPa 不降，套压为 28 MPa 不变，当时判断水眼堵塞。井下的两个浮阀之一的阀板脱落，堵塞水眼。7 月 8 日倒扣起钻完，两个浮阀阀板没有脱落，证明不是浮阀导致水眼堵塞。目前有钻头和两根钻铤没有捞出，不能判断是否钻头水眼堵塞。同时不排除井筒周围高压流体突然涌入井筒，造成井壁垮塌，环空堵塞，不能建立循环。

（3）压回法压井失败：反挤最高套压为 46 MPa，压力不降，分析是地层破碎，高压流体涌入井筒时井壁垮塌，导致裸眼段堵塞。取心井段 7055~7063 m 地层破碎（取心收获率 5%）。另外可能的原因是溢流层位能量充足，有定容特征（产油为 1 169.93 t，产气量为 105 794 m^3，油压由 42.26 MPa 上升至 35.5 MPa）。液体不具有压缩性，导致压回法施工泵压高。

（4）钻具氢脆控制头失效原因：7 月 2 日 23:00 地面队取样口监测到 H_2S 含量为 5~15 mg/m^3，7 月 3 日 21:10 井内 4 in 钻杆自井深 264 m 处氢脆。低浓度 H_2S 对钻具的氢脆破坏是造成管内短暂失控的主要原因。在套管测试期间，井口钻具用 5 根 ⅞ in 钢丝绳固定，但固定角度和松紧度不够，不能起到防止钻具上（弹）顶的作用，是管内失控的次要原因。

五、经验和教训

（1）金跃 402 井 6 月 25 日溢流压回法压井，第 1 次环空泵入压井液 1.1 m^3，套压由 28 MPa 上升至 40 MPa 不降，泄压至 24 MPa，约 50 min 后，套压涨至 28 MPa。第 2 次环空挤入压井液 1.5 m^3，井口套压由 28 MPa 上升至 46 MPa，泄压至 28 MPa，返出压井液约 1.5 m^3。分析认为是定容储集体，造成挤压井困难，采用套管环空试采的方法泄压，能很快降低地层压力。但金跃 402 井是塔北项目部成立 4 年多来碰到的第一口原始地层压力系数大于 1.50 的井，套管试采时日产原油 201 t。该井特点表明，由于碳酸盐岩储层非均质强，储层连通预测难度大，在已开发地区，仍存在钻遇异常压力储层的可能。

（2）《金跃 402 井钻井工程设计》三开单闸板安装剪切全封一体封心，实际现场安装全封封心，在远控房、井口挂牌剪切全封。在更换封心、油气层验收、溢流压井时都没有发现，直到管内井喷，关闭单闸板不能剪断钻具，经过工程技术部查证，才确认安装的不是剪切全封，而是全封封心。管内失控后，从 21:15—21:45 分别利用 21 MPa 和 30 MPa 的管汇压力试图剪断钻具，没有成功，随后打开两侧放喷管线放喷，关闭下旋塞，使险情处于可控状态。如何保证车间送料、现场安装严格执行设计，及早发现违反设计的行为，是需要深刻吸取教训的。

（3）现场应急预案准备不充分。该井在套管试采时，制定了钻具氢脆、上弹的风险，采取措施是用 5 根绷绳固定井口钻具。但绷绳固定的角度和绷紧程度都没有标准，仅凭个人经验。金跃 402 井钻具氢脆后钻具上顶约 2 m，4 根绷绳拉断，1 根固定点失效，证明绷绳没有起到固定、防止钻具上弹的作用，结果造成钻具上弹（顶）过程中控制头断裂，管内失控。今后绷绳固定钻具需要考虑角度和绷紧度。

（4）重视低浓度 H_2S 对钻杆的氢脆破坏。金跃地区储层流体 H_2S 含量低，如《金跃402井钻井地质设计》9.5有毒有害气体：本区金跃1井、金跃2井、金跃4井目前暂无 H_2S，但由于碳酸盐岩油藏非均质性极强，H_2S 含量变化大，不排除局部地区异常高含 H_2S 的可能性。7月2日23:00地面队取样口监测到 H_2S 含量为5~15 mg/m^3，7月3日21:00钻具氢脆，钻具上顶造成井控险情。

（5）事发后，现场及时果断处置，方法正确，没有导致井喷失控，没有人员受伤，受到油田公司领导肯定。该井井控险情发生后，现场及时与井控专家汇报沟通，在剪断钻具失败时，及时打开两侧放喷管线，待井口喷势减小时，组织人员关闭下旋塞，使井喷转变为可控状态。

（6）油田预案启动迅速、有效。油田领导及生产运行处长、安全环保处长、勘探开发部副主任等第一时间赶到现场，组织指挥压井工作，压井方法正确，施工顺利，一次性压井成功。

（7）重钻井液准备充分，缩短了险情后压井准备时间。金跃402井在试采时储备了密度为1.70 g/cm^3 和1.50 g/cm^3 的钻井液，使险情发生14 h后，井场已有的压井液满足了压井要求。该井的重浆储备表明时刻保证重钻井液储备十分重要。

（8）快速完井方法值得推广，但应完善快速完井采油工艺，优化钻具组合及防硫措施。该井是塔北实施的第1口套管试采井，钻杆准备、风险识别、井口带压操作等方面准备不足、论证不充分。新的工艺措施须专家讨论、研究确定。

（9）大型压裂车压井时钻井队供浆泵及供浆管线存在问题，导致压井不连续，今后由专业化队伍提供。本井压井施工，由于供液不足，排量受限，中途停泵2 min，不利于连续施工。

（10）充分利用地层的压力漏斗，在关闭放喷通道的同时，启动压裂车向井内连续泵入高密度压井液，有效降低了压井施工最高泵压。本井在险情发生后，主副放喷管线同时放喷，节流管汇处压力为0.2 MPa，在关闭放喷通道，向井内泵入压井液时，井内压力处于恢复阶段，此时连续、大排量泵入高密度压井液，有效降低了后续施工泵压，泵入30 min时，泵压由0 MPa上升至1.8 MPa。

（11）压井施工开始时，由于压力漏斗和环空气体较多，施工泵压低，随着气体压缩和地层压力恢复，施工泵压逐渐上升。金跃402井泵入约30 m^3 压井液时，施工泵压一直很低，但在11:45—11:57，泵入约10 m^3 压井液，施工泵压由8 MPa上升至55 MPa。

（12）台盆区碳酸盐岩也可能存在异常高压高产地层，该井一间房组压力系数超过1.50（通常为1.10~1.15），产量是邻井的2倍多（日产原油201 t），因此高度重视和优化单井钻井工程设计和应急预案。

（13）特殊作业井，塔北项目部分管领导要在前线值班、盯防。

（14）特殊作业井管内需要双保险，如井口安装两个旋塞。

（15）建议开展室内试验，验证利用半封阻止钻具上顶，多大的上顶力会导致半封失效。金跃 402 井钻具自 264 m 氢脆后，钻具悬重由 1940 kN 下降至 220 kN，钻具上顶，此时井口绷绳全部失效，计算第 1 根钻杆外螺纹加厚部分上移至上半封处（第 2 根钻杆夹扁中点距内螺纹接头 1.25 m，钻杆外螺纹接头 0.23 m 和过渡带 0.14 m，上半封与全封间距 1.6 m），是上半封阻止了钻具的继续上移。在后续的压井作业中，施工泵压达到 56 MPa，通过观察绷绳，判断钻具略微上移，计算作用于 4 in 钻杆的上顶力为 454 kN。为今后类似井的处理安全，应开展实验，求取半封阻止斜坡钻杆上顶的可靠性。

（16）开展井口绷绳固定角度和绷紧力的试验。金跃 402 井套管试采时，井口 5 根钢丝绳固定，但角度大，松紧不一，在钻具氢脆、瞬间上顶时，4 根拉断，1 根锚固点失效，表明绷绳没有起到固定钻具、防止钻具上顶的作用。建议开展绷绳固定角度和松紧度的试验，以利用今后高压井（含 H_2S 井）处理中的钻具有效固定。

第三节 中古 503-H1 井溢流及钻具氢脆处理

一、事件经过

2015 年 4 月 4 日中古 503-H1 井控压定向钻进至井深 6177 m，控制套压为 0.4~4.5 MPa，钻时突然由 17 min/m 下降至 5 min/m，钻压突然由 39 kN 下降至 9.8 kN，将钻具坐在吊卡上进行节流循环，出口 H_2S 含量由 0 mg/m^3 上升至 960 mg/m^3 再下降至 8 mg/m^3，分离器出口点火燃，焰高为 3~8 m，方钻杆上窜。关井观察，钻具内有浮阀，立压为 0 MPa，套压由 2.3 MPa 上升至 8.6 MPa。用压回法压井成功。起钻发现钻具从 1 153.35 m 以下落井。氢脆钻具断口如图 6-10 所示。

（a）断口1

（b）断口2

图 6-10 氢脆钻具断口

二、原因分析

钻遇奥陶系缝洞发育储层，发生井漏，油气置换导致溢流。后又采用长时间节流循环和控压钻井工艺，地层含硫油气不断侵入井筒，造成钻具氢脆断裂。

三、预防措施

碳酸盐岩高含硫油气藏钻井不允许欠平衡钻井，要保持微过平衡。

（1）欠平衡作业要严格执行 Q/SY 1115—2014《含硫油气井钻井作业规程》及 Q/SY 02552—2022《钻井井控技术规范》。含 H_2S 的井，不得进行欠平衡钻井作业。

（2）控压钻井作业要严格执行 Q/SY 02630—2019《控压钻井作业规程》要求。实施控压钻井作业期间，钻井液循环应进入气液分离器进行脱气处理，并在出口进行 H_2S 监测，出口监测无 H_2S，钻井液 pH 值不低于 11，才能钻进。否则，必须采取应对措施。

（3）含 H_2S 地层实施控压钻井作业期间，出现放空、失返、大漏（漏速大于 10 m^3/h）时，应立即上提钻具停泵关井观察，监测环空液面，测漏速，严禁循环，以防将含 H_2S 的油气带入上部井筒。采取适当反推、注凝胶段塞、投球堵漏等综合措施，控制在微漏状态下（漏速小于 10 m^3/h），将钻具起至套管鞋以上 10~20 m，方可循环压井（适当过平衡），恢复钻进。

（4）控压钻井期间，套压达到 5 MPa，井内压力失衡时应停止控压钻进，关井并按溢流汇报程序汇报，确定压井方案，准备到位后，节流循环（漏速小于 10 m^3/h 状态下）恢复井内压力平衡才能继续控压钻进。

（5）目的层钻开后经过反复投球等综合堵漏措施仍难以恢复井筒压力平衡的井，应考虑不再继续钻进，就地完井。

第四节　中古 433-H2 井缝洞储层溢流处理不当导致高套压险情

一、基本情况

中古 433-H2 井是一口开发水平井，位于塔中隆起北斜坡塔中 1 号气田中古 43 井区构造，溢流层位为奥陶系良里塔格组，溢流井深为 5 433.68 m，钻井液密度为 1.18 g/cm^3。

二、发生经过

2015 年 5 月 6 日中古 433-H2 井三开定向钻进至 5 372.26 m，发现溢流 0.8 m^3 立即关井，关井套压为 7.5 MPa，立压为 4 MPa。用密度为 1.18 g/cm^3 的钻井液节流循环排污。

控压钻进，井段为 5 372.26~5 373.68 m，进尺为 1.42 m，套压由 2.7 MPa 上升至 5 MPa，

停钻关井，套压为 7.2 MPa。节流循环排污期间 H_2S 含量为 0~78 mg/m^3，反挤密度为 1.18 g/cm^3 的压井液 26 m^3 和密度为 1.48 的压井液 5 m^3，停泵套压为 4.1 MPa，起钻至套管鞋内。继续节流循环调整压钻井液密度由 1.18 g/cm^3 上升至 1.22 g/cm^3 再上升至 1.25 g/cm^3，发生井漏，吊灌起钻至 3000 m，套压由 0 MPa 上升至 0.5 MPa 再上升至 1.5 MPa，打入密度为 1.48 g/cm^3 的重浆，水眼液面深度为 166~500 m，环空液面为 44~184 m，起钻完。

（1）堵漏施工：下铣齿接头 + 光钻杆堵漏钻具组合至 4907 m，堵漏两次。选择密度为 1.27 g/cm^3 的井浆建立循环，循环液面稳定，进出口密度一致，套压由 2 MPa 下降至 0.5 MPa，停泵套压由 0.5 MPa 上升至 2.1 MPa，打重浆帽控压起钻换定向钻具结构组合。

（2）控压钻井：钻井液密度为 1.27 g/cm^3，5 月 17 日钻至井深 5 376.97 m，进尺为 3.29 m，套压由 2.7 MPa 上升至 5.2 MPa，停钻节流循环，套压由 5.2 MPa 上升至 11.3 MPa 再下降至 9.9 MPa，出口见纯气柱，出口检测 H_2S 含量为 56~309 mg/m^3，立即关井反推密度为 1.27 g/cm^3 的井浆 80 m^3 和密度为 1.50 g/cm^3 的重稠浆 8 m^3，套压由 4.1 MPa 上升至 10 MPa 再下降至 1.7 MPa。

（3）定向强钻：由于节流循环控压钻进，不能抑制 H_2S 侵入井筒，作业风险高，为实现该井钻探目的，决定利用旋转控制头关井强钻，套压控制小于 5 MPa，钻井液密度为 1.22~1.27 g/cm^3，除硫剂不低于 5%，pH 值不低于 12。

5 月 17 日—5 月 21 日定向强钻进尺 56.71 m，井段为 5 376.97~5 433.68 m。强钻结束目的层累计漏失钻井液 1791 m^3，套压由 4.1 MPa 上升至 8.3 MPa，地层圈闭压力不断升高，套压控制不能满足在 5 MPa 以内，继续强钻风险大、困难多，并且定向工具及螺杆使用到后期，设计 A 点地质钻探目的也基本实现，决定起钻。

环空反推密度为 1.50 g/cm^3 的重浆 23 m^3，钻井液密度调整为 1.40 g/cm^3 节流循环排气，套压由 6.8 MPa 上升至 20 MPa 再下降至 13.5 MPa，出口 H_2S 含量监测由 0 mg/m^3 上升至 17 mg/m^3 再上升至 67 mg/m^3 再下降至 0 mg/m^3。决定密度调整为 1.62 g/cm^3 节流循环压稳起钻。节流循环替浆期间，泵入 84.6 m^3，返出 60.4 m^3，井口失返。

（4）高套压发生：由于井漏失返，下钻分段循环降比重，循环深度为 4 706.39 m，钻井液密度由 1.62 g/cm^3 下降至 1.56 g/cm^3，节流循环均匀，停泵后套压为 2.2 MPa。5 月 27 日下钻至 5 175.79 m，节流循环钻井液密度由 1.56 g/cm^3 时下降至 1.54 g/cm^3（密度为 1.56 g/cm^3 时节流循环漏速大于 10 m^3/h），停泵后套压为 2.4 MPa。全裸眼正注密度为 1.80 g/cm^3 的高黏凝胶浆 10 m^3，下钻至 5 426.1 m 节流循环，套压由 2.8 MPa 上升至 17 MPa，关井反推密度为 1.80 g/cm^3 的重浆 20 m^3、井浆 10 m^3，套压由 19.7 MPa 下降至 0 MPa。5 月 28 日起钻至井深 5 175.38 m，关井观察，套压由 0 MPa 上升至 3.1 MPa，控压下钻至 5 291.67 m，至 5 月 30 日节流循环，停泵套压为 2.8 MPa。下钻至 5 377.98 m 节流循环，由于未能及时关井，套压由 5.6 MPa 上升至 17.6 MPa，导致套压上涨至 48 MPa。

三、处理过程

（1）反挤压井：压裂车反挤密度为 1.80 g/cm^3 的重浆 56.6 m^3，密度为 1.54 g/cm^3 的钻井液 15.3 m^3，套压由 48 MPa 下降至 0 MPa。

（2）钻具氢脆断裂落井情况为：5 月 31 日反推压井套压降为 0 MPa，正挤密度为 1.80 g/cm^3 的重浆 20 m^3，起钻至 5146.58 m，关井观察，地面钻井液提密度至 1.80 g/m^3，接场地单根配立柱准备替换井筒内上部 2000 m 钻具。发生钻具氢脆断裂落井，起出钻具 589.96 m，落鱼长度为 4 557.82 m，理论鱼顶深度为 875.86 m。6 月 2 日 10:30 下 5⅝ in 卡瓦打捞筒管柱至 4978 m，探到鱼头。直接起钻转原钻机试油作业。

四、原因分析

（1）套压超过 18 MPa 未按塔中项目经理部规定，及时关井反推压井是导致高套压事件发生的主要原因。

（2）风险识别不到位。对于溢漏引起的压井工艺复杂性认识不足，造成判断失误，延误关井时机，是导致高套压事件发生的直接原因。

（3）未按汇报程序及时汇报，是事件发生的间接原因。针对现场突发情况的紧急状态，未第一时间给主管领导汇报，失去了决策最后机会。

（4）压井成功后，没有及时起出井筒内受 H_2S 侵蚀的钻具，钻具氢脆落井。

（5）圈闭压力的形成是导致高套压形成的客观原因。油气层发育和高含硫地层由于井漏、正反挤起钻及关井强钻导致 2490 m^3 钻井液消耗漏失，形成圈闭压力。井筒出现溢漏同层压力敏感条件下，采用关井强钻达到地质目的，存在较大井控风险。

五、经验和教训

（1）必须严格执行油田公司井控管理相关制度，杜绝一切逾越红线的行为。

（2）加强各种工况井控风险的动态评估，对新工艺、工艺技术变更、特殊作业等要加强工艺安全分析，全面识别可能存在的各类风险，制定消减控制措施，细化作业规程。作业前，组织召开工作安全分析交底会，对工具、工艺操作流程进行风险措施交底，确保风险受控。

（3）加强井控技术工艺培训，提高应对含 H_2S 的复杂井的应急处置实战能力。完善压井施工方案，有针对性制定相应控制措施，制定可执行具体操作的应急处置方案，杜绝施工的随意性。

第七章　溢漏同存复杂井处理

第一节　哈 7-4 井缝洞储层溢流事件

一、事件经过

哈 7-4 井于 2010 年 12 月 2 日 13:02 三开钻进至井深 6 575.06 m，发现气测全烃值由 0.31% 上升至 11.86%，立即停泵，至 13:05 关井，观察立、套压均为 0 MPa，井口无异常，测量罐液面无变化。至 13:13 开井观察，出口无外溢。至 13:16 开泵循环观察，自 13:16—14:00 期间罐液面变化为 13:10 监测罐总体积减小 0.4 m^3、13:25 罐总体积减小 0.87 m^3，13:40 罐总体积减小 0.25 m^3，现场判断为正常消耗。14:00—14:07 停泵观察，未发现钻井液罐液面变化，出口无外溢。

14:07 开泵恢复钻进，至 14:20 钻进至井深 6 576.76 m 时，司钻发现钻时加快、泵压升高、泵冲降低，同时录井人员提示司钻泵压升高、泵冲降低。此时坐岗人员测量罐总液面上涨 0.39 m^3 且出口流速加快，立即停泵，发现出口槽处有钻井液外溢，且流速有增加的趋势，立即关井，关井后立套压均为 8.5 MPa，自发现溢流至关井结束，溢流量总体积为 5.5 m^3。

二、原因分析

（1）坐岗人员未能及时发现井漏及溢流置换的发生。经事后分析录井曲线可以看出，在 2010 年 12 月 2 日 12:55—13:05 曾先发生井漏 2.2 m^3，后溢流 2.2 m^3 的井内置换过程，而现场误认为是停泵导致钻井液量的变化。

（2）怀疑溢流后观察时间太短，未在第一时间发现溢流。怀疑溢流后关井观察时间仅为 8 min，然后开井观察 3 min 后即开泵循环。因观察时间短，导致关井、开井观察都没有发现溢流。

（3）开井后继续循环、钻进导致油气上返接近井口，直接导致溢流的发生。怀疑溢流关井后观察时间不足，在未发现溢流后即开井循环、钻进，没有节流循环观察一周以上，导致受侵钻井液及地层流体直接上返至接近井口，造成迅速溢流，关井立压，套压达到 8.5 MPa。

（4）进入目的层没有加密坐岗，没有及时通过录井曲线发现地层流体置换这一重要环节。溢流发生后通过重新对录井曲线的分析，流体置换过程非常清楚，但是当时现场仅仅依据钻井液工坐岗来判断前期没有溢流的发生。事实上在 10 min 内发生了先漏后溢的置换过程，而我们的钻井液工坐岗间距为 15 min，正好错过了发现液面变化的时机。

三、纠正及预防措施

（1）加强井控坐岗，改进液面监测方式。进入油气层后，实行钻井液工和场地工双岗坐岗，对液面进行不间断测量，以便第一时间发现液面变化。

（2）严格落实油田公司各项井控管理规定。严格落实塔里木油田井控管理规定及“16 条补充规定”的各项要求，严格落实“发现溢流立即关井，怀疑溢流关井检查”的原则。关井观察时间不小于 20~30 min，关井观察结束后节流循环一周以上确认无溢流才能进行下步作业。

（3）加强井队关键岗位井控知识和技能的学习与培训。针对塔里木油田碳酸盐储层和高含硫的特点，井队对关键岗位进行有针对性的井控知识强化培训，同时认真剖析，切实提高井控工作水平。

（4）加强各相关方配合，共同做好井控工作。施工过程中，井队、录井队等相关方要加强配合，尤其是在目的层钻进期间，共同监测钻井参数变化，为及时发现溢流、正确处置溢流提供帮助和依据。

第二节 哈 9 井换装井口溢流事件

一、事件经过

哈 9 井于 2009 年 3 月完井，试采累产油为 220.59 t，产水量及混浆为 1 468.12 m^3。2010 年 10 月 21 日哈 9 井重新试油，于 2010 年 12 月 6 日放喷，至 12 月 12 日结束，共产油 9.7 t，排液 547 m^3，放喷后期主要为地层水，含微量油花。

12 月 14 日 5:00—10:00 节流循环，压井液密度为 1.17~1.18 g/cm^3，地层压力系数为 1.1，压井结束立、套压均为 0 MPa，吊灌观察 6 h，无异常。循环期间共漏失压井液 32.2 m^3。12 月 14 日 16:00—17 日 15:00 起油管，每起 10 根灌浆 0.7 m^3，液面保持在 120~170 m，井下有漏失，累计漏失压井液 70.2 m^3。

压井结束后按计划转入钻井作业，进行侧钻作业。17 日 9:17 井队给试油监督打电话，询问起完油管后是否可以换井口，试油监督指示起完油管就转钻井了，井口可以换，但要注意安全。17 日 15:00 井队起完油管，灌入压井液 5 m^3，液面到井口，推测起完油管后的液面高度为 130 m，观察至 17:00，井口无外溢，液面由出口管降至全封闸板附近。

17:10 整体提起封井器组，准备将采油四通换为钻井四通，此时发现采油四通上端有轻微外溢，井队立即重新坐上封井器组并紧固完毕，18:02 实施关井，观察套压至 20:00，套压为 0 MPa，打开全封闸板，观察井口无外溢，井口监测 H_2S 含量为 0 mg/m^3。22:00 对节流、压井管汇两侧内防喷管线和全封闸板试压合格。18 日下防喷管柱至 1 430 m，关井观察，液面不升不降，至 21 日 12:00 关井，立压、套压均为 0 MPa，多次开井观测液面，液面一直保持在采油四通附近。

二、原因分析

（1）项目部生产组织脱节，试油结束后没有及时通知钻井接井，导致试油与钻井衔接失控。

（2）井队在未接到甲方试油转钻井的正式通知、钻井工程设计未到井以及试油监督不在场的情况下，并且没有通过钻井开工验收，盲目赶进度，擅自换装钻井四通。这违反了《易漏易喷试油层压井及换装井口安全管理办法（暂行）》要求。

（3）井队的井控意识淡薄，违反井控的相关规定。井内放出物主要为地层水，且压井后立、套压均为 0 MPa，起油管期间，井内液面一直保持在 120~170 m，在起完油管灌满压井液后，液面下降速度为 0.5 m^3/h 左右，井队认为本井井控风险不大，放松了警惕性，没有按照《易漏易喷试油层压井及换装井口安全管理办法（暂行）》的要求挤压井，没有将“井控工作贯穿于全井筒、全过程乃至井的整个生命周期”的井控理念执行好。

三、纠正及预防措施

（1）项目部要加强钻井—试油一体化全过程管理。每口井开钻（开工）之前要进行现场安全培训，钻井、试油期间换装井口实施报批制度。

（2）无论是在钻井施工中还是试油工作，都要严格执行塔里木油田各项井控管理规定，执行好“井控工作贯穿于全井筒、全过程乃至井的整个生命周期”的井控理念。

（3）加强相关知识培训，进一步提高井队整体人员的井控技能水平，提高井控风险意识。

第三节　中古 50 井漏溢流压井复杂

一、发生经过

2011 年 2 月 23 日中古 50 井二开钻进至井深 5397 m 时发生井漏，漏速为 21 m^3/h，后小排量循环，并加入随钻堵漏剂堵漏，停泵观察，出口流量由 0 m^3/h 上升至 51 m^3/h，立即关井。立压由 0 MPa 上升至 0.5 MPa（未装浮阀），套压由 0 MPa 上升至 0.6 MPa。关井时井内裸眼段长为 4 197.40 m（1200~5 397.41 m）。

二、压井处理经过

2 月 24 日注入随钻堵漏浆 24 m^3，顶替钻井液 48 m^3，出口不返，间断开泵顶替，停泵井口外溢，出口密度由 1.30 g/cm^3 下降至 1.19 g/cm^3，Cl^- 含量由 11 000 mg/L 上升至 48 240 mg/L，关井观察，立压由 0 MPa 上升至 3.2 MPa，套压由 0 MPa 上升至 4 MPa。

2 月 25 日用密度为 1.30~1.38 g/cm^3 的钻井液节流循环，期间排地层盐水 3 次，共计 64 m^3，两次点火，火焰高为 0.5~1.0 m，持续时间最长为 90 min，最短为 20 min，无 H_2S，套压由 4 MPa 下降至 0 MPa，开井观察，出口无外溢。

2 月 26 日起钻至井深 1395 m 时，灌浆困难，钻井液槽出口外溢，关井。套压由 0 MPa 上升至 1.8 MPa，立压为 0 MPa，井口接箭型回压阀。

2 月 27 日两次配密度为 1.40 g/cm^3 的钻井液正挤入压井不成功，关井有立、套压，且不断升高。

2 月 28 日节流循环，泵入密度为 1.80 g/cm^3、黏度为 75 mPa·s 的钻井液 67 m^3，停泵后立套压均为 0 MPa，吊罐起钻完。

三、断钻具和打捞处理经过

3 月 3 日下钻至 3505 m 时遇阻，划眼，钻压不回，起钻发现编号为 153 的钻杆立柱下单根外螺纹根部断。落鱼长度为 330 m，落鱼结构：8½ in HJ517GK×0.28 m+430×4A0×0.61 m+6¼ in 螺旋钻铤 ×3 根 ×27.46 m+4A1×410 接头 ×0.49 m+5 in 加重钻杆 ×15 根 ×138.27 m+5 in 钻杆 ×17 根 ×163.04 m。3 月 12 日起打捞管柱完，捞获全部落鱼。

四、经验和教训

此次成功压井、打捞钻具得益于现场人员对井下条件状况的细致分析和耐心处理。但此次井下复杂的出现也给我们留下一些经验和教训。

（1）加强目的层段储层研究，及早发出复杂预警，避免再次出现本井这种技术套管未下入就钻遇储层的情况，造成工程复杂。

（2）对于多目的层井或储层发育情况较为复杂的井，谨慎使用三开井身结构，以减少井控风险。

（3）录井值班人员在井队处理复杂时要加强坐岗，严密监测钻具悬重、泵压、立压和套压等参数的变化，发现异常及时通知井队。

（4）在处理卡钻时钻具经过反复的上提下拉、转动，钻具再次入井时应逐根探伤，以保证钻具的完好性，防止在处理井下复杂时发生断钻具事故。

（5）对于地层出盐水造成的溢流，建议使用密度为 1.50 g/cm^3 的钻井液进行节流循环压井。

（6）塔中项目部加强二开期间管理，在进入灰岩地层 100 m 前钻具上接上浮阀，为钻具内防喷提供有效安全保障。

第四节　克深 8002 井窄压力窗口起钻溢流案例

一、事件经过

克深 8002 井第二次取心钻进至井深 7009 m，割心后循环一个迟到时间，排完后效起钻至井深 1803 m 发现少灌 0.1 m^3，出口线流，流量突然增大，关井 2 min 后套压升至 11 MPa，核对关井过程 6 min 内溢流 24 m^3。

取心钻具：6⅝ in CQP768 取心钻头 +5½ in 取心筒 +5 in 钻铤 ×21 根 +4½ in 加重钻杆 ×15 根 +4 in 钻杆 ×69 根 +5½ in 钻杆。

二、压井处理经过

2013 年 12 月 16 日关井观察 20 h，套压 11 MPa 未变化，地面配密度为 2.06 g/cm^3 的压井液 125 m^3，密度为 1.85 g/cm^3 的压井液 250 m^3。

反挤密度为 2.06 g/cm^3 的重浆 50 m^3，套压由 11 MPa 上升至 13.5 MPa 再下降至 0 MPa，正挤密度为 2.06 g/cm^3 的重浆 20 m^3，泵压为 25 MPa，套压为 0 MPa，开井观察（液面距井口 77 m）。

下钻至喇叭口，出口未返，液面高度为 50~60 m，泵入密度为 1.85 g/cm^3 的随钻堵漏浆 20 m^3，浓度为 8%，替密度为 1.85 g/cm^3 的钻井液 66 m^3，静止候堵，环空吊灌返出。逐渐提排量至 13L/s 循环，液面正常，调整全井钻井液密度至 1.86 g/cm^3。

三、原因分析

（1）克深 8002 井设计白垩系巴什基奇克组地层高陡裂缝发育（取心），孔隙压力和地层漏失压力窗口极窄。实钻地层孔隙压力约为 1.81 MPa，地层漏失压力约为 1.87 MPa。

（2）井下钻具为 6⅝ in CQP768 取心钻头组合，取心筒内筒与外筒间隙为 4.5 mm，取心筒与套管间隙小于 16 mm，起钻速度较快（20 柱 /h），造成抽吸负压。

（3）本次起钻未做短起下检测油气上窜速度，循环一个迟到时间即起钻，加之循环排量较低，为 10 L/s，可能导致环空岩屑气未排干净，环空液柱当量密度低。

四、预防措施

（1）目的层巴什基奇克组裂缝性地层发育（属溢漏同层），无论是取心钻进还是正常钻进，每趟起下钻均应进行短起下测后效，掌握地层油气上窜速度，起钻前应增加循环时间，排干净后效。

（2）进入盐层、目的层（及顶部以上 300 m 井段内）和 7¾ in 及以下套管内，每次起钻速度严格控制在 300 m/h 以内。

（3）务必严格执行“发现溢流立即关井，怀疑溢流关井观察”。

第五节　克深 132 井白垩系目的层溢流压井事件

一、基本情况

克深 132 井是库车坳陷克拉苏构造带克深 13 号构造西高点东翼的一口评价井，油藏类型为断背斜边水油藏，目的层为白垩系巴什基奇克组，主力产层为巴二段（7475~7640 m），预测地层压力系数为 1.85，地层压力为 136 MPa。2017 年 10 月 15 日，该井在起钻至井深为 7552 m 时发生溢流，关井套压为 7.4 MPa，关井立压为 0 MPa，环空反推密度为 1.95 g/cm^3 的钻井液 1.5 m^3，套压涨至 26 MPa，油田启动了井控应急预案，并于 10 月 16 日压井成功。

实钻井身结构如图 7-1 所示。钻具组合：6⅝ in PDC 钻头 ×0.2 m+330×310 接头 ×0.77 m+3½ in 浮阀 ×0.5 m+5 in 钻铤 ×18 根 ×168.51 m+311×HT40 内螺纹接头 ×0.7 m+4 in 加重钻杆 ×15 根 ×138.68 m+4 in 钻杆 ×78 根 ×866.23 m+HT40 公 ×520 接头 ×0.61 m+5⅞ in 钻杆 ×6 060.76 m+5½ in 旋塞 ×0.57 m+5½ in 浮阀 ×0.48 m+5⅞ in 钻杆 ×313.97 m。

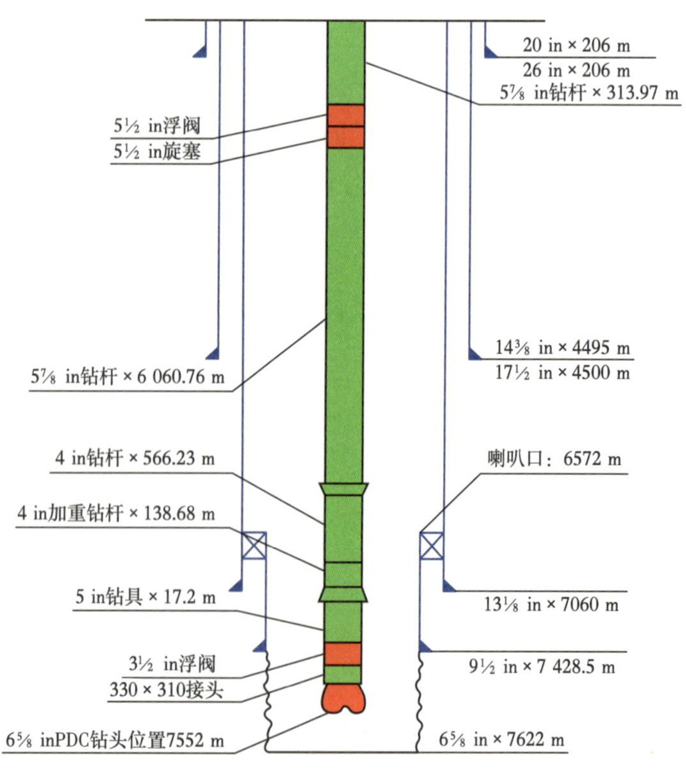

图 7-1　克深 132 井实钻井身结构图

井口装置如图 7-2 所示。溢流井深为 7622 m，溢流层位为巴什基奇克组二段。溢流时钻井液密度为 1.93 g/cm³。喇叭口可承受最大关井压力为 47.1 MPa，井口壁厚为 13.84 mm 的 10¾ in 套管抗内压强度的 80% 为 65.6 MPa。

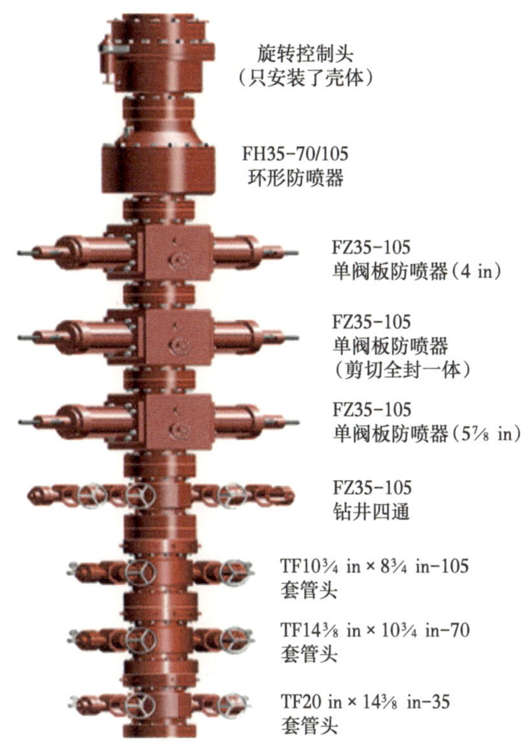

图 7-2　克深 132 井井口装置图

二、事件经过

2017 年 10 月 15 日 4:44 钻进至井深 7622 m 时发生井漏失返，排量为 10L/s，泵压由 10 MPa 下降至 6.8 MPa。6:25 降排量循环，排量为 1.5 L/s，漏速为 1.2 m³/h，环空灌 1.8 m³ 时出口见返，后按 0.3 m³/15 min 灌浆，出口再次失返。6:37 起钻至 7552 m 时发现出口外溢 0.2 m³，立即关井，套压为 7.4 MPa，立压为 0 MPa（钻具内浮阀）。12:20 关井观察，期间每 20 min 水眼顶 0.53 m³ 钻井液，套压由 7.7 MPa 上升至 10.5 MPa，立压由 0 MPa 上升至 0.3 MPa。

三、处理经过

关井套压为 7.4 MPa，5 min 后涨至 7.7 MPa，随后的 60 min 一直维持在 7.7 MPa，说明在关井前的三个时间段里小排量循环、起钻及溢流关井（共计 115 min），地层气体经历了初始井漏引起的重力置换而侵入井筒，随后处于超临界状态的“气体”滑脱上升的过程。后期套压未变化的原因为井筒内钻井液在漏失、气体在膨胀，二者的交互作用导致井筒压力逐渐趋于动态平衡。典型裂缝性储层溢流后关井套压与克深 132 井关井套压的变化趋势对比如图 7-3 所示。

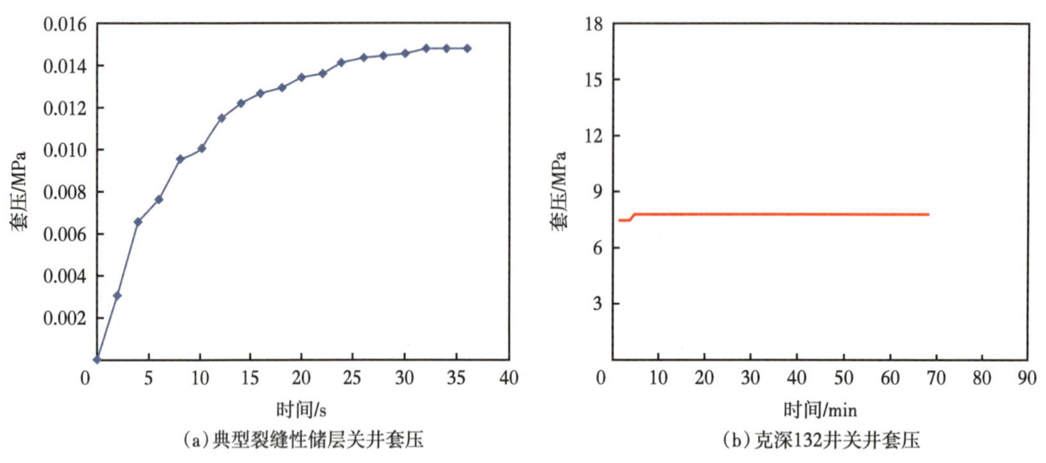

图 7-3　典型裂缝性储层与克深 132 井关井套压变化趋势对比图

井漏失返后液柱压力下降，导致目的层上部井段的油气侵入井筒内，过程如图 7-4 所示，根据关井套压及其变化趋势来判断，“气柱”处于井筒下部，处于超临界、带压且尚未膨胀的状态。

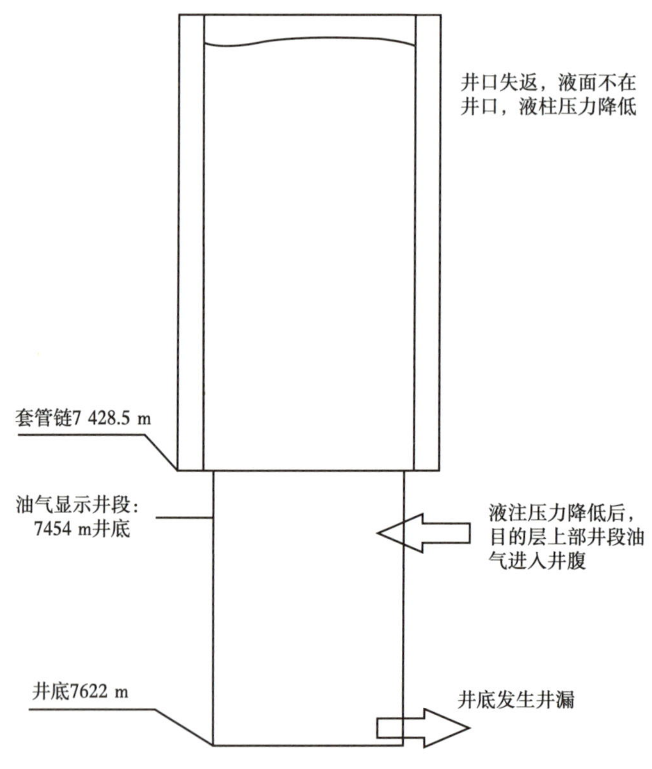

图 7-4　井漏后油气侵入井筒过程示意图

初次采用钻井液泵反推作业时，套压达 26 MPa，未能将地层压开。

井筒承压薄弱点喇叭口位置为6 570.62 m。四开发生盐水溢流时，钻井液密度为2.42 g/cm^3，关井套压为 15.6 MPa，当量密度为 2.66 g/cm^3。溢流关井钻井液密度为 1.93 g/cm^3，喇叭口可承受最大关井压力为 47.1 MPa，井口壁厚为 13.84 mm 的 10¾ in 套管抗内压强度的 80% 为 65.6 MPa。

根据上述可以判断，如果采用节流循环压井，当气柱上升至井口急速膨胀时，很有可能造成高套压，因此现场决定采用压裂车实施压回法压井，最高施工压力不超过 45 MPa。

油田决定对该井溢流压井升级管理，组织压裂车组上井，派井控专家上井巡检井控装备，其他应急单位立即组织人员及设备待命。10 月 16 日工程技术处负责人等到达现场，组织召开了现场应急协调会，成立现场应急处置小组，并设立领导指挥协调、压井施工指挥、压裂、计量、供浆、井控装备巡查、资料汇总、消防、安全警戒及紧急救援等九个应急小组，明确小组成员及分工。

钻井液泵压回法压井：10 月 15 日环空反挤密度为 1.95 g/cm^3 的钻井液 1.5 m^3，套压由 10.5 MPa 上升至 26 MPa，地层未压开，通过节流管汇放 1.5 m^3 钻井液，套压由 26 MPa 下降至 17.2 MPa。水眼泵入密度为 1.95 g/cm^3 的钻井液 3.3 m^3，立压由 0.4 MPa 上升至 6.9 MPa，套压由 17.2 MPa 上升至 18.6 MPa，停泵后立压由 6.9 MPa 下降至 5.6 MPa，套压由 18.6 MPa 下降至 17 MPa。16 日关井观察，间隔 20 min 钻具正挤 1 m^3 钻井液，套压为 16 MPa，立压为 4.2 MPa。

压裂车压回：10 月 16 日用压裂车水眼正挤密度为 1.93 g/cm^3 的钻井液 10 m^3，套压为 15 MPa，泵压为 22.7 MPa。用压裂车环空反推密度为 2.43 g/cm^3 的钻井液 11 m^3，密度为 1.93 g/cm^3 的钻井液 200 m^3，套压由 21 MPa 上升至 30 MPa 再下降至 3.61 MPa。泵入钻井液为 1.58 m^3 时蹩通地层。停泵套压为 0 MPa，用压裂车水眼正挤密度为 2.43 g/cm^3 的钻井液 5 m^3，停泵后立压、套压均为 0 MPa。

四、原因分析

（1）钻遇盐下高陡裂缝发育带，引发井漏失返。对于裂缝性储层，裂缝的存在使得井筒与储层发育良好的渗流通道，流体的侵入（溢流）或流出（漏失）比较容易，溢漏频繁发生。裂缝性储层不满足达西渗流条件，渗流阻力很小，井内压差没有安全窗口，而是一个很小的重力置换窗口。压差在重力置换窗口内，有溢有漏，处于动态交换状态，如图 7-5 所示。

（2）在钻进过程中井漏失返后，由于存在堵漏材料堆积导致堵水眼的风险，井队采取了降排量循环观察的方式，存在加快气体滑脱上升的可能。在环空灌返后再次发生了失返，随即起钻，起出 70 m 钻具，期间环空未灌浆，在这期间必然会有更多的油气侵入井筒。

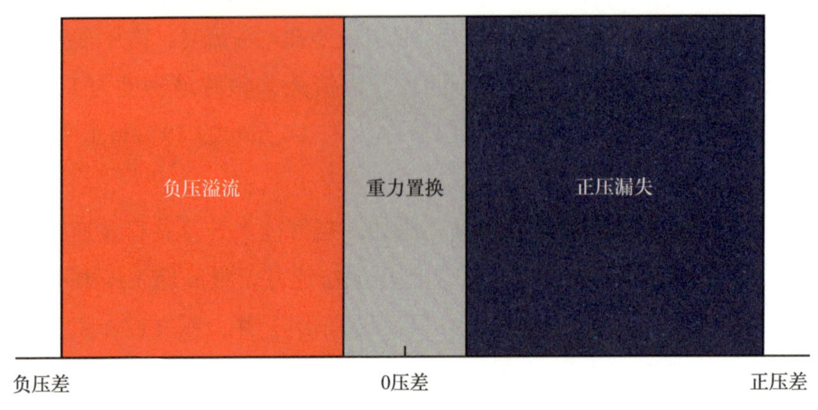

图 7-5　重力置换窗口

五、经验和教训

（1）该井目的层采用 5⅞ in+4 in 的钻具组合，而 5⅞ in 钻杆接箍外径 184.2 mm 加上耐磨带，实际外径达到约 192 mm，目前旋转控制头中心管的最大通径为 192 mm，因此该井未安装控制头总成，导致该井在关井套压为 7.4 MPa 的情况下无法带压起至安全井段，为后期卡钻埋下了隐患。

（2）为了避免堵漏材料堆积、堵塞水眼，井漏失返后未停泵观察，而是采取小排量循环观察。建议山前目的层发生井漏失返，立即停钻、停泵，静止观察测液面。目的层近钻头浮阀的尺寸小（3½ in 浮阀阀芯内径最小处只有 29 mm），刚性堵漏材料容易堆积在阀芯内，存在较大的堵水眼风险，建议不再使用此类堵漏材料。

（3）在采用钻井液泵实施压回法压井时，最高施工泵压达到 26 MPa，未能将受污染的钻井液推入地层，后来用压裂车压回，施工泵压达到 31 MPa 时才成功压漏地层。考虑到压回法的施工压力往往较高，建议库车山前区块压裂车长期待命。

（4）小排量循环再次失返后，在起钻至安全井段的过程中（起出了 7 根钻杆），期间环空未灌浆。井漏失返后，在起钻至安全井段的钻过程中，建议连续灌浆。

第六节　果勒 1 井奥陶系鹰山组喷漏同层处理

一、基本情况

果勒 1 井是一口预探直井，部署在塔里木盆地北部坳陷满西低凸起果勒 1 号缝洞带，设计井深为 7750 m，目的层奥陶系鹰山组二段，岩性为灰岩，鹰山组一段底界深度为 7629 m。2017 年 10 月 27 日五开目的层钻进，11 月 22 日钻进至 7750 m 完钻。期间分别在井深 7543 m、7668 m 和 7688 m 井漏，累计漏失钻井液共 501 m^3。五次溢流，最高压力为 15 MPa，分别采取压回法、节流循环等压井方法处理，期间带压起钻，带压下钻各 1 次。果勒 1 井实钻井身结构如图 7-6 所示。

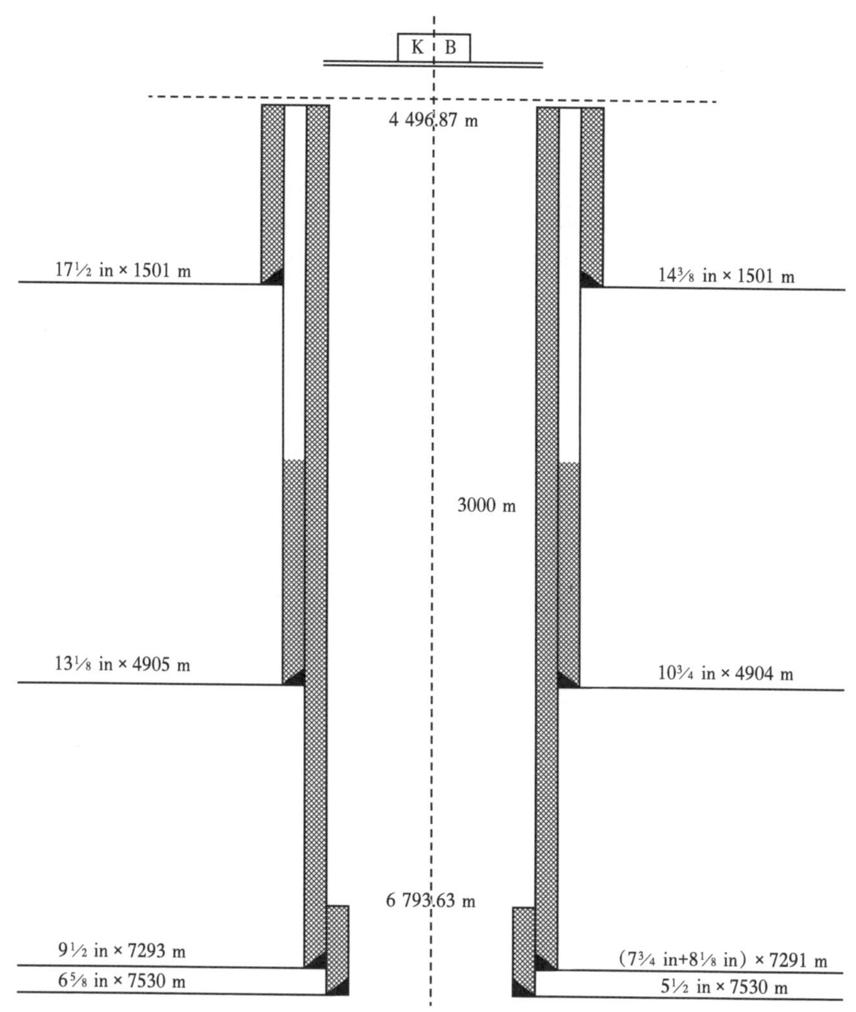

图 7-6　果勒 1 井实钻井身结构

钻具组合：4⅜ in M0864+2A30×2A10+3½ in 钻铤 ×6 根 +2A11×XT26 母 +2⅞ in 钻杆 ×99 根 +310×XT26 公 +3½ in 钻杆 ×1 根 +3½ in 浮阀 +3½ in 钻杆 ×89 根 +311×HT40 母 + 4 in 钻杆 ×587 根 +4 in 下旋塞 +4 in 浮阀 +4 in 钻杆 ×20 根 + 顶驱钻杆。

钻井液性能：果勒 1 井五开采用聚磺钻井液体系，pH 值≥ 9.5，高温高压滤饼厚度为 1.5~2 mm，固相含量为 35%~38%，Cl^- 含量为 25 000~31 000 mg/L。五开前储备密度大于 2.20 g/cm^3 的重浆 303 m^3，加重材料重晶石粉 200 t 以上。

机具待命情况：2000 型压裂车于 10 月 28 日 10:00 到井，连接上钻台和压井管汇管线，试压 40 MPa 稳压。液面监测队伍于 10 月 24 日到井。

二、事件处理经过

10 月 27 日五开到 11 月 22 日完钻，进尺 220 m，4 次起钻（含 7¾ in 套管刮壁），多次井漏和 5 次溢流，钻井液密度由 2.05 g/cm^3 下降至 1.97 g/cm^3 再上升至 2.10 g/cm^3。

1. 第一次井漏

10 月 28 日 8:40 用密度为 2.05 g/cm^3 的钻井液钻进至井深 7 541.11 m 时发现微漏，漏失相对密度为 2.05 钻井液 11 m^3，漏速为 2 m^3/h。11:30 钻进至 7 543.9 m，漏速由 1.5 m^3/h 上升至 4 m^3/h，起钻至管鞋，循环调整钻井液密度由 2.05 g/cm^3 下降至 2.02 g/cm^3。10 月 30 日 13:00 钻进至 7575 m，钻压为 19~29 kN，悬重为 1638 kN，转速为 50 r/min，排量为 8 L/s，扭矩为 4~6 kN·m，入口密度为 2.01 g/cm^3，出口密度为 1.99 g/cm^3，无漏失。

10 月 30 日 17:15 至 10 月 31 日 00:55 短起下检测油气上窜速度，全烃含量由 1.51% 上升至 1.79%，上窜速度为 26.4 m/h，上窜高度为 203.28 m。

2. 第二次井漏

起钻换钻头，更换 2⅞ in 和 3½ in 钻铤，检查浮阀。11 月 3 日 4:30 下钻到底，6:30 循环，全烃含量由 0.28% 上升至 2.22%，集气点火未燃，上窜速度为 13.4 m/h。11 月 5 日 15:00 钻进井深 7 637.99 m 发生井漏，排量为 9 L/s，漏失相对密度为 2.0 的钻井液 4.3 m^3，漏速为 8.5 m^3/h。16:00 循环测漏速，排量为 6 L/s 时漏失相对密度为 2.0 的钻井液 1.8 m^3，漏速为 7.7 m^3/h，排量为 4 L/s 时漏失相对密度为 2.0 的钻井液 2 m^3，漏速为 4.2 m^3/h。17:00 起钻至井深 7517 m，19:00 静止观察，每 15 min 灌浆 1 次，未漏，液面在井口。

11 月 6 日 5:00 循环降密度由 2.00 g/cm^3 下降至 1.97 g/cm^3，排量为 6 L/s，漏失相对密度为 2.0 钻井液 7 m^3，漏速为 1.4 m^3/h，0:00 液面恢复正常，未漏，恢复钻进。

11 月 5 日钻进至 7 637.99 m，漏速为 8 m^3/h，起钻至管鞋，静止观察，循环降钻井液密度，由 2.00 g/cm^3 下降至 1.97 g/cm^3。此次后效情况为井深 7 637.99 m，钻头位置为 7 612.63 m，静止时间为 14.7 h，迟到时间为 195 min，排量为 542 L/min，气测全烃含量由 0.29% 上升至 33.20%，集气点火燃，油气上窜高度为 151.41 m，油气上窜速度为 10.3 m/h。

11 月 7 日钻进至 7 667.32 m，顶驱保护接头刺，起钻至管鞋，更换保护接头，下钻到底，后效情况为井深 7 667.32 m，钻头位置为 7 645.18 m，静止时间为 5.3 h，气测全烃含量由 0.68% 上升至 100%，油气上窜高度为 76.32 m，油气上窜速度为 14.4 m/h，归位井段为 7 607.0~7 611.0 m。

3. 第三次井漏及第一次溢流

11 月 8 日 10:00 钻进至井深 7 677.87 m 时发生井漏，井浆密度为 1.97 g/cm^3。循环测漏速，排量为 9 L/s 时漏速为 10 m^3/h，排量为 7 L/s 时漏速为 2.2 m^3/h，排量为 6 L/s 时漏速为 1.7 m^3/h。13:30 钻进至井深 7 680.90 m，排量为 6~8 L/s 时漏速为 1.4~5.4 m^3/h，14:45 循环测漏速，排量为 6 L/s 时漏速为 1.6~5 m^3/h，排量为 5 L/s 时漏速为 1.2~2.3 m^3/h。

16:45 钻进，排量为 6 L/s 时漏速为 3.6 m^3/h，15:00 液面恢复正常。18:00 循环，排量为 7 L/s 时漏速为 1.5 m^3/h，20:50 钻进至 7688 m 井漏，泵压由 10.5 MPa 下降至 9 MPa，排量为 7 L/s 时漏速为 16 m^3/h，降泵冲，排量为 5L/s 时漏速为 8.4 m^3/h。20:59 停泵，出口不断流，关井，套压为 4.2 MPa，立压为 0 MPa（钻具内带浮阀）。

22:00 控压 5 MPa 起钻至井深 7517 m，期间没有灌浆，套压由 4.2 MPa 上升至 7.5 MPa，23:10 关井观察，套压由 7.5 MPa 下降至 7 MPa，立压为 0 MPa（钻具内带浮阀）。

11 月 9 日 1:30 压回法压井，23:10—0:30 用钻井液泵反挤密度为 2.25 g/cm^3 的钻井液 64 m^3，排量由 3 L/s 上升至 6 L/s 再上升至 9 L/s 再上升至 20 L/s，套压由 7.5 MPa 上升至 14 MPa 再上升至 2 MPa，泵压由 9 MPa 上升至 12 MPa 再下降至 4 MPa，停泵后套压降至 0 MPa。0:45—10 日 1:20 正挤密度为 2.23 g/cm^3 的钻井液 24 m^3，排量为 9 L/s，立压由 20 MPa 下降至 18.5 MPa，停泵后立压为 0 MPa。环空液面为 682~642 m，开井观察，每 30 min 环空吊灌密度为 1.97 g/cm^3 的钻井液 0.5 m^3，每 1 h 水眼吊灌密度为 1.97 g/cm^3 的钻井液 0.5 m^3，环空液面为 507~309 m，水眼液面为 199~355 m。起钻时堵水眼，憋压不通。

4. 第二次溢流

需要钻达设计井深 7750 m，下钻，分别在井深 2000 m、3850 m 和 5500 m 用密度为 1.97 g/cm^3 的钻井液循环，替出井内混浆，在 3½ in 钻具底和顶部分别接浮阀。

11 月 13 日 12:00 下钻至井深 6700 m，19:53 循环，排量为 9 L/s，泵压为 19 MPa，入口密度为 1.97 g/cm^3，出口密度为 1.97 g/cm^3，液面正常。19:57 停泵，出口不断流，关井，21:30 立压为 0 MPa（钻具带浮阀），套压为 3 MPa 下降至 2.3 MPa 再上升至 2.5 MPa。

21:40 开节 2 a，压力降至 0 MPa，开半封，循环，打算利用循环压耗平衡地层压力循环，期间多返 8 m^3，关井，立压为 15 MPa，套压为 15 MPa。

考虑进入地层的流体多，全部在钻头以下，节流循环无法带出井筒。22:25 反挤密度为 1.97 g/cm^3 的钻井液 15 m^3，排量为 4~10 L/s，泵压由 21 MPa 下降至 15 MPa，套压由 15 MPa 上升至 20 MPa 再下降至 13 MPa，停泵，泵压为 9 MPa，套压为 13 MPa。22:40 关井观察，立压由 9 MPa 下降至 7.5 MPa，套压由 13 MPa 下降至 6.8 MPa。水眼正挤 2 m^3，泵压由 7.5 MPa 上升至 9.7 MPa，套压为 6.5 MPa。

6:30 关井观察，立压为 0 MPa（钻具内浮阀），套压由 6.5 MPa 下降至 4.5 MPa，配相对密度为 2.02 的钻井液 130 m^3。每 1 h 水眼正挤钻井液 1~2 m^3，共挤入密度为 1.97 g/cm^3 的钻井液 11 m^3。

12:10 节流循环压井，排量为 6~8 L/s，泵压为 16~19 MPa，套压由 5.5 MPa 下降至 2.4 MPa。10:25—10:55 中途停泵，套压为 0 MPa，立压由 1.3 MPa 上升至 2.5 MPa。由于停泵期间，套压为 0 MPa，11:20—12:10 再次开泵循环，节流阀全开，累计多返钻井液 8.3 m^3，节流阀开度由 20% 下降至 15% 再下降至 10%，套压由 0 MPa 上升至 2.5 MPa 再上升至 5 MPa

再上升至 7 MPa，出口仍多返。停泵，关井。节流循环漏失 12 m^3（不含多返）。12:10 关井立压为 10 MPa，套压为 8.7 MPa。节流循环过程中泵入量、返出量、立压、套压及节流阀位统计见表 7-1。

表 7-1 节流循环过程数据统计表

时间	泵入量 /m^3	返出量 /m^3	返出差值 /m^3	泵冲 /min^{-1}	立压 /MPa	套压 /MPa	节流阀开度 /%
11:20	104.2	93.5	0.9	30	11.0	0	全开
11:30	108.0	98.1	0.6	41	14.0	0	全开
11:35	110.5	100.5	−0.1	41	17.5	0	全开
11:40	112.9	103.2	0.3	41	18.0	0	全开
11:45	115.3	106.1	0.5	45	20.2	0	全开
11:50	118.0	109.5	0.7	45	21.5	0	全开
11:55	120.4	112.9	1.0	45	22.0	2.2	20
12:00	122.8	116.7	1.4	40	20.2	2.5	20
12:05	125.2	120.5	1.4	37	20.5	5.0	15
12:10	127.0	123.8	1.5	37	21.0	7.0	10

考虑到进入环空油气多，因此选择正挤，目的是将进入井筒的油气挤回裂缝。12:10—13:30 正挤密度为 2.02 g/cm^3 的钻井液 15 m^3，排量为 7~8 L/s，泵压为 18~20 MPa，套压由 11 MPa 下降至 7.5 MPa，13:40 停泵观察，立压由 11 MPa 下降至 4 MPa，套压为 6 MPa。

13:40—17:20 节流循环，排量为 6~9 L/s，泵压为 8~21 MPa，套压由 2 MPa 上升至 5 MPa 再下降至 1.7 MPa，入口密度为 2.02 g/cm^3，出口密度由 1.98 MPa 上升至 2.00 g/cm^3，漏速为 1~2 m^3/h。17:50 停泵观察，立压为 4 MPa（放回水后 0 MPa），套压为 0 MPa。18:00 开井观察，断流。

11 月 14 日下钻到底后效情况：井深为 7 688.00 m，钻头位置为 7 518.00 m，静止时间为 73.4 h，气测全烃含量由 1.12% 上升至 8.22%，集气点火未燃。油气上窜高度为 1 005.58 m，油气上窜速度为 13.7 m/h，归位井段为 7 607.0~7 679.0 m。

11 月 17 日下钻到底后效情况：井深为 7 688.00 m，钻头位置为 7 684.06 m，静止时间为 3.3 h，气测全烃含量由 0.75% 上升至 75.62%，油气上窜高度为 114.18 m，油气上窜速度为 34.6 m/h，归位井段为 7 607.0~7 679.0 m。

5. 第三次溢流

20:00 开井观察，出口线流，关井，20:30 立压为 0 MPa，套压为 0 MPa。

11 月 15 日 3:00 单罐节流循环，排量为 9 L/s，泵压为 16 MPa，入口密度为 2.05 g/cm^3，出口密度为 1.99~2.00 g/cm^3。17:00 停泵关井观察，压力为 0 MPa。

11 月 15 日 22:40 循环调整钻井液，排量为 8 L/s，泵压为 15~16 MPa，出入口密度为 2.05 g/cm^3，无漏失。23:50 停泵，出口不断流，关井。

11 月 16 日 3:00 关井，立压为 0 MPa（钻具带浮阀），套压由 2.4 MPa 下降至 2.0 MPa 再上升至 2.9 MPa。4:00 节流循环，排量为 2~7 L/s，泵压由 3 MPa 上升至 19 MPa，套压由 1.5 MPa 上升至 6 MPa 再下降至 4 MPa，泵入相对密度为 2.05 的钻井液 24.4 m^3，返出 21.7 m^3。

9:30 关井观察，泵压由 5 MPa 下降至 1.5 MPa，套压由 4 MPa 下降至 2.2 MPa。每 1 h 水眼正挤相对密度为 2.05 的钻井液 1 m^3，泵压由 1.5 MPa 上升至 7.2 MPa 再下降至 3.5 MPa，套压由 4 MPa 上升至 6.2 MPa 再下降至 4.9 MPa。

14:30 节流循环，排量为 3~8 L/s，泵压为 18~20 MPa，套压由 4.5 MPa 下降至 2.5 MPa 再上升至 3 MPa，节流阀开度由 12° 上升至 15° 再下降至 14°，根据漏失量调整节流阀开度，保持井下微漏。15:00 停泵，出口不断流，观察 8 min，多返 3 m^3。

18:00 关井观察，立压为 0 MPa（钻具内浮阀），套压由 1.7 MPa 上升至 3.1 MPa。调整环形防喷器油压为 5.5 MPa，安装旋转控制头总成。

6. 控压下钻

11 月 17 日 0:00 控压下钻至井深 7518 m，下钻时保持节流阀微开，控制套压为 3~6.5 MPa，钻具带浮阀，每下 10 柱顶通水眼，将 5½ in 尾管内的污染浆顶替到大套管。每 10 柱应返浆 2.6 m^3，实际返出 1.5 m^3，最后 6 柱控制套压为 4 MPa，未返浆，少返 1.6 m^3。

11:30 节流循环，排量为 8~9 L/s，泵压为 17~19 MPa，套压由 2 MPa 下降至 0 MPa。入口密度为 2.05 g/cm^3，出口密度为 2.00~2.02 g/cm^3，漏失 3.6 m^3，停泵，压力为 0 MPa，出口断流。

带压穿总成注意两点，一是不能带压开闸板，二是管内可控。果勒 1 井在喇叭口循环时钻具内有两个 3½ in 浮阀。打开闸板前，关环形，关控制头平板阀和灌浆球阀，全关液动节流阀，全开节 2a，缓慢打开节流阀释放井筒压力，压力降为 0 MPa，开闸板，关闭液动节流阀，关节 2a。调节环型控制油压为 5.5 MPa，连接井口钻具，上提钻具，提方瓦，提出防溢管、钻具坐吊卡、卸立柱，取下防溢管、钻杆穿总成、连接钻杆、上提钻具，提出方瓦、下放总成，液压卡箍卡紧，连接冷却水管线、控压下钻，控制返出量不大于下入钻具体积。

7. 钻进至完钻井深

11 月 19 日钻进至设计井深 7550 m，钻压为 19~24 kN，排量为 7~8 L/s，钻时为 117~20 min/m，入口密度为 2.05 g/cm^3，出口密度为 2.02~2.03 g/cm^3，漏速为 1~10 m^3/h，此次钻进漏失 140 m^3。

8. 第四次溢流

11 月 19 日 20:30 循环，排量为 8 L/s，漏速为 1.2~1.8 m^3/h，入口密度为 2.05 g/cm^3，出口密度为 2.02~2.03 g/cm^3，全烃含量为 0.43%。

21:50 短起至 7500 m，起钻灌不进钻井液，开始起钻出口无外溢，后上提钻具出口外溢，静止时无外溢，第 9 柱时出口明显外溢，关井。

11 月 19 日 11:30 关井观察，立压为 0 MPa（钻具带浮阀），套压由 2.4 MPa 上升至 4 MPa。每 2 h 水眼正挤 1 m^3，累计挤入 3.6 m^3，立压由 0 MPa 上升至 4 MPa 再下降至 1 MPa，套压由 4 MPa 上升至 7.2 MPa 再下降至 6.1 MPa。

19:15 节流循环，排量为 8~9 L/s，泵压为 19~20 MPa，入口密度为 2.10 g/cm^3，出口密度由 2.03 g/cm^3 下降至 1.96 g/cm^3 再上升至 2.07 g/cm^3，14:40—17:22 点火筒点火，火焰为 4~5 m，泵入密度为 2.10 g/cm^3 的钻井液 238 m^3，返出 203 m^3，停泵，压力为 0 MPa，开井。

21:00 下钻到底，无阻卡，应返为 2.3 m^3，实返为 0.3 m^3。

23:00 循环，开泵泵入 4 m^3，建立循环。排量为 6~8 L/s，漏速为 9~12 m^3/h，漏失量为 21 m^3。起钻至 7518 m，应灌 0.88 m^3，实际灌入 3.1 m^3。

11 月 21 日 5:30 节流循环，排量为 6~7 L/s，漏速为 2~5 m^3/h，漏失钻井液为 12 m^3。8:30 停泵，关井观察，压力为 0 MPa。

15:40 节流循环，排量为 6~7 L/s，泵压为 13 MPa，入口密度为 2.10 g/cm^3，出口密度为 2.06~2.08 g/cm^3，气测全烃含量由 19% 下降至 9% 再上升至 10%，不漏。

截至 11 月 22 日，果勒 1 井五开累计漏失相对密度为 2.25 的钻井液 52 m^3，相对密度为 2.10 的钻井液 37 m^3，相对密度为 2.05 的钻井液 211 m^3，相对密度为 2.0 的钻井液 15 m^3，相对密度为 1.97 的钻井液 186 m^3，合计为 501 m^3。

2017 年 11 月 20 日，井深为 7 750.00 m，钻头位置为 7 500.33 m，静止时间为 15.2 h，迟到时间为 210 min，排量为 481 L/min，开泵时间 11:30，开始时间 14:32，高峰 16:18，结束时间 18:05；气测全烃含量由 0.20% 上升至 53.03%，C_1 含量由 0.049 6% 上升至 17.773 6%，C_2 含量由 0.005 3% 上升至 3.438 9%，C_3 含量由 0.005 9% 上升至 2.616 8%，iC_4 含量由 0.001 0% 上升至 0.591 5%，nC_4 含量由 0.001 9% 上升至 1.157 5%，iC_5 含量由 0.000 9% 上升至 0.381 4%，nC_5 含量由 0.001 3% 上升至 0.397 0%，非烃无。VMS 分析：C_1 含量为 31.351 9%，C_2 含量为 8.798 9%，C_3 含量为 4.973 7%，iC_4 含量为 0.987 6%，nC_4 含量为 1.379 8%，iC_5 含量为 0.428 3%，nC_5 含量为 0.440 7%。出口钻井液性能：相对密度由 2.03 下降至 1.96，黏度由 54 mPa·s 上升至 56 mPa·s，Cl^- 含量为 24 094 mg/L，温度为 31.9 ℃，槽面见 30% 小米粒气泡呈条带状分布，槽面无油花，池体积无变化，液气分离器出口点火焰高 4~5 m，伴有黑烟，火焰未间断。油气上窜高度为 1 174.96 m，油气上窜速度为 77.3 m/h，归位井段为 7 607.0~7 745.0 m。

2017 年 11 月 21 日，井深为 7 750.00 m，钻头位置为 7 731.90 m，静止时间为 24.8 h，迟到时间为 268 min，排量为 384 L/min，开泵时间为 21:06，开始时间为 02:45，高峰为 04:35，结束时间为 04:48。气测全烃含量由 17.88% 上升至 34.28%，C_1 含量由 11.432 5% 上升至 14.441 1%，C_2 含量由 1.563 3% 上升至 2.144 1%，C_3 含量由 0.660 2% 上升至 1.007 2%，iC_4 含量由 0.101 4% 上升至 0.213 6%，nC_4 含量由 0.163 7% 上升至 0.485 4%，iC_5 含量由 0.035 4% 上升至 0.195 2%，nC_5 含量由 0.032 8% 上升至 0.244 2%，非烃无。VMS 分析：C_1 含量为 28.686 0%，C_2 含量为 5.245 5%，C_3 含量为 2.100 9%，iC_4 含量为 0.389 9%，nC_4 含量为 0.790 1%，iC_5 含量为 0.270 2%，nC_5 含量为 0.298 1%。出口钻井液性能：相对密度由 2.06 下降至 2.05，黏度由 54 mPa·s 上升至 56 mPa·s，Cl^- 含量为 25 100 mg/L，温度为 31.5 ℃，槽面见 5% 小米粒气泡，槽面无油花，池体积无变化，集气点火，呈淡蓝色，焰高为 1 cm，持续时间为 1 s。油气上窜高度为 781.20 m，油气上窜速度为 31.5 m/h，归位井段为 7 607.0~7 745.0 m。

三、原因分析

第一次溢流：钻至井深 7688 m，漏速增大为 16 m^3/h，降排量由 7 L/s 下降至 4 L/s，漏速为 5 m^3/h，停泵出口外溢，关井套压 5 MPa。根据后来的压井钻井液密度上提由 2.02 g/cm^3 上升至 2.05 g/cm^3 再上升至 2.10 g/cm^3。综合判断，11 月 8 日钻进井段 7676~7688 m 钻遇发育裂缝，压力敏感，开泵井漏，停泵外溢，根据关井压力 5 MPa 计算地层压力系数为 2.04。钻井液密度偏低是导致溢流的原因。

第二次溢流：钻井液密度偏低，不能平衡地层压力。下钻至 6700 m，使用钻进时的 1.97 g/cm^3 的钻井液循环，调整钻井液，第一次溢流使用 1.97 g/cm^3 的钻井液钻进井漏，停泵外溢。在喇叭口用 1.97 g/cm^3 的钻井液循环不能平衡地层压力。

四、经验和教训

（1）在压回法压井后，水眼液面不在井口，此时为防止堵水眼，定时顶通水眼时应见到起压时才能停泵。果勒 1 井 11 月 10 日 1:20 水眼挤压井后，水眼液面约 300 m，每小时水眼灌入 0.5 m^3，14:00 起钻时，发现水眼堵。分析原因是水眼灌入的量太少，不足以克服水眼压耗，促使水眼处钻井液流动。

（2）关井后要节流循环。本井在喇叭口开井循环正常，停泵外溢，关井套压为 2.5~3 MPa。想开井循环利用压耗平衡关井压力，但在开井和开泵建立循环期间多返 8 m^3，关井压力由 3 MPa 上升至 15 MPa。该案例表明在溢流关井后，尝试再次利用循环压耗平衡地层压力是无法实现的。

（3）节流循环时一定控制返出量，不能多返。果勒 1 井 11 月 15 日节流循环，期间 11:20—12:10 连续多返 8.3 m^3，关井压力为 10 MPa，套压由 0 MPa 上升至 8.3 MPa。因

10:25 中途停泵，套压 0 MPa，立压由 1.3 MPa 上升至 2.5 MPa，再次节流循环，没有控制套压，认为密度为 2.02 g/cm^3 的钻井液密度能够平衡地层压力。但再次循环节流阀开度由 15% 调至全开，连续多返，没有第一时间采取措施，即恢复节流阀开度至停泵前的 15%，控制套压为 2.4 MPa，直到重浆返出井口。节流循环时多返，除没有控制节流阀开度，施加一定的回压，防止地层流体在循环过程中侵入外，使用的钻井液密度偏低是主要原因，按第一次溢流关井压力 5 MPa 计算地层压力系数为 2.04，使用密度为 2.02 g/cm^3 的钻井液密度偏低。

（4）压回法压井后，建立循环考虑上次溢流时的关井压力。果勒 1 井钻进至 7688 m 漏速增大，停泵外溢关井，压力 5 MPa，折算地层压力系数为 2.04。下钻分段循环时，在喇叭口仍采用 1.97 g/cm^3 的钻井液密度，明显不能平衡地层压力，发生溢流是必然的。

（5）溢流关井后，分析溢流原因，要么提高密度压稳，要么节流循环排污，不提密度，节流循环也达不到排污目的，循环失去了意义。果勒 1 井 11 月 15—16 日，在喇叭口以上全部是密度为 2.05 g/cm^3 的钻井液时，停泵，出口线流关井，套压 2.4 MPa。用原井浆节流循环，此时钻头距井底约 900 m，循环不能将钻头下的污染浆排出来，没有提密度，也不能压稳油层，循环 6 h 后，停泵，出口不断流，关井，套压为 3.1 MPa。无用功。

第八章　人为原因导致的井控案例

第一节　塔中 823 井缝洞储层井喷事故

一、基本情况

塔中 823 井是一个位于高含硫地区的探井，该井试油作业时，管柱下深至 5 365.73 m，封隔器坐封不成功，使油套管相互连通，于是准备压井起管柱。

二、事件经过

2005 年 12 月 23 日，试油监督向钻井队下达《塔中 823 井压井、下机桥、注灰作业指令》，其中要求了挤压井的程序和压井完成后要观察 8~12 h，至地层漏失和出口无异常后，方能拆采油树。

24 日 13:00 开始试油压井施工，至 26 日 6:30—6:55，井队向油套环空内注入钻井液 17 m^3，套压由 4 MPa 下降至 0 MPa 时（立压之前已降至 0 MPa），就将采油树与采油四通连接处的螺丝卸掉，并于 7:05 吊走采油树，吊开后约 2 min 井口开始有轻微外溢并逐渐增大，立即抢接变扣接头及旋塞不成功，钻井液喷高已达 2 m 左右。抢装采油树不成功，井口钻井液喷出钻台面以上（图 8-1）。井队紧急启动《井喷失控应急预案》，全场立即停电、停车。并由甲方监督和平台经理组织指挥井场和营房区共 71 名作业人员安全撤离现场。

(a) 井喷事故现场1

(b) 井喷事故现场2

图 8-1　井喷事故现场

由于该井高含 H_2S，为保证周边人员安全，通知周边井队人员全部撤离，并一度封锁沙漠公路，社会影响极其严重。

三、原因分析

1. 地质原因

该井地层属于敏感性储层，经酸压后沟通了缝洞发育储层，喷、漏同层，造成压井钻井液密度窗口极其狭窄，井不易压稳。

2. 工程原因

按照国内的试油工艺和装备，将测试井口转换成起下钻井口时，需要卸下采油树，换成防喷器组。因此，井口有一段时间处于无控状态，这是事发当时国内试油工艺存在的工艺缺陷（目前已经解决）。

3. 人为原因

（1）未检查溢流，井队未严格按照试油监督的指令组织施工。压井后，应至少观察一个拆、装井口周期以上，无异常后再至少循环一周以上，或者将管内外流体全部挤入地层后方能拆采油树。而井队发现套压时只挤至 0 MPa 就拆卸采油树，属严重违章，是造成井喷失控的主要原因。

（2）井队在拆装井口过程中，未及时通知试油监督和井控现场服务人员，使整个施工过程中，缺乏应有的技术指导。

4. 其他原因

井队技术力量薄弱，钻井工程师现场工作时间只有一年，没有识别出旋塞的扣型是反扣，致使拆卸采油树之后，未能及时抢装上旋塞。

四、纠正和预防措施

（1）对高含硫油气井必须给予高度重视，要进一步加强技术力量的配备。

（2）加强钻井的施工组织及相关作业队伍的管理，使其务必严格遵守塔里木油田相关安全规章制度。

（3）加强井队的培训和应急演练，提高员工处置突发情况的能力。

（4）加大技术攻关力度，解决试油作业换装井口的井控盲点，从本质上保证作业安全。

第二节　大北 301 井溢流处理不当致卡钻

一、事故发生经过

2008 年 11 月 8 日 8:00—11:35 循环钻井液，井下正常。11:45 注密度为 2.55 g/cm^3 的重浆 10 m^3。13:15 起钻至井深 6 100.00 m，发现少灌 0.6 m^3，其中 12:30 起钻至井深

6 256.00 m 时灌不进。14:14 下钻到底，出口小股外溢。

14:56 循环钻井液，液面上涨 0.8 m^3，由于短起下钻和循环钻井液过程中一直处理钻井液，影响计量准确性。

15:20 关井，套压由 0 MPa 上升至 6.2 MPa，立压为 0 MPa（钻具内带浮阀）。

18:27 控制套压为 6.8~7.2 MPa 时节流循环加重，控制入口密度为 2.45 g/cm^3，排量为 12 L/s，立压为 5.2~6.4 MPa，每 5 min 活动钻具一次。

19:10 关井观察，地面倒钻井液，套压为 4.5 MPa，不间断活动钻具，至 19:05 上提下放钻具困难，发生卡钻，活动范围由 1472 kN 下降至 1717 kN 再上升至 2354 kN 无效。

二、事故调查

现场实际操作情况：录井队记录，起下钻过程中未使用计量罐，灌不进去后，落实少灌了 0.6 m^3，期间还在倒钻井液，事后查明溢流量达 10 m^3。

三、原因分析

（1）违反六条禁令第二条，“严禁违反操作规程操作”。塔里木油田井控细则规定关井原则为发现溢流、立即关井；怀疑溢流、关井观察。但该井钻井监督却在接到溢流报告后，凭经验办事，仍命令继续起钻，导致溢流量进一步扩大，大量的地层盐水进入井筒污染钻井液，使其中铁矿粉沉淀，是发生卡钻事故最直接的原因。起钻期间违反规定倒罐钻井液，影响计量罐准确计量，无法准确计量溢流量，致使钻井监督判断失误，是此次事故发生的重要原因。

（2）违反六条禁令第六条，“严禁违章指挥、强令他人违章作业”。发现溢流指挥继续起钻，指挥他人撕毁坐岗记录。

（3）监督现场监管不力。生产组织混乱，起钻期间进行影响计量的倒钻井液工作。10 天才下一次作业指令。

四、纠正及预防措施

（1）严格执行集团公司反违章禁令。

（2）加强现场生产组织管理。

（3）按井控细则操作，杜绝经验主义。

第三节　迪那 2-14 井防喷演习带压开井未遂事件

一、事件经过

2009 年 12 月 10 日，井队在对防喷器组缠电热带进行保温时，断掉了节流、压井管汇区的电热带供电，为防止管线冻堵，井队平台经理私自关闭了钻井四通 3# 闸门。

油田冬季井控安全检查防喷演习时，司钻在泵未停稳的情况下，便实施了关井，造成了井内 21 MPa 的圈闭压力，由于 3# 闸门处于关闭，此压力无法传递到节流管汇，因此关井立压为 21 MPa，关井套压为 0 MPa。

岗位人员向司钻汇报时，仍然汇报立压、套压为 0 MPa，开井前观察出口也无外溢。就在司钻准备开井时，被检查组成员及时制止，避免了一起带压开井事件。

二、原因分析

（1）平台经理关闭 3# 闸门后未向井队人员通报，同时，井队因防冻而关闭 3# 闸门，违反了《塔里木油田钻井井控实施细则》第二十一条“在钻井结束前，井控装备应保持待命状态”的规定。

（2）司钻在关井时慌乱，泵还未停稳便实施了关井，从而造成了 21 MPa 的关井压力。

（3）演练过于形式化，关井后，不认真观察立压、套压，凭主观认为无立压套压。而实际立压为 21 MPa，而井架工向司钻汇报时，却说“立压、套压为 0 MPa”。

三、经验教训

（1）井控装备必须时刻处于待命工况。若特殊情况需临时变动的，必须进行风险评估，并对相关方做好技术交底，工作结束后及时恢复到待命工况。

（2）现场防喷演习时，一定要沉着冷静，按照“四·七”动作一步一步地做到位。立压、套压及出口观察人员一定要负起责任来，即使演练也要认真观察汇报。

（3）发现压力异常一定要认真分析，查明原因后再进行下步作业。

四、建议

司钻在每次开井前，最好亲自核实一遍立压和套压，确认井内无压力后再打开闸板防喷器。

五、相关资料

2009 年 1 月，从现场回收的一副卡麦隆 35-70 闸板总成，其中 1 块完好（图 8-2）。另一块前密封胶芯严重损坏（图 8-3），整个前密封胶芯已脱离铁芯槽，胶芯严重变形，胶芯的上部钢板脱落。

损坏的共同特点：

（1）只损坏了其中的 1 块。

（2）只损坏了封芯的前密封。

（3）损坏的前密封脱离铁芯槽。

图 8-2　前密封胶芯严重损坏

图 8-3　前密封胶芯已脱离

2009 年 2 月，从现场回收的一副歇福尔 35-70 闸板总成，其中 1 块完好（图 8-4）。另一块前密封胶芯严重损坏（图 8-5），整个前密封胶芯脱离铁芯槽，胶芯严重变形。

图 8-4　前密封胶芯严重损坏

图 8-5　前密封胶芯脱离铁芯槽

原因分析：井压助封推力为 F_1，前密封固定螺栓的拉力为 F_2，打开防喷器的拉力为 F_3。在井内有套压的情况下，套压进入前密封胶芯与铁芯的后部，形成井压助封推力 F_1。当打开防喷器时，由于两个打开腔的油量、摩阻等不同，一只闸板会先动作。若 $F_1 > F_2$ 时，就会造成前密封胶芯脱离铁芯槽。

带压打开防喷器的危害：

（1）损坏闸板胶芯。

（2）造成闸板轴挂钩拉伤或断裂。

（3）损坏防喷器腔室顶密封面。

（4）若井下复杂，很可能造成井喷失控。

综上所述，如果套压较高或流量较大时，在打开防喷器瞬间不能完全释放掉套压，将会造成两块闸板胶芯都损坏。

第四节　轮古 353 井试油作业井控险情事件

一、事件经过

2009 年 1 月 24 日轮古 353 井酸压作业后，停泵测压降，油压由 10.64 MPa 下降至 9.87 MPa，套压由 13.9 MPa 上升至 18.68 MPa，开始用 ϕ6 mm 油嘴放喷排液，在此过程中油压套压都不断升高，现场判断为因流动引起套压升高，于是决定放低套压，因节流管汇被冻堵，就用压井管汇平板阀放压，套压立即降到 9.05 MPa，便很快又上升至 43.88 MPa，此时油压为 42.63 MPa，证明 FH 封隔器失封，造成井控险情。

而现场继续却用 ϕ8 mm 油嘴放喷求产，套压为 42.98 MPa，折日产油 24.12 t，折日产气 400 560 m^3。取样口 H_2S 含量为 20 mg/m^3。

二、原因分析

（1）打开压井管汇平板阀放喷泄套压是造成此次井控险情的直接原因。环空因大量气体侵入而压力逐渐较高时，现场打开压井管汇平反阀放压，因平板阀是浮动密封结构，并不具备节流的功能。所以一打开，环空的液体就以不可控制的状态无节制地喷出（据现场工人介绍，放喷时火柱冲出十多米高数十米远），致使环空内的液体很快喷空，直接与地层连通，地层压力直接传导至井口。

（2）现场管理人员分析错误，判断不正确是造成本次井控险情的主要原因。当套压急速升高时，现场管理人员（包括试油监督和井队干部）分析为放喷排液时油管内流体流动造成套压升高，没有意识到是封隔器失效引起，因而错误地做出了放套压的决定。

（3）FH 封隔器失效造成本次险情的另一原因。因封隔器失效，地层与环空连通，地层流体大量侵入环空，造成套压升高，从而引发了后面的事情。

（4）防冻保温工作不到位，节流管汇冻堵是造成本次险情的间接原因。当现场决定放掉一部分环空套压时，第一选择是用节流阀缓慢放压，但此时却发现因节流管汇因未保温而冻堵，现场不得不选择用压井管汇放压，从而使放压变成了放喷，将环空液体喷空。

三、纠正及预防措施

该井当时业主单位勘探事业部在报表上看到消息后，连夜派井控技术人员上井，同时组织压裂车等。对情况掌握清楚后，决定不停止放喷排液的同时，向环空大排量挤入清水以重新建立液柱压力。

第五节 大北 202 井节流循环压力控制错误引起的井控险情

一、基本情况

大北 202 井是塔里木盆地库车坳陷克拉苏构造带西段大北 1 气田大北 201 断背斜西高点上的一口评价井。在目的层钻遇良好的油气显示，短起时发生溢流，在压井过程中出现 64.00 MPa 超高套压。油田公司启动了应急抢险程序，经过两天的奋战，控制了险情，压井取得了成功。

完井用 ϕ12 mm 油嘴放喷求产，日产天然气为 112×10^4 m^3，日产油为 24 t，计算无阻流量为 403×10^4 m^3/d。

二、事件经过

2009 年 6 月 27 日用 8½in 钻头钻进至 5 871.25 m，地层层位为白垩系巴什基奇克组，钻井液密度为 1.68 g/cm^3，由于钻速太慢为 180 min/m，决定起钻更换钻头。早上 10:00 起钻 8 柱时，发现少灌钻井液 0.1 m^3，关井观察 1 h，无立压、套压，继续起钻至 5565 m，发现溢流 0.7 m^3，关井求压，立压为 0 MPa，套压为 0.2 MPa。

14:10 用密度为 1.70 g/cm^3 的钻井液节流循环压井，排量为 15 L/s。

15:00 发现液面上涨 0.5 m^3，现场未停止压井作业分析液面上涨的原因，也未采取措施控制液面继续上涨。

15:50 继续节流循环，发现分离器出口气体冲出，打开放喷管线放喷点火，焰高 5~8 m。

16:10 见喷势增大，关 4# 液动阀实施关井。关井后，套压迅速上升至 64 MPa，至 23:00 套压上升至 66 MPa。

整个压井过程中，钻井液溢流 95 m^3（不计由放喷管线喷出的钻井液）。

三、处理经过

接到现场险情报告后，油田公司立即启动一级井控抢险应急预案，组织勘探事业部、工程技术部、第四勘探公司、塔运司、沙运司、职工医院、通信公司、消防支队、四川井下作业公司等单位 380 余人，上百台套机具、设备奔赴大北 202 井现场。

油田公司领导亲临井场组织指挥抢险作业，现场抢险如图 8-6 所示。

压井方案：用 105 MPa 压裂车组，采用压回法先后用密度为 2.30 g/cm^3 和 1.75 g/cm^3 高密度钻井液挤压井，控制井口压力小于防喷器额定工作压力 70 MPa。

压井过程：6 月 29 日 11:20 通过 105 MPa 节流管汇放喷泄压，套压由 69 MPa 下降至 64 MPa 点火焰高为 7~10 m。关井，用压裂车反挤密度为 2.30 g/cm^3 的钻井液 45 m^3，反挤密度为 1.75 g/cm^3 的钻井液 91 m^3，正挤密度为 1.75 g/cm^3 的钻井液 61 m^3，压井成功。

图 8-6　大北 202 井现场抢险

四、原因分析

大北 202 井发现溢流后关井套压只有 0.2 MPa，应该说是一起常见的低风险压井作业。压井过程中，由于操作失误，造成关井 64 MPa，创造了塔里木关井套压的历史新高，差一点酿成高压高产气井井喷失控，其中主要原因有以下几点：

（1）窄压力窗口油气井井控技术、压井工艺不成熟，缺乏安全可靠的操作规程和相应的井控理论、井控技术支持。主要存在两大问题，一是窄压力窗口地层钻进钻井液密度确定困难，本井注密度为 1.68 g/cm^3 的钻井液溢流，注密度为 1.69 g/cm^3 的钻井液又井漏，在这种条件下，当时还没有成熟可靠安全的钻井技术工艺。二是超高压、窄压力窗口气层溢流压井方法的选择还没有成熟。

（2）压井现场指挥人员、组织人员缺乏压井基础知识、基本技能和应对压井复杂情况的分析判断能力、应急处理能力（井队管理人员无成功压井经验，工程师和平台经理更是从未压过井），使简单问题复杂化，表现在以下几个方面：

①起钻 8 柱发现少灌钻井液 0.1 m^3，就应该下钻到井底循环，调整好钻井液密度。发现溢流采取措施不及时。在停止起钻前，已经得到“灌入钻井液量少于钻具体积”的报告，到溢流 1.2 m^3 才停止起钻，超出了 1 m^3 的最高警戒线。

②从压井开始就不知道控制立压、保持井底液柱压力大于地层压力的基本压井原理，

导致循环压井过程变成了循环诱喷过程。

③压井过程中发现钻井液泵入量小于钻井液返出量，钻井液液面继续上涨，没有采取任何控制措施，导致溢流量不断增加。采用工程师法压井时，控制井底压力不够（初始循环立压低于低泵冲压力），造成井底负压，加速了溢流的发生，钻井液罐内溢流钻井液超过 95 m^3。

④对高压气井在压井过程中的运移特点认识不足，对物性好、裂缝发育储层的风险认识不足。当井内钻井液大量溢出，井筒液柱压力已经很低造成的井口高压为 36.0 MPa，误认为是气侵峰值已经到井口，采取放喷泄压这一极其严重的错误做法，导致钻井液无控制地大量喷出，使得井内钻井液几乎喷完，造成更高的关井压力，差一点失去对井口的控制。

五、经验和教训

大北 202 井井内钻井液几乎喷空，造成关井井口超高压，造成了不良影响和巨大的经济损失。通过其原因分析，得到了以下几点教训。

（1）对高压气井要引起足够的重视，要充分认识其井控的复杂性和危害性。

（2）随时把握监督、井队管理技术人员的技术水平。对高压、高渗透的气井，如果发生溢流，无论关井套压高低，现场无压井经验技术的人员的情况下要马上指派专业人员到井指挥压井。

（3）对已钻开储层的高危井，要加强巡查力度。对井控知识和风险要随时到现场宣讲和提醒，让现场人员始终绷紧井控这根弦。

（4）要求有经验的施工队伍和监督才能在高风险井作业。

（5）加强对承包商的井控知识培训工作。

第六节　中古 15-H1 井未严格执行井控规定造成溢流险情

一、事件经过

2010 年 5 月 7 日中古 15-H1 井控压钻进至井深 6 222.20 m 时发现井口溢流 0.8 m^3 后关井，关井结束后核实溢流量 3.3 m^3。井队工程师向本单位及业务主管部门进行了汇报，并组织加重材料配压井钻井液，严密观察套压变化。9:40 至 10:15 在未制定压井方案、未经许可的情况下，钻井工程师组织节流循环压井，10:15 钻井工程师考虑钻具长时间静止可能卡钻，未经请示批准，通知副司钻打开上半封，让司钻活动钻具并继续节流循环压井，10:24 套压由 7.5 MPa 上升至 14 MPa。旋转控制头刺钻井液，司钻停泵下放钻具到关井位置，副司钻关闭半封闸板，关闭节流阀 J2a，旋转头仍继续刺钻井液，后关闭全封闸板（试图用全封控制井口），此时司钻仍在下放钻具，悬重由 1354 kN 降至 343 kN，旋转控制头停止刺钻井液。套压升至 26 MPa，井口处于可控状态。19:55 业主组织相关人员，现场制定压井方案。23:10 采用压回法压井，注入密度为 1.33 g/cm^3 的压井钻井液 40.7 m^3，密度为 1.25 g/cm^3 的压井钻井液 139.9 m^3，排量为 0.5~1 m^3/min，套压由 27 MPa 下降至 0 MPa 开井观察出口无外溢，压井成功。

二、原因分析

（1）井队未严格执行油田《关于进一步加强井控工作补充规定的通知》第四条规定，未按规定程序汇报，未制订统一的压井方案，未得到业主和钻井技术办公室同意就进行下步作业。

（2）井队在节流循环压井过程中未按照油田《关于进一步加强井控工作补充规定的通知》规定“任何节流循环压井都要控制钻井液泵入量和返出量基本一致，发生溢流或井漏应及时关井，分析查清原因后再进行压井施工”作业，处置不当，造成套压快速上升，给后续压井施工增加难度。

（3）旋转控制头不是处理井控溢流压井的井控装备，不能在井还未压稳之前就打开半封，用旋转控制头带高压活动钻具，并实施压井作业。

（4）当井发生溢流井控风险时处理问题要有主次之分，应首先考虑有效控制住井口，在井口处于有效控制的前提下再考虑防卡等下步工序。

（5）井队井控培训工作力度不够，应急处理能力不足。

三、纠正和预防措施

（1）认真开展事件调查工作，尽快形成调查报告。

（2）责令钻井队停产整顿两天，深入剖析该井溢流处置经验教训，认真查找原因和工作漏洞，并举一反三，不断增强井控安全意识、责任意识，时刻把井控安全放在第一位。

（3）钻井、试油、修井期间的溢流险情处理，各勘探公司（作业单位）必须指派井控专家到井，制定压井措施，并报油田钻井技术办公室和业主批准，业主井控专业技术人员到井后，方可实施。

（4）在奥陶系碳酸盐岩储层作业过程中一旦发现油气显示，由驻井地质监督立即向业主相关部门和主管领导汇报。

（5）要求监督管理中心重点井目的层作业阶段，派驻由井控安全管理经验的监督驻井，严把井控安全管理关。

（6）业主单位认真梳理井控管理方面的盲区，同时有针对性的加强紧急情况下的防喷防硫演练，确保井队正确、及时有效地处置井控险情，提高应急处理能力。

（7）各勘探公司（作业单位）要加强井队压井方法（方案）、旋转控制头等井控装备原理及使用要求的学习，确保关键时刻操作迅速、准确。

第七节　迪那 2-27 井怀疑溢流不及时关井事件

一、事件经过

2010 年 10 月 24 日，迪那 2-27 井 9⅝ in 套管固井挤水泥结束，至 8:00 关井候凝，套压上升至 8.6 MPa，立压上升至 17.1 MPa。泄立压，由 17.8 MPa 下降至 0 MPa，套压由 8.6 MPa 下降至 1.8 MPa。10:20 套压 1.8 MPa 不变，泄套压，由 1.8 MPa 下降至 0 MPa，于是开环形，观察到出口有线流，一直到观察了近 30 min，罐面上涨近 20 m^3，才重新关井观察，套压由 0 MPa 上升至 4.4 MPa，泄套压由 4.4 MPa 下降至 0 MPa，加压 7 MPa 分级箍开孔。8:00 循环处理钻井液。

二、原因分析

（1）因该井段地层蠕变性强，注完水泥后井收缩较大，造成较严重回吐现象。

（2）承钻该井的一勘吐哈项目部 70139 队为初次进入塔里木市场，没有高压地区作业经历，对该类地区的溢流不敏感。此次幸亏为地层回吐，如果是油气溢流，则极有可能造成严重井喷事故。

（3）全队上下“发现溢流、立即关井，怀疑溢流、关井检查”的理念未深入人心。

三、纠正及预防措施

加强全队井控培训，确保“发现溢流、立即关井，怀疑溢流、关井检查”的理念深入人心。

第八节　轮古 11-4 井关井后担心卡钻活动钻具井控案例

一、溢流情况

轮古 11-4 井位于塔北隆起轮南古潜山桑塔木断垒，是一口开发直井，设计井深为 5460 m，完钻层位为奥陶系一间房组，由一勘某钻井队承钻，录井是一勘吐哈录井综合 22 队。2011 年 10 月 27 日 7:30 钻进至 5 112.24 m，岩性为灰色荧光细砂岩，钻井液总池体积由 124.98 m^3 上升至 125.80 m^3，总烃含量由 0.32% 上升至 11.84%。录井立即通知司钻和井队值班干部，发出异常预报通知单。同时钻井液工监测液面上涨，汇报司钻，司钻停泵观察，7:38 溢流量达到 6 m^3，关井，立压为 0 MPa，套压为 2 MPa。关井后录井 UPS 跳闸断电约 6 min，重启后，池体积为 148 m^3。录井无套压，检查套压传感器关闭。

7:41 关环形开闸板，打开 J2a，出口外溢，7:45 关井，液面上涨 10 m^3。7:57 现场采用边循环边加重的方式，入口钻井液密度由 1.53 g/cm^3 上升至 1.55 g/cm^3，节流循环。控制套压为 1 MPa。

8:16 担心卡钻，一勘主管领导通知现场活动钻具，上提钻具悬重由 1717 kN 上升至 1962 kN，钻具上行 1.7 m 左右，钻具接头刚好与环形胶芯处接触，08:19 下放钻具时，转盘面涌出钻井液。

8:20 司钻重新开关环形操作，钻井液突然喷出钻台面约 30 m，方瓦顶出转盘面，抢关下半封闸板防喷器。

8:22 关井成功，期间钻井液罐液面上涨量 8 m^3（喷出钻井液除外），关井套压为 12.5 MPa，立压为 0 MPa。关井后钻具内螺纹端距转盘面 2.37 m，外螺纹端接头处于上半封位置。

二、压井处理

8:42—10:51 用密度为 1.55 g/cm^3 的钻井液，制套压为 14 MPa 节流循环排气，08:48 分离器出口点火，火焰呈橘黄色，焰高为 5~7 m。期间漏失 63 m^3，平均漏速为 31.5 m^3/h。

用密度为 1.60 g/cm^3 的重浆节流循环压井，泵入 280 m^3，返出盐水 172 m^3，停泵套压为 0 MPa，全程出气点火。10 月 30 日用密度为 1.55 g/cm^3 的重浆反挤，共挤入 216 m^3，立套压为 0 MPa。转入处理卡钻事故。

三、原因分析

（1）溢流发现不及时，关井后处理不当，是造成险情的直接原因。关井后现场汇报溢流量 0.82 m^3，但从录井曲线看，上涨 6 m^3。关井后打开 J2a 观察，放出钻井液 10 m^3。边加重边节流循环压井时压力控制不合理，加速了溢流，为防止卡钻，而且在不停泵、不降低环形控制压力的情况下，上下活动钻具。关井后没有及时向业主单位汇报，7:30 溢流，9:00 向塔北汇报。在无压井方案、未向甲方汇报、井控专家未到井的情况下，实施节流循环压井，节流循环压井采取在上水罐直接加重的方式压井，不能合理确定钻井液密度。钻井液工未按要求坐岗，10 月 27 日 05:00—06:30 加胶液无记录。

（2）钻井工程设计、塔北勘探开发项目经理部和录井队对石炭系高压含气盐水层均有风险提示，钻井队对此未予以高度重视。

（3）第一勘探公司不能高度重视溢流关井后的处理，不派出专家而直接通知井队循环压井。

四、经验和教训

（1）在全队开展安全经验分享，讨论分析事故发生的原因。

（2）利用生产碰头会、班前班后会等多种时机，对全队员工进行井控安全第一思想灌输。进行塔里木油田井控实施细则、相关井控管理规定培训。进行井控应急处理能力培训；进行井控装备知识培训。

（3）结合生产实际，强化防喷演习。做到“培训＋要求＋执行＋监督”，严格落实井控管理制度。

第九节　中古 16-H1 井频繁开停泵坐岗未能及时发现溢流案例

一、溢流情况

2013 年 4 月 29 日，中古 16-H1 井用密度为 1.10 g/cm^3 的钻井液目的层钻进至 6 452.44 m 蹩泵、遇卡，层位为奥陶系良里塔格组，设计地层压力系数为 1.15。后续复杂处理，因钻井液工未及时发现溢流，溢流 3.5 m^3 才关井，导致 17.6 MPa 高关井套压（图 8-7）。

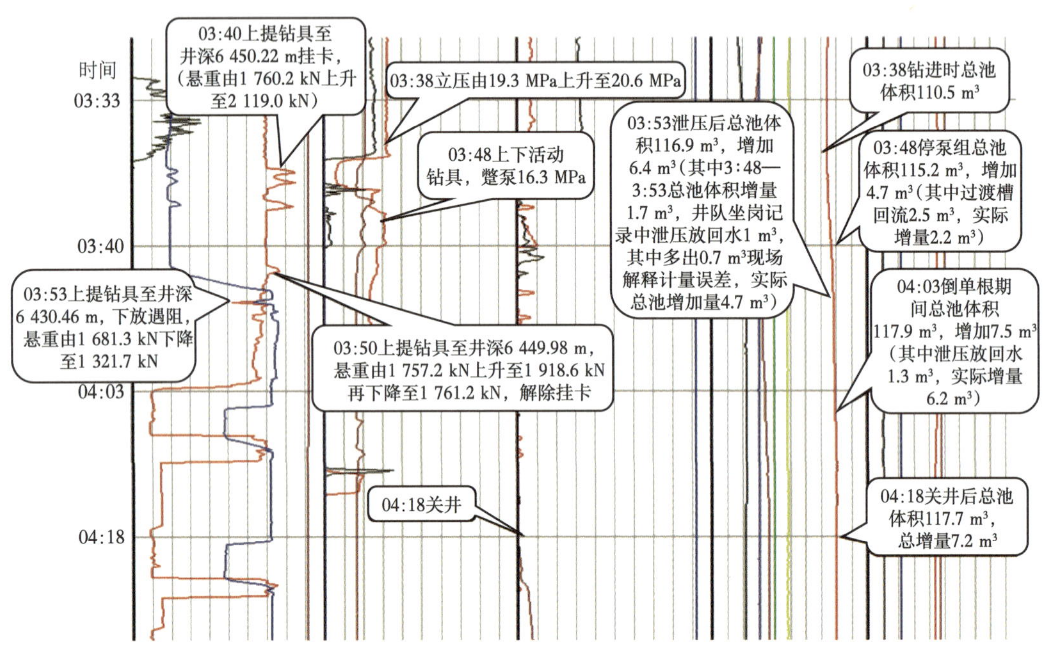

图 8-7　中古 16-H1 溢流发生时泵压异常及关井后套压、溢流量

二、溢流处理

（1）反挤降套压，确保井口安全。2013 年 4 月 29 日反挤相对密度为 1.45 重浆 22 m^3，套压由 17.6 MPa 下降至 11.4 MPa。

（2）正挤蹩通水眼，建立循环通道。正挤相对密度为 1.45 的重浆 10.6 m^3，套压由 11.4 MPa 上升至 11.7 MPa，立压由 21.3 MPa 下降至 10.7 MPa（挤通水眼）。

（3）节流循环压井，恢复正常生产。使用密度为 1.30 g/cm^3 压井液节流循环压井成功，分离器点火焰高为 1~5 m，持续时间 205 min，期间漏失钻井液 9.2 m^3。

三、原因分析

（1）频繁开停泵、泄压放回水，导致钻井液罐液面不规律波动，给钻井液及录井坐岗人员准确计量和判断造成困难。

（2）坐岗人员技能不够，无法有效应对复杂情况坐岗要求，致使溢流未能及时发现。

（3）井队干部、驻井监督在处理井下复杂过程中对存在的井控风险认识不到位，未及时进行风险评估和提示，也无相应的应对措施。

四、经验和教训

（1）在井下复杂时，派专人观察出口，液面异常时，及时汇报司钻，按关井程序关井，不受复杂工况的影响。

（2）在目的层处理井下复杂工况时，计算好开泵和停泵时的液面变化情况，确保在处理复杂工况时能准确测量液面。

（3）引进 PWD 井下压力监测工具，准确判断井底压力，为目的层钻进时选择合适的钻井液密度提供参考依据。

第十节　哈 601-12 井发现溢流不及时关井案例

一、溢流情况

哈 601-12 井位于塔里木盆地塔北隆起轮南低凸起西斜坡，目的层为奥陶系一间房组、鹰山组一段兼探良里塔格组，由四勘某钻井队承钻。2013 年 3 月 4 日三开钻至 6535 m 进入良里塔格组 5 m 中完，ϕ200.03 mm 套管下至 6533 m。3 月 23 日 1:16 钻进至 6615 m，录井发现出口流量增大，1:18 电话通知钻台，钻井队 1:36 停泵观察，出口流量不减，1:39 上提钻具，1:47 关井，套压由 0 MPa 上升至 15 MPa，立压由 0 MPa 上升至 3 MPa（浮阀失效）。

二、压井处理

3 月 23 日 12:00—18:00 节流循环压井，泵入密度为 1.25 g/cm^3 的钻井液 150 m^3，漏失 65 m^3。出口密度由 0.95 g/cm^3 上升至 1.14 g/cm^3，泵压由 9 MPa 下降至 3 MPa 再上升至 7 MPa，套压由 15 MPa 下降至 1.6 MPa。3 月 24 日 2:30 关井观察，套压由 1.6 MPa 下降至 0.8 MPa，立压为 0 MPa。5:30 节流循环，泵压由 2 MPa 上升至 11 MPa 再下降至 0 MPa，套压由 0.8 MPa 上升至 0.9 MPa，泵入密度为 1.22 g/cm^3 的钻井液 61.5 m^3，漏失 35.5 m^3，出口失返（图 8-8）。3 月 24 日 12:00 关井观察，套压由 0.9 MPa 下降至 0.8 MPa，监测水眼内液面为 435 m，环空液面在井口，反挤密度为 1.22 g/cm^3 的钻井液 20 m^3，监测环空液面为 270 m，起钻至套管内关井观察。

图 8-8　节流循环排气点火

三、原因分析

（1）液柱压力小于油气层压力是溢流的直接原因。揭开储层密度为 1.12 g/cm³，根据关井立压 3 MPa，计算油气层压力系数约为 1.17，钻井液密度偏低是溢流发生的根本原因。《哈 601-12 井钻井地质设计》：哈拉哈塘地区奥陶系主力产油层段温压资料统计分析，哈拉哈塘地区地温梯度为 2.11 ℃/100 m，压力系数为 1.10~1.15，为常温常压油藏。预测哈 601-12 井底深度为 6725 m，海拔为 -5765 m，温度为 141.9 ℃左右，压力为 75.3 MPa 左右，折算压力系数为 1.14。

（2）溢流后没有及时关井导致关井压力较高。钻井队在接到出口流量增加报告后，认为是钻井液气泡引起，担心影响钻井工期，犹豫不决，造成大量油气侵入井筒，导致关井套压高。

四、经验和教训

（1）钻井现场值班干部必须始终贯彻落实“发现溢流、立即关井，怀疑溢流、关井检查”的原则，牢记“溢流、关井、汇报”方针。

（2）鉴于碳酸盐岩储层的非均质性，大哈拉哈塘地区三开目的层钻进钻井液密度执行设计上限，即 1.18 g/cm^3。

（3）加强副司钻关井能力培养。哈 601-12 井溢流报警时，副司钻在钻台操作，司钻返回钻台关井，延长了关井时间。

（4）目的层钻井必须保证井控装备处于待命工况。哈 601-12 井溢流时，司控台不能使用，通过远控房关井，延长了关井时间。揭开油气层后，井控装备必须处于完好待命状态，需要维修时必须停止钻进，关井后，确保井控安全的前提下，由井控技术人员维修。

第十一节　牙哈 23-1-118H 井寒武系目的层溢流处理

一、基本情况

牙哈 23-1-118H 井是塔里木盆地塔北隆起轮台凸起牙哈断裂构造带牙哈 3 构造西段的一口开发井。导眼井设计井深为 5950 m，导眼井目的层为新近系吉迪克组、古近系 + 白垩系和寒武系。该井于 2017 年 9 月 30 日开钻。导眼井完钻时间为 2018 年 3 月 8 日，完钻井深为 5946 m，完钻层位为寒武系（未穿）。为保证牙哈 23-1-118H 井后期开发效果，考虑寒武系储层横向非均质性，油田决定导眼完钻，完井方式为套管完井。三开在寒武系漏失相对密度为 1.30 的钻井液 34 m^3。井身结构和井口装置如图 8-9 和图 8-10 所示。

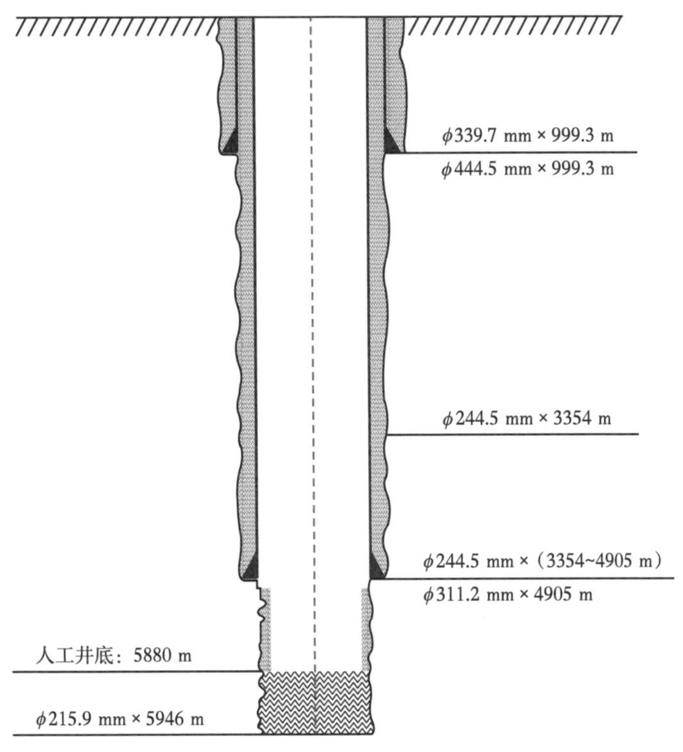

图 8-9　牙哈 23-1-118H 井实钻井身结构

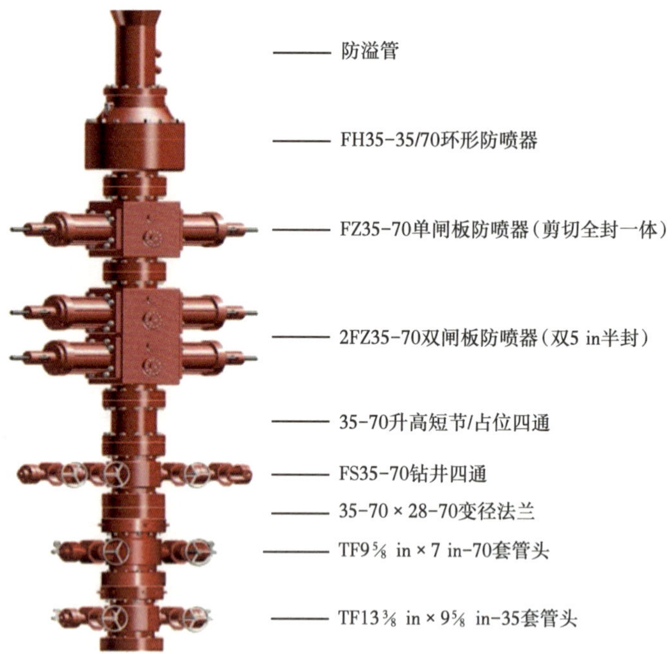

图 8-10　牙哈 23-1-118H 井井口装置图

钻具组合：ϕ215.9 mm 三牙轮 + 转换接头 430×4A0+ 浮阀 +ϕ127 mm 加重钻杆 ×15 根 + NC52T 母 ×411 转换接头 +ϕ127 mm 钻杆。

井口 9⅝ in P110×ϕ11.99 mm 套管抗内压强度为 63 MPa，外挤强度为 29 MPa。溢流时环空容积为 160 m^3，水眼容积为 49.7 m^3，钻头下部裸眼容积为 15 m^3。

寒武系油藏类型为块状底水带气顶油藏。寒武系具有良好油气显示，同时寒武系地层易发生漏失，导眼井段设计密度范围为 1.20~1.35 g/cm^3。

二、事件经过

2018年4月27日牙哈23-1-118H循环调整钻井液，井浆密度由1.29 g/cm^3下降至1.26 g/cm^3，短起至井深 5413 m，循环液面正常，停泵外溢，关井无压力，下钻至井深 5498 m，多返 1.4 m^3，关井立压为 0 MPa，套压为 1.3 MPa。

三、处理经过

4 月 27 日 18:30 节流循环提密度由 1.26 g/cm^3 上升至 1.28 g/cm^3，立压为 6~8 MPa，套压为 2~3 MPa（压力表漏油）。18:57 发现钻井液罐液面上涨 3 m³，19:02 关井，套压由 0 MPa 上升至 16 MPa，立压为 0 MPa（钻具带浮阀），节流循环过程中发生窜罐。

接报后甲乙方立即共同成立现场指挥组，下设技术组、监测警戒组等五个小组，明确各小组职责。

根据前期压井和关井压力情况，结合现场压井液实际情况，确定工程师法压井，不使用井队循环罐（窜罐），采用 2 个 40 m³ 压井液回收罐，2 个 40 m³ 压井液上水罐。

天然气事业部组织二勘井下 2000 型压裂车 2 台、仪表车 1 台、供液车 1 台、工具车 1 台、40 m³ 供液罐 2 个、40 t 板车 1 台。一勘组织密度为 1.40 g/cm³ 压井液 150 m³，40 m³ 压井液回收罐 2 个。

压裂车于 4 月 28 日 0:00 到井，连接管线并试压 50 MPa，15:30 准备密度为 1.39 g/cm³ 钻井液 289 m³。

4 月 28 日 18:15—23:24 采用正循环压井，排量为 0.45~1.19 m³/min，立压由 30 MPa 下降至 4 MPa，套压由 36 MPa 下降至 0 MPa，出口返出钻井液密度由 1.20 g/cm³ 下降至 1.1 g/cm³ 再上升至 1.37 g/cm³，液气分离器火焰熄灭，压井成功。压井施工如图 8-11 所示。

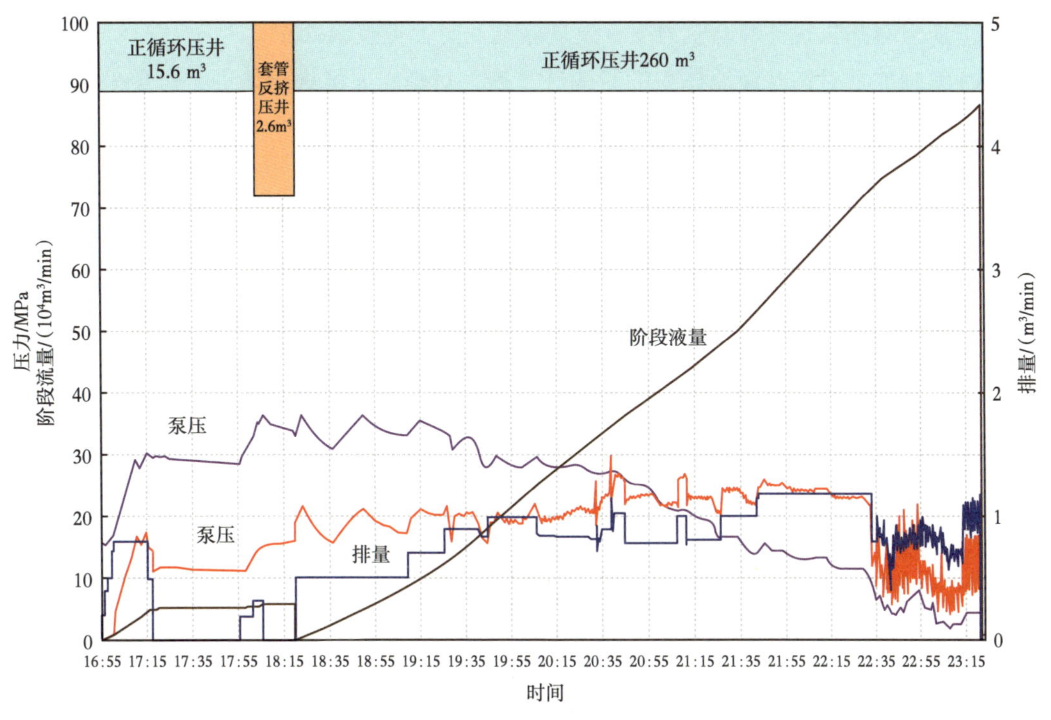

图 8-11　压井施工曲线图

四、原因分析

（1）第一次节流循环过程中 2#、3#、4# 和 5# 循环罐相互窜罐及节流循环加重，影响第一次节流循环时循环罐液面计量，立压控制不足，导致节流循环时溢流量增多，关井压力升高。

（2）对牙哈 23 区块寒武系地质认识不足，钻井液密度偏低。该区块只有牙哈 304 井钻至寒武系，地质资料不够，地质认识不足，没有充分认识到寒武系裂缝型地层，高气油比气藏的井控风险。

（3）井队在第一次节流压井过程中对节流管汇低量程压力表漏油巡检不到位，未及时上报工程技术部处理，导致在关井后及第一次节流循环时套压数据读取不准，影响第一次压井施工的进行。钻井队未及时发现循环系统窜罐，对该井循环系统管理不到位。该井井控专家对复杂情况的溢流压井处置能力不足，对井队装备的关注不到位。

（4）业主钻完井工程部未及时发现循环系统窜罐及节流管汇低量程压力表漏油的安全隐患，对该井现场监管不到位，对第一次节流循环压井关注不够。

五、经验和教训

（1）加强和工程院的沟通，加深对牙哈23区块寒武系地层认识，适当调整该区块压力附加值，优化目的层钻井液密度。

（2）加强对井队装备的巡检力度，发现问题及时上报技服处理。

（3）编制加重对钻井液池体积的影响计算表，对坐岗人员进行培训，避免坐岗对加药品加重过程中液面上涨发现不及时。

（4）在压井过程中对于压井参数的异常，必须立即分析处理，避免误判，导致问题严重化。

（5）建立井控专家评估题库，开展一次承包商井控专家的评估 。

（6）加强井控专家培训力度，建立油田井控专家培训班，提高井控复杂处理能力。

第十二节　乔探1井反挤水泥浆未打平衡压损坏卡瓦事件

一、事件经过

2018年9月19日二开中完下入13⅜ in套管，浮鞋下深1467 m，坐卡瓦，坐挂1275 kN，恢复防喷器。注水泥浆，前置液及少量水泥浆混浆返出井口。固井队决定待尾浆稠化后进行反挤作业。

固井队进行反挤施工，并且未打平衡压，导致在泵入清水至0.5 m^3过程中，泵压上升至6 MPa，继续泵注0.2 m^3，泵压快速下降，误判为地层已蹩通。后挤入清水0.5 m^3，排量为0.5 m^3/min，泵压为1.6 MPa，此时固井队发现防喷器防溢管处冒钻井液。拆一级套管头法兰以上防喷器，检查卡瓦情况，发现半边卡瓦压板（卡瓦共计20颗螺栓，顶起10颗）被顶起。卡瓦螺栓上紧卡瓦压板距离套管头法兰面95 mm，反挤施工后卡瓦压板距套管头法兰面约60 mm，卡瓦压板被顶起35 mm。如图8-12所示。

二、整改情况

整改卡瓦，将卡瓦胶皮与压板重新安装后，割套管，甩出防喷器，装试压保护环，一、二级套管头之间间隙大，反复尝试紧双头螺栓。打磨保护环，重新安装井口试压合格。

图 8-12　卡瓦压板被顶起

三、经验和教训

二级固井或正注、反挤固井，需要先坐挂套管、后注水泥浆，作业时悬挂器下部存在上顶力，容易损坏悬挂器密封圈。应采取以下措施。

（1）下套管作业前，换装与井口套管尺寸匹配的闸板封芯，试压合格。

（2）挑选长度、外径尺寸、外观平整度及椭圆度均满足套管头安装要求的套管作为井口套管。

（3）套管下至预定井深，一级固井或正注水泥浆候凝结束，拆井口，套管居中后，坐挂套管卡瓦，恢复井口。

（4）注水泥浆作业前，关闭套管闸板封芯，通过压井管汇注平衡压，平衡压为施工预计的最高井口压力加 3~5 MPa。

（5）注水泥浆过程中，保持平衡压到注水泥浆作业结束。

（6）施工中注意观察，若施工最高井口压力接近平衡压，应补注以适当提高平衡压。

（7）根据水泥浆稠化情况，开展切割套管作业。

（8）对于 ϕ473.08 mm 套管等无相应尺寸套管封芯的井，可采取关闭环形防喷器注平衡压的办法。

第十三节 塔中 726-2X 井下筛管井喷案例

一、基本情况

塔中 726-2X 井是塔中 I 号气田 726 断裂带的一口开发井（定向井），设计井深为 5640 m（完钻井深为 5 593.76 m），目的层为良里塔格组良五段为缝洞型碳酸盐岩储层，预测储层压力系数为 1.16，温度为 146 ℃，预测气油比为 18 000 m^3/t，预测 H_2S 含量为 500~4800 mg/m^3。

二、事件经过

12 月 16 日塔中 726-2X 井用 6¾ in 钻头钻至 5 593.76 m（垂深为 5 507.81 m）完钻，井斜为 63.7°，因井漏、放空、溢流等井下复杂，甲方决定取消电测，筛管完井。

12 月 21 日 8:15 通井起钻完，11:28 下套管准备，用时 3 h 13 min，卸钻头、甩钻铤、连接防喷单根等用时 1 h 25 min，套管服务队更换套管钳液压泵站用时 1 h 48 min。期间吊灌 7 次，每次为 0.5 m^3，分别于 8:50 和 10:00 先后两次监测液面，深度分别为 410 m 和 386 m。

11:28 开始下尾管作业，每 30 min 监测一次液面，先后 6 次分别测得液面深度为 370 m、240 m、221 m、220 m、221 m 和 232 m。

14:46 下至第 23 根时（入井管柱结构：5 in 引鞋 ×1 支 +5 in 割缝筛管 ×6 根 +5 in 套管 ×17 根，管柱长为 260 m），钻井液工发现高架槽返出钻井液，立即跑上钻台向司钻汇报，期间井内钻井液涌出井口，司钻立即发出报警信号，下放管柱至转盘面（平台经理从罐区、工程师从前场跑上钻台），钻台人员立即将大门坡道旁的防喷单根吊至钻台。

14:50—14:52 防喷单根入小鼠洞后，井口人员将 5 in 套管吊卡更换为 3½ in 钻杆吊卡，扣好防喷单根，司钻上提防喷单根至井口对扣，此时钻井液上涌至转盘面以上 1 m 左右，抢接 6 次不成功，期间钻井液涌至转盘面以上 3 m 左右。14:53 工程师随即操作司控台关环形防喷器，钻台上其他人员撤离。管柱上顶喷出 4 根套管，钻井监督下令关剪切防喷器。14:55 工程师跑下钻台到远控房，打开限位，关闭剪切闸板，打开旁通阀。期间又分两次喷出 13 根套管，平台经理到远控台又关闭了 3½ in 和 4 in 两个半封闸板，钻井液上涌高度回落至转盘面，1 min 左右又再次喷出，喷高近 50 m，现场立即停车停电，人员撤离。

15:05 清点人数，设置隔离区，未检测到 H_2S。一名清洁化生产员工卡在挖掘机驾驶室无法逃生（图 8-13）。16:38 打开主放喷管线，气体喷出约 50 m。18:40 打开副放喷管线，井口喷势未明显减弱。19:00 井控装备技服人员用原远程控制台开关剪切闸板两次，喷势无变化。

图 8-13　生产员工卡在挖掘机驾驶室

三、抢险处理

抢险历时 79 h，未发生人员伤亡、次生灾害。

现场向油气田产能建设事业部塔中项目部汇报，渤钻库尔勒分公司应急办公室汇报。油气田产能建设事业部向塔里木油田井控应急中心汇报。油田公司启动应急预案，召开应急首次会，向集团公司汇报，组织 12 家相关单位、20 名领导专家以及集团公司西部井控应急分中心人员赶赴现场。

井口喷出的套管砸中挖掘机驾驶室导致变形，卡住驾驶员无法移动。被困人员于 22 日 0:45 救出，历时 10 h49 min。被困人员情绪稳定，无外伤。

经过多次踏勘，查看了喷出管柱接箍刮擦情况、现场防喷器胶芯掉块情况、井口喷势和管汇压力情况等，多次组织方案讨论，进行推演完善，确定了增压剪切、实施节流、大排量重浆压井的方案，并报集团公司审定。

整个压井过程主要分为第一次压井、吊灌、抢下油管挂、第二次压井四个阶段。12 月 25 日压井压井成功。

四、井喷原因

1. 直接原因

下尾管筛管作业过程中吊灌钻井液不足，井内压力失衡造成溢流井涌，关井不成功导致井喷。下尾管作业时发生溢流，由于尾管管柱没有内防喷措施，关闭环形防喷器未形成有效密封，环形防喷器关井失败；关闭剪切闸板未能剪断井内管柱，剪切防喷器关井失败。

2. 间接原因

（1）溢流原因：一是油气活跃，溢漏同层。本井储集体较大（130×10^4 m^3）、气油比高（18 000 m^3/t），油气显示活跃，全烃值高达99.84%。溶洞裂缝异常发育，完井作业在漏溢同层复杂情况下进行，油气置换快，漏喷转换快。二是未按规定吊灌钻井液。该井三开以来一直处于溢漏同存的复杂状态，在下尾管协调会上，钻井监督要求每30 min吊灌1次，而钻井队从11:28—14:46的3 h 18 min内未吊灌钻井液，钻井监督也没有发现和纠正，造成井筒压力失衡，引发溢流、井涌。

（2）未及时发现溢流原因。下套管期间，11:55—12:25井筒液面从370 m上涨到240 m（对应容积3.9 m^3），在未灌浆的情况下，液面不降反涨，说明已发生井筒内溢流，但钻井队和液面监测队未意识到，未采取有效措施，失去溢流预警和处置有利时机。

（3）半封闸板防喷器未起作用原因。由于钻井液上涌、钻台湿滑、视线不良等原因，6次对扣抢接防喷单根未成功，3½ in半封闸板防喷器无法封井。

（4）套管上窜原因。关闭环形防喷器后喷出口径变小，油气喷速和上顶力快速上升，井内套管少重量轻，在上顶力作用下管柱上窜喷出。

（5）未能有效实施剪切的原因。井内尾管在上顶力作用下处于快速上窜状态，影响剪切效果。关闭剪切闸板程序不符合细则要求，工程师在没有打开旁通阀的情况下，关闭剪切闸板，储能器高压未及时进入控制管路，导致剪切压力不足，管柱未剪断，未按要求启动气动泵增压进行剪切。

3. 管理原因

（1）设计及技术措施针对性不强。该井从钻至井深5 578.93 m直到下套管时均处于井漏失返状态，属于典型的溢漏同存储层。下套管前刮壁、通井两趟起钻作业仅采取井筒吊灌措施，均未反推一个井筒容积钻井液，也未打入凝胶滞气塞，致使井筒内受污染钻井液未能得到彻底处理，为溢流埋下隐患。设计及技术措施均未明确提出针对性要求。

（2）完井管柱变更后未充分评估井控风险。本井原设计为裸眼完井方式，下3½ in一体化投产管柱完井，后改为加挂一层5 in筛管＋尾管，设计变更后未识别完井管柱无内防喷措施、无对应半封闸板等带来的井控风险，也未制定相应控制措施。

（3）外部承包商井控职责未履行到位。一是套管服务队生产组织不力延误下套管。维修套管钳用时108 min，下套管作业效率低，6.5 h仅下入套管260 m，导致溢流发生时3½ in钻杆尚未入井，不能关闭半封闸板，同时下入管柱少、重量轻，在关闭环形防喷器后，井内套管易上顶喷出。二是液面监测形同虚设。液面检测队未按规定将监测数据告知甲方监督和钻井队，对环空液面上涨的异常情况未做出任何分析和提示预警，也没有按照实施细则要求加密测量（进入目的层或发现异常情况加密监测间隔不超过10 min）。

（4）现场监管职责不落实。井队干部和盯井工程师，以及甲方工程监督没有尽到监管责任，对溢漏同层复杂情况下的井控风险麻痹大意，对溢流征兆和危险操作不重视、不干预、不纠正。一是下套管要求每 30 min 吊灌 1 次，而钻井队 3 h 18 min 内未吊灌钻井液，无人发现和制止。二是下套管期间，在未灌浆的情况下环空液面从 370 m 上涨到 240 m，明显的溢流征兆无人过问，也未采取措施。

（5）应急演练培训不足。含硫地区未按防硫要求佩戴正压式呼吸器。紧急状态下，井控操作人员不能正确操作剪切闸板关井。钻井队班组应急演练记录中未见录井、清洁化、套管和液面监测队伍的参演记录。井喷发生后，钻井队发出长鸣警报，井场抓管机仍在作业，清洁化作业人员未及时撤离作业现场，导致被喷出管柱卡住在工程车内，反映清洁化专业队伍紧急撤离的应急意识不足。

（6）对井控高风险区域的新进队伍风险评估不到位。该钻井队自组建以来长期在台盆区作业，塔中 726-2X 井是在塔中地区施工的第一口井，该地区储层多为溶洞型地层，是塔里木井控风险最高的地区。油气田企业和钻探企业对该队首次进入塔中施工未严格开展井控风险评估，未重点指导和管理。

（7）先关环形防喷器的应急操作有缺陷。目前行业标准、集团公司管理规定、井控细则中的关井程序都有先关闭环形防喷器的一般性规定，但类似这种发生了井涌而且井内管柱少重量轻的特殊条件下的关井要点，没有针对性规定。以本井为例，按理论计算，关井后井筒压力为 20 MPa 时上顶力为 286 kN，而环形胶芯关闭 5 in 钻杆本体抱紧力约 98 kN，阻力小于上顶力。此时先关闭环形防喷器增加井内管柱上顶力，就会导致管柱上窜，增加控制井口难度。

第九章　管内溢流案例

第一节　克深 8-2 井井漏后管内溢流案例

一、基本情况

克深 8-2 井双扶通井完，承压试验发生井漏，堵漏，开井不见液面，静止候堵，每 10 min 环空吊灌 0.3~0.5 m^3，共灌 12.5 m^3 出口未返，录井发现总池体积上涨 0.5 m^3，通知钻台溢流关井，井队观察出口无返出，排查原因发现泵房回水有钻井液返出，实施关井，关井后总池体积累计上涨 8.5 m^3，立压为 19 MPa，套压为 4.5 MPa，关井口旋塞，压井施工准备。

二、压井情况

（1）接顶驱，用钻井液泵逐步打平衡压至 28 MPa 开旋塞未打开。

（2）用钻井液泵环空反挤密度为 1.90 g/cm^3 的压井液 20 m^3，套压由 1.9 MPa 上升至 10.2 MPa 再下降至 6.4 MPa 再上升至 7.2 MPa，停泵套压回零。

（3）用压裂车逐步打平衡压至 50 MPa 未开，经多次打压尝试，16 MPa 时打开旋塞。

（4）用压裂车正挤密度为 1.90 g/cm^3 的压井液 52 m^3，立压最高为 34 MPa，套压最高为 7 MPa，停泵立压为 3.6 MPa，停泵套压为 5.8 MPa。

（5）用钻井液泵节流循环压井，泵入密度为 1.90 g/cm^3 的压井液 98 m^3，控制节流套压为 4.5~6 MPa，液面上涨 3.5 m^3，停泵、关井观察，套压由 13 MPa 上升至 18.5 MPa 再下降至 16 MPa 后保持稳定，立压由 5 MPa 上升至 10.2 MPa 再下降至 5.8 MPa。

（6）节流循环压井，排量为 9 L/s，控制套压为 16 MPa，开节流通道迅速见排气管线有气体喷出，点火燃，焰高为 5~10 m（图 9-1），液气分离器无钻井液返出，泵入密度为 1.95 g/cm^3 的压井液 71 m^3 液气分离器有钻井液返出。调节节流阀，控制立压为 7.5 MPa 节流循环，泵入密度为 1.95 g/cm^3 的压井液 197 m^3，点火筒熄火，继续节流循环，点长明火不燃，经液气分离器循环除气，控制入口密度为 1.95 g/cm^3，调匀全井钻井液密度。

图 9-1　节流循环排气点火

三、原因分析

（1）堵完漏开井后未见液面，在钻具内未接浮阀情况下，只采取环空吊灌钻井液，而未进行钻具内吊灌，加之井队在修泵打开回水闸门情况下，未关闭立管闸门，导致钻具内溢流。

（2）录井发现溢流通知钻台关井，井队没有管内溢流意识，在出口未见溢流情况下排查原因，导致发现从溢流到关井结束用时 13 min，关井时间长。

四、经验和教训

（1）针对克深 8 区块目的层，高陡裂缝普遍发育情况，安排液面队值班，发生井漏失返立即安排液面监测。

（2）井漏失返后吊灌起钻起钻或起入套管静止观察，要坚持环空和钻具内都要吊灌的原则。

（3）目的层、盐层堵漏作业必须关闭立管阀门，做好井口监测。

（4）旋塞均存在承压后旋塞球座变形，导致开关困难的问题，通过研发，制造在高压下开关容易的旋塞。扳手材质要有承载高扭矩的能力。

第二节　迪那 2-23 井管柱内溢流

一、事件经过

2008 年 8 月 1 日迪那 2-23 井钻至井深 5 162.39 m 时发生井漏，井口失返。吊灌起钻至井深 4713 m，注堵漏浆堵漏，井口一直未见液面。8 月 2 日吊灌钻井液停泵后，值班司钻发现灌浆管线出口仍有钻井液流入井内环空，马上汇报异常情况，钻井监督判断发生了管内溢流，立即关井，关井立压为 15 MPa。该井管内溢流如图 9-2 所示。

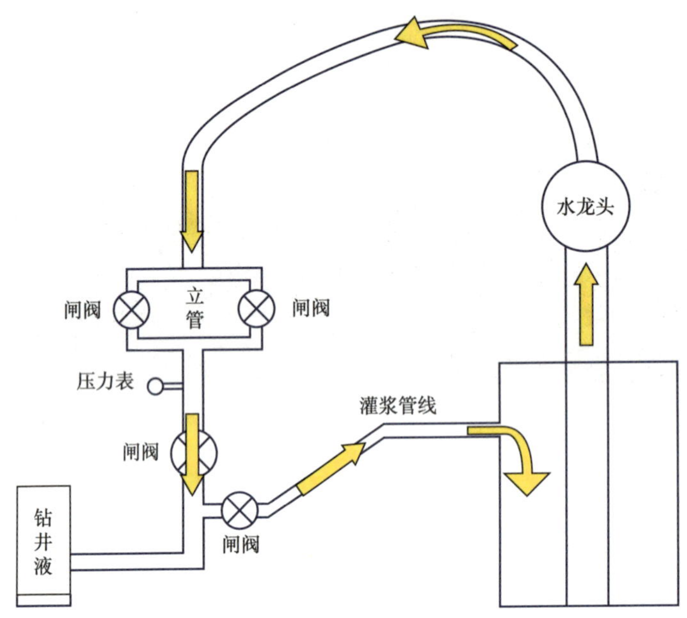

图 9-2　迪那 2-23 井管柱内溢流示意图

二、原因分析

（1）由于灌浆系统不是独立系统，打开灌浆管线灌浆时，未关闭立管闸门，立管便与灌浆管线连通。因此，当管内发生溢流时，溢流物便经水龙头、立管、灌浆管线流入环空，不易被人们发现。

（2）人员的井控意识不强，未分析工艺所存在的井控安全隐患，工艺存在严重的疏漏。

三、经验和教训

（1）必须严格执行油田各项井控标准，确保井在任何时候都是可控的。

（2）现场生产过程中，要加强巡检，认真分析、查找各种安全隐患，并及时整改。

四、整改措施

针对此次事件，油田制订了以下整改措施，并对油田在用钻机立管系统进行了检查、改造。

（1）立管管汇和灌浆管线应为各自独立的系统。使用独立计量罐进行灌浆或吊灌。对于双立管钻机，一条立管应与水龙带相连，另外一条立管应与灌浆管线相连。立管应安装截止阀，在截止阀或立管管汇之上安装一只压力表。压力表安装在便于司钻观察的位置。截止阀、压力表压力级别与高压立管一致，截止阀通径与高压立管通径一致。

（2）灌浆施工前，必须关闭立管上截止阀。灌浆或吊灌过程中，每 15 min 观察一次立管压力表，并记录。发现溢流立即关井，怀疑溢流关井检查。

第十章　固井后溢流案例

第一节　柯中 104 井钻尾管下水泥塞溢流案例

一、溢流情况

柯中 104 井是柯克亚背斜构造上的一口滚动开发井，设计井深为 6800 m。该井 2012 年 2 月 11 日开钻，一开中完井深为 506 m，下入 13³⁄₈ in 套管，二开中完井深为 4500 m，下入 9⁵⁄₈ in 套管，三开完钻井深为 6593 m，下入 7 in 套管悬挂，浮鞋下深为 6 592.4 m，喇叭口位置为 4 259.77 m。该井实钻井身结构如图 10-1 所示。

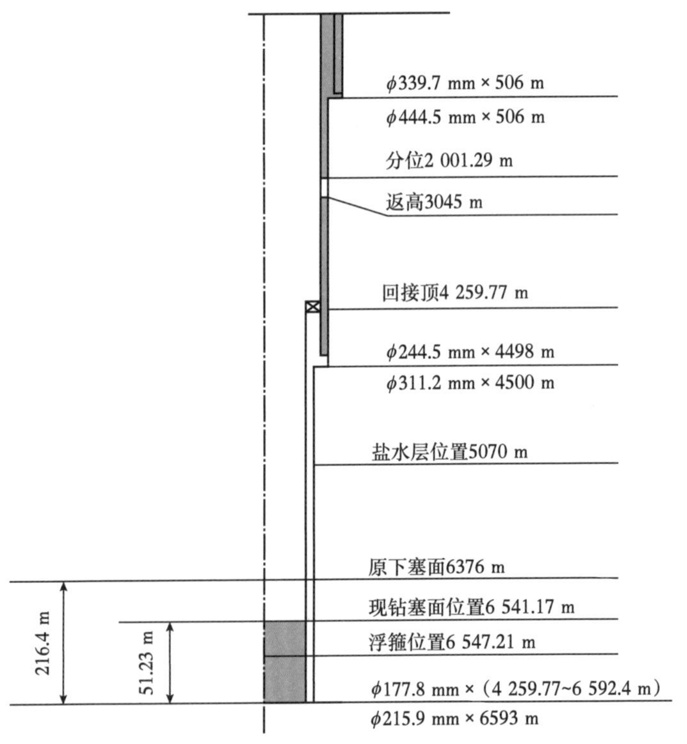

图 10-1　柯中 104 井实钻井身结构图

2012 年 12 月 6 日下送 7 in 套管至井深 6 592.40 m，小排量开泵，出口失返，液面在井口。投球坐挂，蹩通球座，倒扣，脱手成功。正注水泥施工过程无钻井液返出，漏失钻井液 144.9 m^3，起至井深 3830 m，替钻井液 2 m^3，起至井深 3545 m，关井候凝。2012 年 12 月 8 日候凝探上塞无，探完下塞电测声幅至井深 5700 m 遇阻，电测解释井段 5700.00~4 259.00 m 无水泥环，后对喇叭口试挤 20 MPa 挤不进。

2012 年 12 月 15 日 11:00 时钻下塞至井深 6 541.17 m 时发生溢流 0.4 m^3，溢流时钻井液密度 2.05 g/cm^3，立即关井。立压由 0 MPa 上升至 4.6 MPa，套压由 0 MPa 上升至 7.6 MPa 再下降至 7.2 MPa。

二、压井施工

2012 年 12 月 15 日用密度为 2.08 g/cm^3 的重浆节流循环压井，12 月 16 日压井施工完，观察出口线流，继续节流压井，入口密度为 2.10~2.12 g/cm^3，控制套压为 8~14 MPa，焰高为 2~3 m，出口火焰一直未灭。反循环压井，注入密度为 2.35 g/cm^3 的压井重浆 250 m^3，返出 129 m^3，漏失 121 m^3，出口钻井液密度由 1.84 g/cm^3 上升至 2.14 g/cm^3 再下降至 2.07 g/cm^3 再上升至 2.34 g/cm^3，压井成功，转入下步作业。

三、原因分析

7 in 套管喇叭口固井质量不合格是发生溢流的根本原因。从下套管至钻水泥塞至 6381 m 耗时 15 天，期间裸眼段高压盐水层（5 070.98 m）及下部油气层中地层流体与钻井液发生置换，造成地层流体侵入 7 in 套管外环空，又因喇叭口固井质量不合格，滑脱上升到 7 in 套管喇叭口以上，导致溢流。

四、经验和教训

柯中 104 井溢流表象说明，尾管喇叭口正试压合格，不能视为喇叭口固井质量合格。固井质量的优差要综合参考固井施工有无漏失、水泥塞有无上塞及上塞质量和测井曲线。

（1）固井施工前必须进行地层承压试验。

（2）加强区域性工程地质力学研究，准确预测地层的孔隙压力、坍塌压力、破裂压力和漏失压力，为固井工程设计提供技术支撑。

（3）持续加强防漏、堵漏工艺技术研究及现场试验，不断提高固井质量。

（4）制定易漏地层及特殊地层现场固井施工工艺及操作技术规范。

第二节　大北 208 井固井后下钻溢流

一、溢流情况

2012 年 12 月 23 日大北 208 井用 ϕ241.30 mm 钻头钻进至 5 741.9 m 中完，准备下入尾管，封固库姆格列木群膏盐岩段，为揭开产层做准备。2013 年 1 月 2 日下送尾管至

5 741.9 m，小排量顶通提至正常排量不漏，坐挂后，井漏失返，液面不在井口。注水泥浆作业，水泥浆出套管鞋后漏失 4 m^3，碰压泄压无回流，起钻 70 柱候凝，为减少漏失，保证有上塞，前 30 柱未灌浆。候凝 48 h，开井起钻，起钻灌浆正常。1 月 6 日下加重钻杆时发现溢流，抢下钻杆至井深 260.39 m 实施关井，立压为 0 MPa（井口抢接箭形止回阀），套压为 12.4 MPa。大北 208 井实钻井身结构如图 10-2 所示。

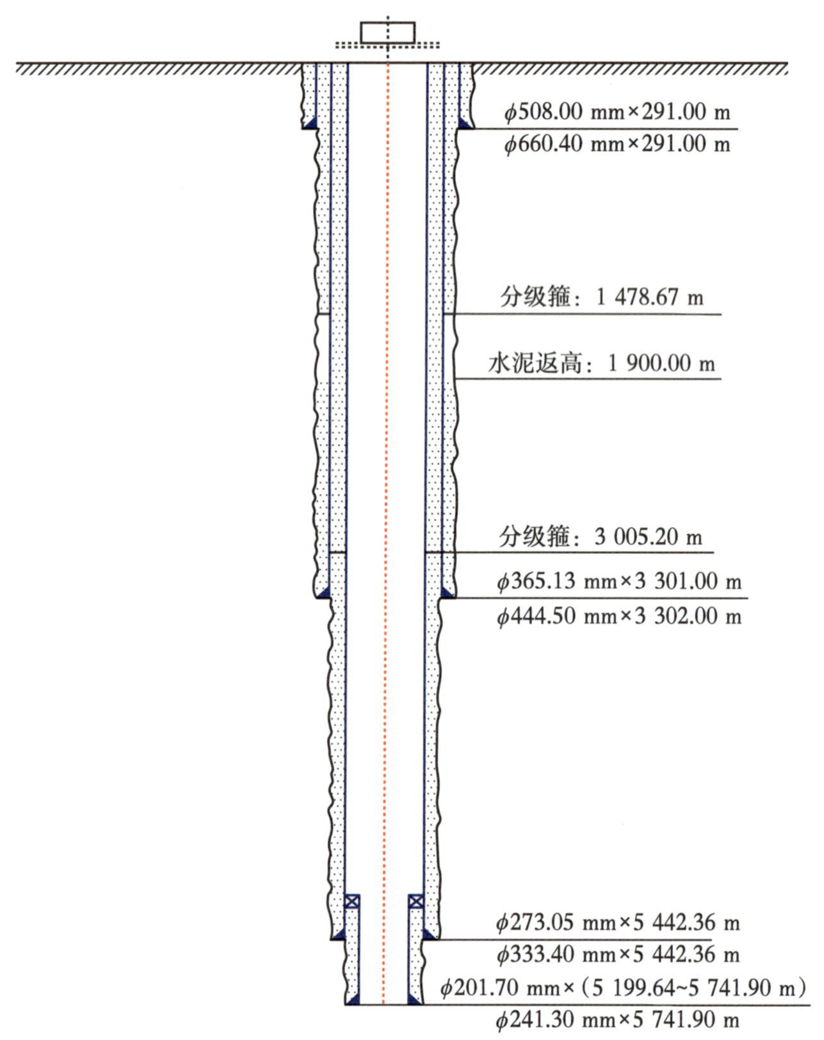

图 10-2　大北 208 井实际井身结构图

二、压井处理

1 月 7 日 11:30—11:45 节流泄压，放出钻井液 0.7 m^3，套压由 12.5 MPa 下降至 0.5 MPa。12:30 关井，套压由 0.5 MPa 上升至 2.3 MPa。1 月 8 日泄压开井，下钻探塞，下钻多返 12.3 m^3。1 月 8 日 19:30 循环处理钻井液。23:00 静止观察，出口仍有外溢。1 月 9 日用密度为 2.35 g/cm^3 的钻井液节流循环，控压为 2.5~3.5 MPa，停泵观察，出口无外溢。

三、原因分析

（1）因固井时发生井漏，环空液面下降可能压空喇叭口以上和套管重合段水泥浆，未对其形成有效封固，地层高压盐水侵入井筒，导致地层高压盐水溢流。

（2）水泥浆稠化时间偏长，水泥石强度发展缓慢（无强度 /24 h、17.5 MPa/60 h），导致水泥浆未及时稠化封固，地层高压盐水置换侵污而引发溢流。

（3）关井侯凝 48 h 后开井起钻前没有进行循环，未及时发现地层流体侵入，导致起下钻中发生溢流。

四、经验和教训

（1）对封固段存在或可能存在油气水显示的尾管固井，施工中一旦井漏失返且液面不在井口的井，应将井控放在第一位，保上塞放在第二位，并及时上液面监测仪监测环空液面，确保井控安全。

（2）尾管固井候凝起送入管柱前要循环钻井液一周以上，观察好液面变化，无异常后才能进行起钻作业。

（3）提高水泥石特别是加重水泥浆体系水泥石的早期强度，要保证水泥浆顶替到位后尽快达到强度要求，及时封固目的层位。

（4）对尾管悬挂固井注水泥施工中发生井漏这种情况，建议甲乙双方共同商讨制订一个统一的操作规范，更好地指导现场作业。制订和完善切实可行的应对现场各种井漏条件下的固井处理措施和应急预案。固井后固井工程师对钻井队用书面形式进行下步技术措施交底，建议水泥试验方提供现场施工水泥浆强度养护试验数据，并及时通知井队，以便进行下一步作业。

（5）建议水泥试验单位提供水泥浆大样水泥石 24 h、48 h 和 72 h 顶部强度试验数据，为现场提供关井和开井侯凝依据。

（6）建议重点复杂井相关单位主管固井领导亲自到场把关，以有效规避固井可能发生的复杂和事故。

（7）建议电测后向固井施工单位提供油气水电测解释结果，为规避固井风险和合理制定固井施工措施提供依据。

第三节　轮南 634-1 井钻塞溢流

一、溢流情况

2013 年 6 月轮南 634-1 井二开中完，下入 7⅞ in P110S×ϕ10.92 mm×5 592.2 m 单级固井返浆正常。6 月 18 日探塞面为 5085 m，套管试压为 20 MPa 合格。6 月 19 日 5:37 钻水泥

塞至 5 134.75 m 发现液面上涨 0.6 m^3（钻井液密度钻塞时由 1.46 g/cm^3 下降至 1.30 g/cm^3），立即关井。6:30 立压、套压均为 0 MPa，6:33 开井，出口无外溢，6:39 循环，泵压低，气测异常全烃含量由 0.02% 上升至 66.56%，停泵有外溢，液面上涨 0.8 m^3，6:43 关井。6 月 19 日 15:00 立压由 0 MPa 上升至 13 MPa，套压由 0 MPa 上升至 17 MPa。

二、压井施工

6 月 19 日 15:00—19:20 节流压井，立压由 22 MPa 下降至 8 MPa 再上升至 14 MPa，套压由 17 MPa 下降至 0 MPa，泵入密度为 1.46 g/cm^3 的钻井液 170 m^3，出口密度由 1.30 g/cm^3 上升至 1.44 g/cm^3，返出污染钻井液 149 m^3。15:00 点火，焰高为 5~10 m，19:00 火焰自动熄灭。6 月 20 日和 21 日先后用 1.50 g/cm^3 和 1.53 g/cm^3 的钻井液节流循环压井，油气上窜高度为 566.5 m，上窜速度为 75.5 m/h，满足起钻要求。

三、原因分析

井段 5150 m 附近的套管破损或脱扣或断裂，密度为 1.30 g/cm^3 的钻井液液柱压力低于石炭系高压层压力，5235~5255 m的石炭系砂泥岩段高压含气水层侵入井筒，引起溢流。

四、经验和教训

（1）鉴于国产套管存在质量不稳定，建议钻完水泥塞，测完固井质量后降低钻井液密度。

（2）钻完井过程中，无论什么工况下一定要坚持坐岗，不能丝毫放松。

第四节　玉东 1-1H 井候凝水泥浆失重溢流案例

一、基本情况

2016 年 2 月 5 日玉东 1-1H 井下 10¾ in+9⅝ in 套管完（封盐），浮鞋下深为 5140 m，分级箍位置为 2 532.44~2 531.66 m，2 月 6 日完成一级固井施工。

套管串结构：10¾ in×ϕ26.24 mm×TP140V 无接箍套管 ×28 根 +9⅝ in×ϕ11.99 mm×TP140V 套管 ×307 根 +9⅝ in×ϕ11.99 mm×P110 套管 ×134 根。井口 13⅜ in 套管抗内压为 33 MPa，抗外挤为 24 MPa，9⅝ in 套管抗内压为 63 MPa，抗外挤为 56 MPa。

玉东 1-1H 设计井深为 5896 m，中完井深为 5140 m，中完层位为库姆格列木群下膏泥岩段。钻井液体系为水基钻井液，钻井液密度为 2.19 g/cm^3。溢流井深为 4700 m，溢流层位为吉迪克组。

玉东 1 区块地层和压力系统复杂，吉迪克组存在高压盐水层，玉东 1-4H 井钻进至 4633.79 m 发现溢流，钻井液相对密度由 1.94 上升至 2.26。玉东 4 井钻进至 4 968.69 m 发生溢流，钻井液相对密度由 1.26 上升至 1.55。井口装置如图 10-3 所示。

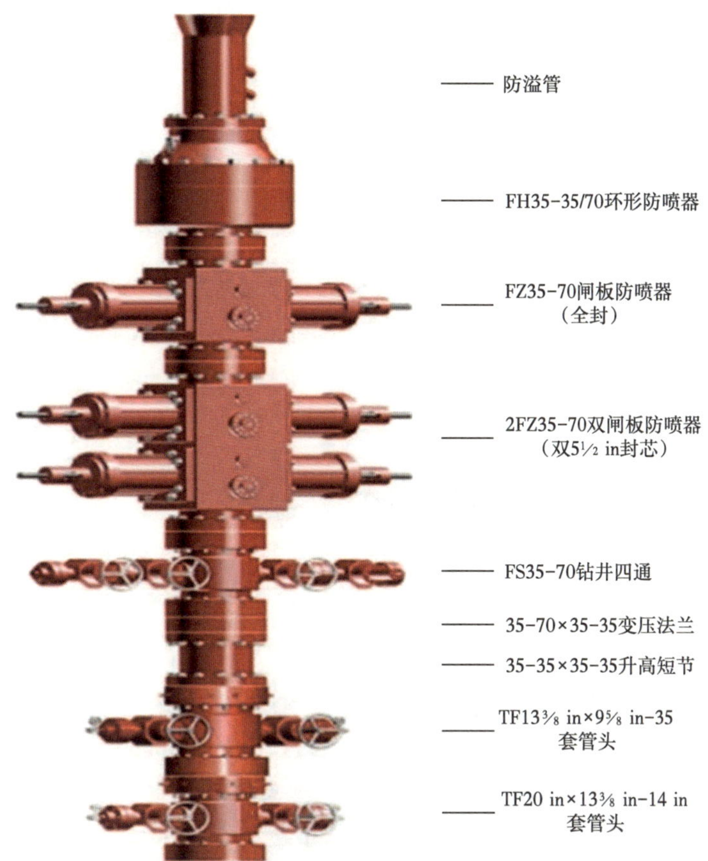

图 10-3 玉东 1-1H 井井口装置图

二、事件经过

2016 年 2 月 6 日 21:00 玉东 1-1H 井完成盐层套管一级固井，开井候凝至 2 月 7 日 17:30 发现线流。现场认为是水泥浆凝固过程中热膨胀所致，未关井。2 月 8 日 13:03 关井，历时 20 h，总溢流量 14 m^3，关井立套压为 22 MPa。

2 月 11 日 13:00 节流泄压，立压由 18.5 MPa 下降至 0 MPa，套压由 18 MPa 下降至 0 MPa，放出钻井液 2 m^3。2 月 11 日 15:15 坐卡瓦，坐挂 1766 kN，坐挂期间套管头旁通线流约 1 m^3/h。

二级固井施工共替浆 95 m^3，平均密度为 2.35 g/cm^3，泵压为 25 MPa，出口返出水泥，二级固井完，环空无外溢，装压力表，关闭套管头闸门，套压为 0 MPa。

3 月 2 日四开钻进期间，巡检时发现二级套管头（C 环空）压力表显示为 15 MPa，至 3 月 9 日升至 38 MPa，至试油结束 C 环空压力维持在 38 MPa。

三、处理经过

（1）C 环空压力持续上涨，可能对套管头及套管造成损坏，带来极其严重的后果。

C 环空带压 38 MPa，超过套管头上法兰额定工作压力（35 MPa）。9⅝ in 套管卡瓦，在压力作用下可能出现上顶。9⅝ in 套管接箍可能出现渗漏，地层盐水经套管接箍进入井筒内，出口外溢。

（2）通过泄压，间断放水的方式解决高压盐水环空持续带压问题，该井环空带压情况如图 10-4 所示。地层饱和盐水沿井底上升时，析出晶体的质量逐渐增加，通过计算，饱和盐水由井底（6000 m）上升至井口位置时，每 1 kg 水中会析出 49 g NaCl 晶体。

泄压测试：采用 ½ in 针阀，泄压，3 h 候后恢复至初始压力，确定为环空持续压力，通道为水泥裂缝。

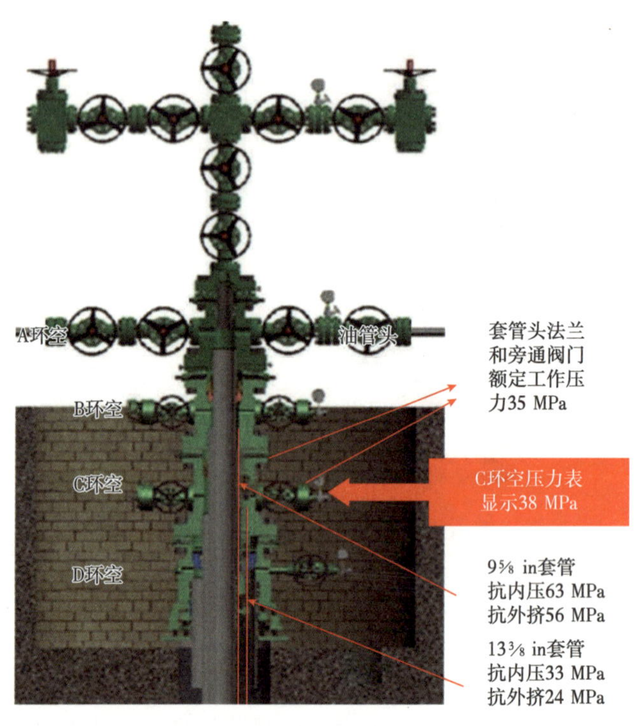

图 10-4　玉东 1-1H 井环空带压情况示意图

（3）放水实施方案为四开间断放水，控制井口压力不超过 40 MPa，共计排水 15 次，合计排水量 77 L。试油时环空敞放排液 31 次，共计排水 655 L，环空不出液，环空压力为 0 MPa。

改变以往封堵的思路，采用疏导，利用饱和盐水的盐结晶作用，实现环空放水降压解决超高压盐水环空带压的难题。

四、原因分析

（1）水泥浆缓凝。玉东 1-1H 井设计一级水泥浆（领浆）稠化时间为 490 min，实际地面取样约 79 h（室内 20 ℃）起强度，90 h 后凝固。水泥浆稠化时间过长，未能在一定时间内封固住高压水层。

（2）水泥浆凝固失重。水泥浆失重降低了液柱压力，导致分级箍以下液柱压力缓慢降低，地层水逐渐侵入井筒，在水泥浆内形成通道，发生溢流。

（3）没有识别到高压水层固井侵入风险。固井施工前现场没有充分考虑盐水溢流的风险，认为钻进过程中没有发生盐水侵入井筒，玉东 1-1H 井没有高压盐水。

（4）固井候凝期间没有采取关井憋压候凝，预防水泥浆稠化失重存在的地层出水。

五、经验和教训

（1）盐层测蠕变循环时，钻井液工应每 10 min 测量一次钻井液密度，一旦发现低密度钻井液进行连续测量，并取样给钻井液工程师进行钻井液性能测定，为判断盐层是否有盐水提供依据。

（2）一级固井后，采用关井憋压候凝，预防水泥浆失重后发生溢流。

（3）采用双级固井封固盐层的井，采用连续双级固井技术措施，一级固井完后，不需候凝，直接进行二级固井。

（4）对于裂缝通道的持续性环空带压，可以采用疏导方式，利用饱和盐水在井筒上升过程中盐结晶现象，解决超高压盐水环空带压的难题。

（5）严格执行油田“发现溢流立即关井、怀疑溢流关井检查”的井控原则及油田公司保命条款，严格按照塔里木油田溢流汇报程序进行汇报，杜绝出现迟报、瞒报和违章指挥等情况。

（6）录井队发现溢流或井漏后立即填写异常预报通知单，并要求各相关责任人及时签字确认。

（7）中完作业井控管理工作不能疏忽，加强承包商中完作业井控专家驻井制度，及甲方监督巡检力度。

第五节　克拉 2-7 井固井期间井涌及处理过程

一、井涌发生经过

克拉 2-7 井 12¼ in 井眼钻开白云岩后钻至井深 3550 m，9⅞ in 套管下深为 3547 m，分级箍位置为 2 304.08~2 304.88 m，白云岩井段为 3538~3 545.5 m（电测）。

一级固井情况为 2004 年 7 月 7 日注入前置液 12 m^3，水泥浆 35 m^3，密度为 2.25 g/cm^3，压胶塞 2 m^3，密度为 1.08 g/cm^3，替钻井液 131 m^3，未碰压。投开孔弹打压，最高泵压为 7 MPa，停泵压力降为零，没有看到开孔的明显迹象。开泵压力为 3.5 MPa，发现井漏，降排量，循环共漏失钻井液 54 m^3。候凝期间发现从环空外溢，关环形防喷器（没装 9⅞ in 套管封心），套压为 18 MPa，立压为 10.5 MPa。

二、处理过程情况

1. 第一次处理过程

7 月 8 日正循环向地层推压，注入 57 m^3 密度为 2.23 g/cm^3 的钻井液，停泵立压为 0 MPa，套压为 12 MPa。关井套压由 12 MPa 下降至 11 MPa 再上升至 20.5 MPa，立压为 5.6 MPa。漏层位置岩性为白云岩。

2. 第二次处理情况

7 月 8 日用水泥车反循环向地层推压，泵入密度为 2.26 g/cm^3 的钻井液 9 m^3，密度为 2.26~2.27 g/cm^3 的钻井液 124 m^3，套压由 21.5 MPa 下降至 0 MPa，立压由 7.3 MPa 下降至 0 MPa。

7 月 9 日关井观察，套压由 0 MPa 上升至 22.3 MPa，立压由 0 MPa 上升至 8.0 MPa。从邻井调运相对密度为 2.26 的钻井液共 100 m^3，准备第一次挤水泥堵漏施工作业。

3. 第三次处理过程

7 月 9 日用水泥车环空挤注前置液 4 m^3，挤注水泥浆 64 m^3，挤注后置液 3.5 m^3，相对密度为 2.25，套压由 13 MPa 下降至 9.5 MPa。用钻井液泵环空挤钻井液 64.5 m^3，相对密度为 2.26，泵压最高为 23 MPa，套压由 9.5 MPa 下降至 2 MPa。用钻井液泵向套管内挤钻井液 1 m^3，密度为 2.26 g/cm^3，泵压为 5.6 MPa，停泵后立压为 4.2 MPa，套压为 1.4 MPa，观察。立压由 4.2 MPa 上升至 7.2 MPa 再下降至 6.8 MPa，套压由 0 MPa 上升至 17.1 MPa。

4. 第四次处理过程

7 月 9 日开泵正挤钻井液 1 m^3，套压由 17.1 MPa 上升至 17.5 MPa，立压由 6.8 MPa 上升至 7.9 MPa。套压上升至 17.6 MP，立压上升至 9.4 MPa。反挤钻井液 10 m^3，套压由 17.6 MPa 下降至 15.3 MPa，立压未变。关井候凝观察，套压下降至 14.5 MPa 再上升至 21.4 MPa，立压由 9.4 MPa 下降至 7.7 MPa 再上升至 8.7 MPa。

5. 第五次处理过程

7 月 10 日第二次挤水泥堵漏准备工作，环空挤钻井液 6 m^3，相对密度为 2.26，泵压为 22~31 MPa。环空挤钻井液 94 m^3，套压由 20.1 MPa 下降至 4.3 MPa，立压由 8.5 MPa 上升至 13.5 MPa。套压由 4.3 MPa 下降至 0 MPa，立压由 13.5 MPa 下降至 7.7 MPa。注前置液 6 m^3，相对密度为 2.10，泵压为 5.0~18.0 MPa。套压为 0 MPa，立压为 6.0~7.7 MPa。改接注水泥管线，关旋塞。管线试压为 15 MPa，泄压至 8 MPa，开旋塞。套压为 0 MPa，立压为 7.2~7.3 MPa。注水泥浆 40 m^3，平均相对密度为 1.95。注后置液 5.6 m^3，相对密度为 2.10。用压裂车向套管内挤钻井液 87 m^3，相对密度为 2.26，泵压为 8.0~27.0 MPa。反挤钻井液 1 m^3，相对密度为 2.26。关井候凝观察，立压为 11.4 MPa，套压为 12.4 MPa。第三次挤水泥堵漏准备工作。

6. 第六次处理过程

7 月 11 日关井候凝观察，套压由 12.8 MPa 上升至 13.1 MPa，立压由 12.7 MPa 下降至 12.0 MPa。开泵从套管内挤相对密度为 2.25 的钻井液 2.12 m^3 停泵观察，套立压均未变。从套管内挤密度为 2.25 g/cm^3 的钻井液 1.88 m^3，套压由 16.1 MPa 上升至 21.5 MPa，立压由 15.0 MPa 上升至 20.3 MPa。关井观察，套压为 21.5 MPa，立压为 20.3 MPa。节流循环排气，火焰高为 15~20 m。套压由 21.5 MPa 下降至 12.5 MPa，立压由 20.3 MPa 下降至 14.2 MPa。节流循环排气，火焰高为 3~5 m，呈橘红色。套压由 12.5 MPa 下降至 0.8 MPa，立压由 14.2 MPa 下降至 3.6 MPa。7 月 12 日停泵观察，未见溢流。套压由 0.8 MPa 下降至 0 MPa，立压由 3.6 MPa 下降至 0 MPa。1:26 节流循环排气，火焰高为 0.5~1 m，呈橘红色。套压由 0 MPa 上升至 0.8 MPa 再下降至 0 MPa，立压由 0 MPa 上升至 4.2 MPa，火焰熄灭。节流循环排气，套压由 0 MPa 上升至 3.4 MPa，立压由 4.2 MPa 上升至 12.1 MPa。

二级固井过程：7 月 12 日循环，相对密度为 2.27 的钻井液，控制套压为 3.4 MPa，立压为 12.1 MPa。停泵，出口环空外溢 0.3 m^3/h，11:45 替相对密度为 2.32 的钻井液 30 m^3，泵压为 3.6 MPa，漏失钻井液为 4.6 m^3，停泵观察。注前置液 10 m^3，相对密度为 2.10，注水泥浆 42 m^3，平均相对密度为 1.93，泵压为 5.5 MPa。停泵后套压由 1.5 MPa 下降至 0 MPa，立压由 1.0 MPa 下降至 0 MPa。开挡销，压胶塞 4.5 m^3，相对密度为 2.10。替相对密度为 2.29 的钻井液 83 m^3，泵压为 2.1~14.5 MPa，套压由 0 MPa 上升至 4.6 MPa，泵压为 26 MPa。反挤相对密度为 2.29 的钻井液 1 m^3，套压由 0 MPa 上升至 10 MPa。关井候凝，套压由 10 MPa 下降至 9 MPa。分三次反挤相对密度为 2.29 的钻井液 0.28 m^3，套压由 9 MPa 上升至 18 MPa。候凝，套压由 18 MPa 下降至 9.5 MPa，卸压开井，先卸套压后卸立压。

三、经验和教训

克拉 2-7 井在二级固井前循环时发生井漏，由于井漏导致井涌，险些造成不可挽回的险情，教训是沉痛的，在总结吸取经验教训的同时，也要考虑其他井在高压气层固井期间应制定井漏和井涌情况下的应急方案。

（1）整体式套管头首次在克拉 2 气田应用，外方在设计期间对现场的施工情况不熟悉，编制的操作手册不适合指导现场的有关施工作业，现场技术人员不能盲从，另外井口设备情况应现场相关技术人员了解清楚。

（2）现场技术管理人员应提高管理水平，对高压气井漏失后将产生的后果有一个清楚的认识。

（3）高压气层固井期间井控设备应与所下入的套管尺寸相匹配，否则出现闸板防喷器不能关井的现状。

第十一章　试油降密度溢流案例

第一节　中古 17-1H 井试油降密度后溢流案例

一、溢流情况

2013 年 5 月 11 日中古 17-1H 井钻井转试油，完钻层位为奥陶系良里塔格组，地层压力系数为 1.15，完钻井深为 6887 m。5 月 14 日下入裸眼封隔器并验封，后用密度为 1.10 g/cm³ 压井液替出密度为 1.45 g/cm³ 的原井浆，5 月 17 日下 7⅞ in PHP 封隔器 + 锚定密封油管回插管柱至 59.35 m 溢流 0.6 m³ 关井，套压为 20 MPa。溢流发生时井下管柱如图 11-1 所示。

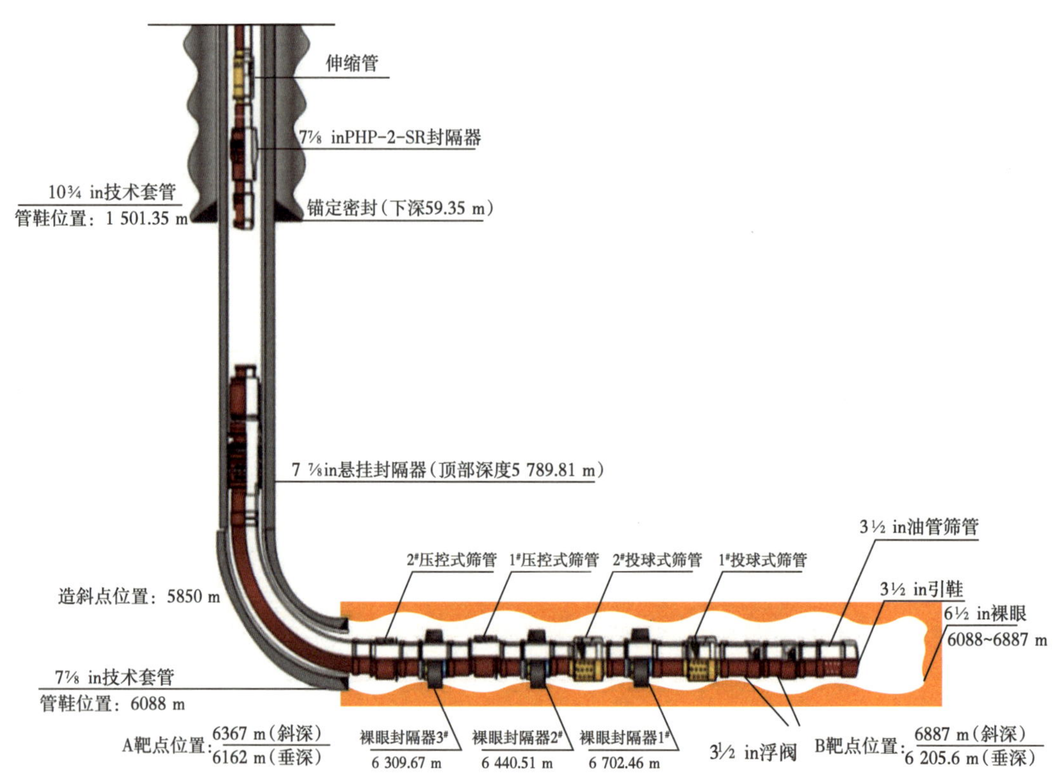

图 11-1　中古 17-1H 井井下管柱示意图

二、溢流压井

17:00 开始反挤密度为 1.7 g/cm^3 的钻井液 3.9 m^3，排量为 3 L/s，套压由 20.4 MPa 上升至 29 MPa，停泵后从节流管汇泄压，放出 0.6 m^3 钻井液时，套压由 29 MPa 下降至 19 MPa，再放出 0.1 m^3 后套压由 19 MPa 上升至 20 MPa，停止泄压，套压由 20 MPa 上升至 21 MPa。

18:30 再次反挤密度为 1.7 g/cm^3 的钻井液 0.8 m^3，套压由 21 MPa 上升至 29.5 MPa，再次放压，放出 0.5 m^3，套压由 29.5 MPa 下降至 19 MPa，之后压力不再下降，停止放压。

5 月 20 日 14:10，泵入密度为 1.65 g/cm^3 钻井液泵入 104.2 m^3 节流循环压井，连续油管泵压为 33~41 MPa，套压由 21 MPa 下降至 9 MPa。

至 19:10 用密度为 1.80 g/cm^3 钻井液 39.2 m^3 节流循环压井，连续油管泵压为 34.7~36.5 MPa，套压由 9 MPa 下降至 0 MPa，观察出口无异常，压井结束。现场利用连续油管节流循环压井施工如图 11-2 所示。

图 11-2　利用连续油管压井

三、原因分析

（1）送入分段酸压工具丢手后，用密度为 1.10 g/cm^3 的压井液替出原密度为 1.45 g/cm^3 的井浆，造成负压 21.3 MPa。

（2）负压状态下井下浮阀失效。

（3）项目经理部钻、完井井控工作未协同统一管理，在试油过程中，钻井液密度的选择仅单纯考虑试油工艺要求，而忽略了井控风险。

四、经验和教训

（1）应在下入插入管之后用低密度完井液替原井浆，防止在空井或井内管柱较少时产生超大负压，损坏井下工具。

（2）建议引进可靠性好的井下完井工具，对现有塔中井下完井工具进行专家论证后方可使用。

（3）试油设计要充分参考井漏造成的地层圈闭压力等实钻资料，选择合适完井液密度。

（4）加强试修井控风险识别，试修井开工验收前召开联系会，明确验收的内容及重点工作，要求地质、试油、钻井专业人员参加，进行技术交底、井控风险识别及共同制定控制措施。

第二节　大北 204 井替液后溢流案例

一、基本情况

2011 年 9 月 27 日大北 204 原钻机转试油，用原井钻井液对全井筒试压 20 MPa 合格，完钻井深为 6170 m，人工井底为 6140 m，完钻目的层为白垩系巴什基其克组。井身结构如图 11-3 所示。

10 月 5 日下铣齿接头替液管柱替有机盐。

6 日 8:00 用密度为 1.40 g/cm^3 的有机盐溶液顶替密度为 1.70 g/cm^3 的井浆完。

7 日 00:30 起钻至井深 693 m，甩 2⅞ in 非标钻杆 4 根发现溢流，立即抢接防喷立柱，按“四七”动作关井，溢流量 0.5 m^3。关井观察至 1:05 关井观察，关井立压为 0 MPa（钻具组合中有箭型止回阀），关井套压由 1 MPa 上升至 21.5 MPa，到压井前套压一直为 21.5 MPa。

关井后立即电话汇报给各相关上级主管单位。安排专人观察套压，每 2 min 记录一次，保持通信畅通。安排专人对井口、远控房、液控管线、闸板防喷器和四通等进行定时巡检，确保关井正常。固定钻具用 ⅞ in 钢丝绳 4 根对角固定方钻杆，防止压力过高将钻具顶出井内（图 11-4）。

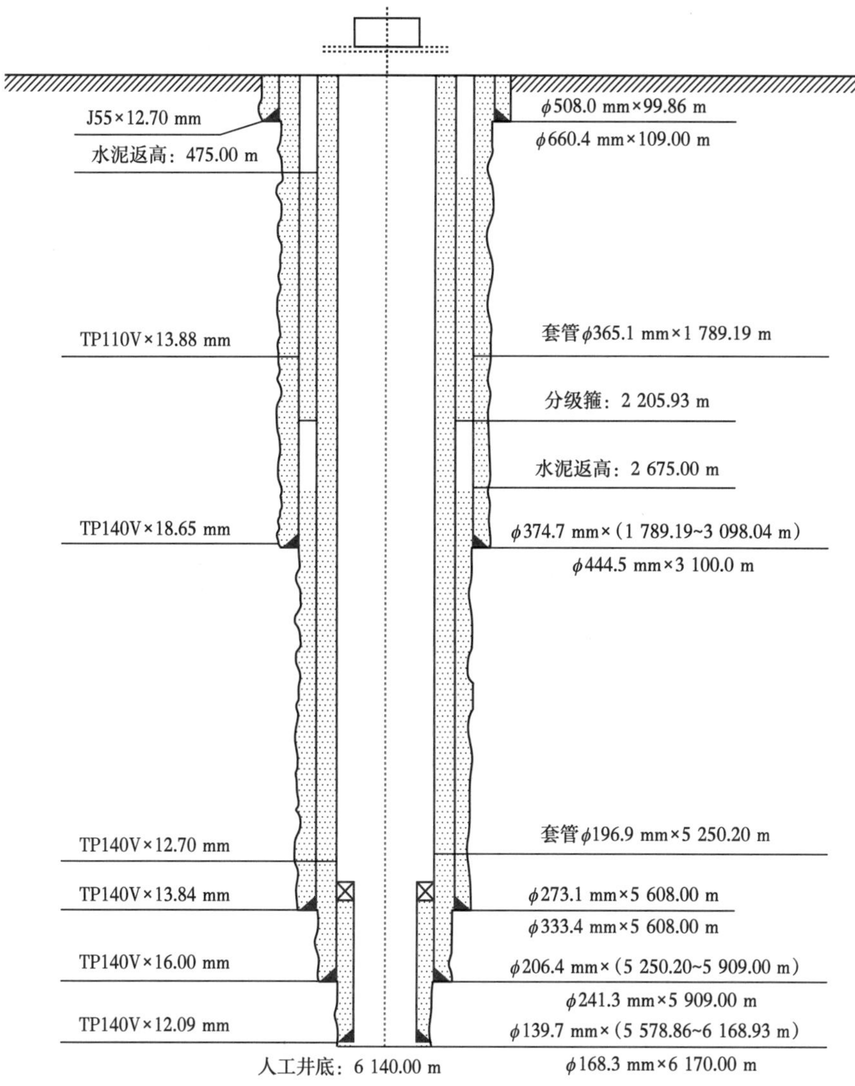

图 11-3　大北 204 井井身结构示意图

二、压井处理

组织压裂车，从压井管汇连接好高压管线，试压合格。压井方式为保证不挤坏套管，防止钻具上顶，泵压控制在 50 MPa 以内，并采取间歇反循环挤钻井液进行压井。10 月 7 日，12:15—12:50，间歇反挤密度为 1.40 g/cm^3 有机盐 3.1 m^3，泵压由 50 MPa 下降至 31 MPa，排量为 9 L/s。反挤钻井液，13:50 控制泵压不超过 50 MPa，间歇反挤密度为 1.89 g/cm^3 的钻井液 32 m^3，泵压由 52 MPa 下降至 31 MPa，排量为 5 L/s。21:08 连续反挤密度为 1.80 g/cm^3 的钻井液 99 m^3，泵压由 46.7 MPa 下降至 27.2 MPa，排量为 5.3 L/s。压井结束 21:35 停泵套压由 27.2 MPa 下降至 0 MPa。

图 11-4　钢丝绳对角固定方钻杆

三、原因分析

(1) 经电测解释 5½ in 喇叭口（5 578.25 m）附近固井质量差，替完有机盐之后，地层压力系数为 1.65，而有机盐密度为 1.4 g/cm^3，存在 15 MPa 压差。高压气层通过微裂缝，将胶结不好的水泥环破坏，窜出喇叭口固井薄弱处，导致溢流。

（2）现场人员安全意识淡薄。固井质量差、目的层套管环空基本无水泥的事实没有得到应有的重视，致使在替液施工中完全按常规套管内作业组织，替液后观察时间不够，也没有考虑循环需要。

（3）本次事件发生的主要原因为管理上的原因，主要是制度和规程的缺失。当时从集团公司、油田公司到各个项目经理部，均没有对在固井质量差的情况进行试油替液和起下管柱作业做出明确的规定，只有裸眼和射孔情况下的作业规定。

（4）山前复杂地层的固井工艺技术还不成熟，此类地层固井很难确保固井质量。

四、经验和教训

（1）塔里木山前地区地层条件极其复杂，在今后，目的层固井质量差的情况不可避免将在一段时间内多次出现，此类情况下如何进行试油作业，建议油田公司或项目经理部尽快出台制度或规程（如短回接固井、按射开产层对待等，现在已有规定），不能仅仅依靠管理层的临时决定或现场人员的经验去控制风险。

（2）承钻本井的钻井队，平时应急管理工作抓得较好，在本井施工作业中，及时发现了溢流并成功关井。因此建议试油作业前均应现场检验作业队伍的应急反应能力。

（3）对于油气层固井质量不好、可能存在封堵不严的井，虽然没有射孔，今后要按打开产层来对待。

第十二章　关井提断钻具案例

第一节　中古 511 井关井提断钻具事故

一、事故经过

2012 年 1 月 30 日中古 511 井三开目的层钻进至井深 5023 m，出口失返，起钻至套管鞋内关井观察，监测环空液面为 387~495 m。起钻至 4000 m 打凝胶塞及替浆，未返钻井液，吊灌起钻。2 月 1 日 4:15 起钻至 3568 m，液面队通知司钻关井测液面，司钻关上半封。测液面深度为 313 m。4:30 司钻在司钻控制台操作开上半封，时间约 15 s，开井后唐承军回司钻操作室起钻，上提钻具，游车由 3.78 m 上行至 8.69 m 时，悬重由 868 kN 上升至 898 kN 再下降至 147 kN，井口 3½ in 钻杆上单根下部本体 9.3 m 处断，钻具落井，井内落鱼长度为 3562 m。

二、原因分析

（1）开井程序执行不到位是本次事故的直接原因。司钻在司控台开井操作的时间偏短，开井前也未发出开井信号，各岗位人员没有到位，也未对闸板是否打开进行确认，最终导致事故发生。

（2）关键工况、特殊施工值班干部现场把关不到位是本次事故的管理原因。值班干部对值班期间的重点工况监管不到位，开井时段回值班室休息，致使司钻违章操作无人制止。

三、经验和教训

（1）加强防提装置的定期巡回检查，确保气源压力符合要求，装置灵活有效。

（2）任何情况下，必须先确认防喷器的开关状态后，才进行下步作业。

（3）要正确操作司控台，气源总阀与控制阀同时动作的时间要足够，确保远程控制台三位四通换向阀换向到位。

（4）严格执行干部值班制度，关键工况、特殊作业时值班干部必须到现场进行把关。

第二节　轮南 2-S2-25 井关井提断钻具事故

一、事故经过

轮南 2-S2-25 井于 2012 年 2 月 20 日下射孔联作管柱射孔，开井观察，无显示，上提解封，起钻杆 1 柱。关 3½ in 半封闸板，反循环替有机盐压井液，吹扫压井、节流管汇以及方钻杆。吹扫管线完，司钻在没有将防喷器 3½ in 半封闸板打开的情况下直接使用二档低速开始起钻，当吊卡离开钻台面 1.2 m 处，钻具从井口第一个单根本体 8.78 m 处提断。后下打捞筒打捞倒扣，下 3½ in 钻杆对扣成功后捞出全部落鱼，事故解除。损失时间 16.5 h。

二、事故原因

（1）司钻起钻前未打开防喷器，上提钻具时不看指重表悬重变化，在柴油机负荷过大时司钻不及时刹刹把，反而调柴油机带速（二挡低速）继续上提，这是导致本次事故的直接原因。

（2）气源压力低导致防提断装置失效，不能起到刹车的作用是本次事故发生的间接原因。事故发生前，现场一直在吹扫节流、压井管线、各端放喷管线、方钻杆作业，间断作业 80 分钟。司钻上提游车时外钳工在钻台上关闭了气源，导致气源压力低。通过现场试验了解到，模拟当时的吹扫工况，气源压力从 0.8 MPa 下降到 0.6 MPa 用时 1.5 min。本井绞车刹车气缸要求气源压力不小于 0.6 MPa。

（3）井队现场管理混乱，关键工序施工井队值班干部监管不到位是本次事故的管理原因。起钻作业前，井队工程师未对本次工作进行安排，又不到现场进行检查把关，而是到门岗房顶替门岗人员。

三、预防措施

（1）加强防提装置的定期巡回检查，确保气源压力符合要求，装置灵活有效。

（2）任何情况下，必须先确认防喷器的开关状态后，才进行下步作业。

（3）井队值班干部在关键施工时必须到现场监督把关。

第三节　富源 206-H1 井关井提断钻具事故

一、事故经过

2019 年 10 月 12 日富源 206-H1 井钻进井深 7 018.45 m 时井漏失返，10 月 13 日 20:34 吊灌起钻至井深 2 372.22 m，关 4 in 上半封监测液面，司钻未打开 4 in 半封闸板，上提钻具至 2 368.5 m，悬重由 856 kN 上升至 2735 kN 再下降至 372 kN，钻具提断、落井。落鱼长度为 2 370.825 m，理论鱼头深度为 4 647.63 m，实探鱼头深度为 4 654.64 m，较理论鱼头深 7.01 m，下入卡瓦捞筒打捞成功，损失 4.08 天。

钻杆断裂口距离内螺纹端面 1.903~1.995 m（断面不规则），断面直径变小，距端面 11 cm 处直径为 95 mm，11~28 cm 处直径为 99 mm，28 cm 以上处直径为 100.5 mm（101.6 mm），如图 12-1 所示。

二、原因分析

（1）直接原因：开井程序执行不到位，司钻操作失误：司钻关井测液面期间，在未打开 4 in 半封确认开井的情况下，上提钻具，造成钻具提断，落井。

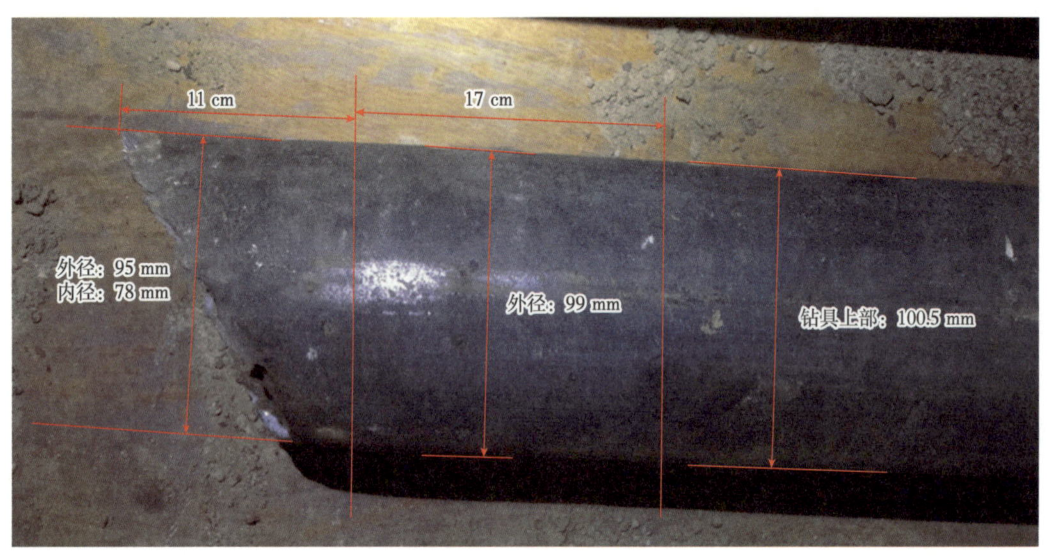

图 12-1　钻杆断口图

（2）间接原因：①防提断装置在司钻误操作时，未起作用。②对关键岗位的井控技能培训不够，司钻对风险识别不到位。③现场监督把关不严。现场有驻井钻井监督两名，且本次事故发生在傍晚，现场监督未对液面监测期间井队及监测人员的操作及配合进行现场把关。

（3）管理原因：①关键工况、特殊施工值班干部把关不严，开井程序执行不到位。在关半封测环空液面期间，未在现场对司钻做开井提示。②旁站监护制度落实不到位。旁站监护人员对井下存在的风险认识不足，未起到有效旁站监督作用。井队干部对旁站监护要求中“安排明白人监护”要求落实不到位。③开关井四方确认制度未认真落实。

三、经验和教训

（1）任何情况下，必须确认防喷器的开关状态后，才进行下步作业。

（2）加强对防提断装置的日常检查、维护保养，确保灵活可靠。

（3）建议现场制作关井提示牌，在关井后，挂牌提示刹把操作人员。

（4）严格落实旁站监护制度，安排明白人监护。

（5）严格执行干部值班制度，关键工况及特殊作业值班干部必须到现场把关。

第十三章　溢流剪断管柱案例

第一节　中古 11-H2 井管内溢流剪断钻具案例

一、事件经过

中古 11-H2 井于 2014 年 4 月 30 日转原钻机试油。5 月 1 日下打孔钻杆完井送入管柱完。5 月 2 日反挤密度为 1.10 g/cm^3 的钻井液 100 m^3，密度为 1.45 g/cm^3 的钻井液 40 m^3，正挤相对密度为 1.10 钻井液 16 m^3、相对密度为 1.45 钻井液 15 m^3，管柱内液面深度为 555 m。5 月 3 日电缆传送爆炸松扣仪器至 5827 m，反转钻具 27 圈，点火后有震感，释放扭矩钻具回转 16 圈，现场判断松扣未成功。起爆炸松扣仪器完，每 2 h 向管柱内吊灌密度为 1.45 g/cm^3 钻井液 1 m^3。

5 月 4 日准备第二次爆炸松扣，期间管柱内液面分别在 834 m 和 836 m。11:45 水眼正注密度为 1.08 g/cm^3 的井浆 14 m^3、相对密度为 1.45 的重浆 17 m^3，管柱内容积为 31 m^3，环空容积为 120 m^3，钻具水眼液面距井口 834 m，装电缆防喷器。

5 月 4 日 12:10 安装电雷管、导火索。13:10 电缆传送爆炸松扣仪器至井深 3100 m，水眼外溢钻井液，立即关半封，关闭电缆防喷器并向电缆防喷器内注密封脂，注脂压力为 15 MPa，但钻井液仍从电缆防喷器顶部外溢，且外溢量逐渐增大，电缆防喷器密封失效，平台经理指挥剪断电缆。13:44 拆卸井口电缆防喷器，以图抢接内防喷工具，但未能拆开。水眼钻井液外溢量继续增大，关剪切闸板。14:00 钻具从钻杆内螺纹端以下 4.72 m 剪断，并关环形防喷器。关井套压由 7.6 MPa 上升至 10.9 MPa，转入压井和事故处理。

二、原因分析

（1）电缆防喷器关井失败。电缆防喷器密封失效是导致关井失败的主要原因。该井电缆防喷器安装后未进行试压，且在第一次爆炸松扣失败，起电缆管内发生溢流关井，在承压及挤钻井液后，未对电缆防喷器进行检查及保养。内防喷工具（旋塞）本应直接接在电缆防喷器下部，但却接在电缆防喷器下部第一根钻杆单根下面，导致溢流后未能直接关住旋塞控制水眼。

（2）技术措施不完善，风险评估不到位。第一次爆炸松扣失败后，起电缆的过程中井口钻杆水眼发生外溢，通过关电缆防喷器组，正推密度为1.45 g/cm^{3}的重浆20 m^3，压井成功。第二次爆炸松扣前未充分汲取第一次施工教训，仅在水眼内正推井浆及重浆，未静止观察，评估爆炸松扣安全时间，是导致第二次施工发生管内溢流的主要原因。该井储层压力窗口窄，溢漏转换快，油气活跃。第二次爆炸松扣下电缆前，水眼重钻井液注入量过大，液柱压力过高，导致液面快速下降，至平衡后，水眼钻井液与储层油气置换加剧，使油气从水眼快速上窜，诱发溢流。该井水眼在正注相对密度为1.08的钻井液14 m^3、1.45 g/cm^{3}的重浆17 m^{3}后，水眼液面为834 m，下电缆期间，仍以每1 h 3 m^{3}正注相对密度为1.45的重浆。施工期间，现场未对环空进行液面监测，导致现场不能准确判断井下油气活动情况。

（3）设计执行不到位。该井的变更设计中第3.2.2项中明确要求："管柱下到位后，调整管柱，使钻杆筛管对准目的层段，倒扣作业（如无法倒扣则进行爆炸松扣，爆炸松扣作业要求及步骤见《ZG11-H2井爆炸松扣施工设计》)"，但现场未执行设计，也未按照设计要求编写试油应急预案、进行JSA分析。在第一次爆炸松扣失败后，井口钻具水眼已有外溢现象，但未引起现场各施工方重视，更未将现场实际情况进行生产汇报，私自进行溢流压井作业。井下出现复杂后EPCC现场试油技术及管理人员未组织召开专项讨论，也未下达书面指令。

（4）井控意识淡薄。2014年4月24日塔中项目经理部以书面函的形式已经对碳酸盐岩完井井控技术风险进行了提示，但未能引起塔中400×10^{4}t EPCC的重视。其中第三条明确内防喷工具的落实，第六条明确要求要认真检查确认井控系统的工作正常，第十条明确要求每道工序作业前，现场监督应要求作业队伍开展工作安全分析和工艺安全分析。

三、经验和教训

（1）电缆防喷器在现场安装完成后应进行试压，确保安全可靠。

（2）每次使用电缆防喷器后均要进行检查保养，确保后续施工中出现井控事件能够及时关井。

（3）进行电缆校深或爆炸松扣等特殊工艺，内防喷工具必须接在转盘以上，确保管内可控。

（4）严格执行设计。

（5）对于特殊作业施工，现场要做好应急预案及JSA分析，且要充分结合现场实际工况进行分析，避免走形式，走过场的现象。

（6）加强现场管理人员对塔中碳酸盐岩储层认识的培训，尤其是针对置换严重的储层，现场井控管理人员要充分分析井下的井控风险，并制定相应的控制措施。

（7）针对液面不在井口的井，环空液面监测时间间隔不能超过30 min，水眼监测时间间隔不能超过15 min，发现液面上涨，要及时采取相应的控制措施。

第二节　塔中 62-7H 井修井两次剪断油管案例

一、事件经过

1. 第一次溢流剪切油管的经过

塔中 62-7H 井于 2014 年 12 月 1 日对接油管挂后上提管柱，正转 30 圈脱手成功，未正打压打通油管堵塞阀，直接上提管柱，卸油管挂，发现管柱内有气体返出，立即紧扣后坐油管挂至四通内。油管堵塞阀位于油管挂以下双公短节内，现场判断井下安全阀已失效。

12 月 2 日正打压，立压由 15 MPa 下降至 8 MPa，蹩通油管堵塞阀。正挤清水压井液 60 m^3，立压由 8 MPa 降至 0 MPa。期间环空无液体返出，出口点火焰高为 1~2 m。反挤污水压井液 20 m^3，套压由 2 MPa 下降至 0 MPa。监测环空液面距井口 87 m。

12 月 3 日关井观察 8 h，油压为 0 MPa，无气无液，套压为 0 MPa，返液 8.4 m^3，出口点火为 2~3 m 至自熄，监测环空液面深度为 75 m。上提管柱正转 30 圈悬重下降至原悬重脱手成功，脱手后监测环空液面发现液面无变化。起油管挂，无气无液。起钻至井下安全阀，无气无液，卸开井下安全阀下部外螺纹后，油管内有气体窜出，现场立即抢接旋塞，提前准备好的变扣接头及旋塞过长（长度为 2.77 m），多次抢接旋塞失败。为防止发生井口失控，现场值班干部及试油监督立即指挥关闭全封剪切闸板剪断油管，井口得以控制。

2. 第二次溢流剪切油管的经过

2014 年 12 月 14 日下 7 in MCHR 封隔器完井气举管柱至井深 591 m，期间每小时环空灌密度为 1.07 g/cm^3 的污水 5 m^3。关井节流排气，套压由 0 MPa 上升至 9 MPa 再下降至 4 MPa，无液，出口点火焰高为 2~3 m。环空用钻井液泵泵入污水 80 m^3，套压由 4 MPa 下降至 0 MPa。起 7 in MCHR 封隔器完井气举管柱 30 柱更换 POP 阀为接球器。测液面高度为 2077 m。

12 月 15 日下 7 in MCHR 封隔器完井气举管柱至井深 448 m 时，分离器出口见气，关半封闸板，通过节流管汇观察排气（水眼接硬管线连接至节流管汇 12 号闸门），出口间断点火，焰高为 1~2 m。期间用泵车先后反挤压井液 40 m^3，高黏钻井液 10 m^3，出口无液无气。用钻井液泵反挤钻井液 15 m^3，准备反挤污水时液气分离器排污阀及出口见气液喷出，立即关闭井口旋塞，发现分离器出口气液量有增大趋势，点火筒气液柱高达 10 m 左右，且由旋塞连接至节流管汇 12# 闸门的硬管线活动弯头处发生刺漏，故现场判断旋塞刺坏，内防喷失效，无法控制水眼，关闭全封剪切闸板剪断油管，在剪断油管后发现分离器出口及硬管线活动弯头处仍有气液外溢，井队工程师立即关闭采油四通 2# 闸门，至此井口才完全得以控制。

二、原因分析

1. 第一次剪切油管原因分析

（1）风险识别不到位、技术措施不完善。该井第一次卸油管挂时，已发现管柱内有气体返出，重新坐油管挂，正挤压井成功。第一次发生管柱内有气体返出，但现场未进行井下风险识别和工作安全分析。在第二次在起油管前，现场未召开技术协调会，未准确计算安全作业时间，且维修盘刹时间长达 8 h，后期也未进行再次正挤压井，直接起管柱，导致第一次剪切油管事件的发生。

（2）修井队未严格执行试油监督下达作业指令。作业指令上明确要求丢手成功后“静止观察 4 h，无任何异常情况再接管线正循环一周半至进出口液性一致”，但现场在丢手成功后，仅测环空液面 3 次无变化（间隔 40 min）便开始起管挂。

（3）内防喷工具变扣接头加旋塞过长，导致多次抢接旋塞失败，是发生溢流后无法有效控制井口的另一主要原因。该井井下油管扣型为 FOX 扣，现场无 FOX 扣直接变内防喷的变扣接头，故现场提前准备好的变扣接头及旋塞为：FOX 扣 /BGT 扣（1.05 m）+ BGT 扣 /EUE 扣（0.95 m）+EUE 扣 / 旋塞扣 310（0.25 m）+3½ in 旋塞（0.52 m），导致整个变扣接头及旋塞过长（长度为 2.77 m），从而导致第一次剪切油管前管内气体上窜时无法及时有效抢接旋塞。

（4）设计执行不到位。工具方在换装防喷器组前下入油管堵塞阀未按施工设计要求正打压试压 5 MPa/30 min 不降，违反工程设计第三条“3.2 下入油管堵塞阀，按规定正打压 5 MPa/30 min 不降合格”的要求；在换装井口后第一次卸油管挂前未执行工程设计“3.3 对接油管挂，按工具方要求正打压憋通油管堵塞阀，确认井口无压力后丢手”的要求。

（5）现场人员能力欠缺。工具现场服务人员对井下安全阀关闭与密封的概念混淆，未对井下安全阀密封性做出正确判断并提示现场相关方，仅从第一次卸油管挂过程中，发现管柱内有气体返出现象，错误地判断井下安全阀已失效，间接导致本次事故。现场值班干部未主动了解起、下井下安全阀操作规程，未意识到该工序存在的井控风险，未履行井控第一责任人的职责。

（6）关键岗位人员经验不足。修井队技术人员分析井下可能产生液气置换，现场决定起管柱丢手前不进行正挤压井液作业，导致观察时间内上窜至油管内的气体未及时挤回地层。

2. 第二次剪切油管原因分析

（1）修井队对井控装备闸门的开关状态不清楚，导致关井后错误判断旋塞刺坏。在发生溢流时液气分离器排污阀及点火筒处有液气喷出，关闭井口旋塞后仍有液气从分离器点火筒及钻台连接至节流管汇的硬管线活动弯头处喷出，现场当时判断为旋塞刺坏，内防喷失效，必须关闭剪切闸板剪断油管才能控制井口。而事后对当时使用的旋塞试压合格（试压日期为 2014 年 12 月 17 日），且在剪断油管后分离器出口及硬管线活动弯头密封处仍有液气喷出，可反推出当时实际情况为采油四通 2# 闸门处于打开状态，液气经内控管线至节流管汇后由点火筒喷出，同时经节流管汇上窜至硬管线活动弯头处刺出，造成井口旋塞刺坏的假象。由于井队对井控装备闸门开关状态的误判，直接导致了本次剪切事件的发生。

（2）高压硬管汇使用前未进行试压。钻台连接至节流管汇处的硬管线连接后在实施作业前未进行试压，当液气从活动弯头处刺出后，导致现场错误的判断旋塞刺坏，内防喷失效。

（3）井控装备冬季保温措施不力、检查不到位，导致节流管汇闸门无法正常关闭。现场冬防保温工作不力，致使在本次事件过程中发现有液气从液气分离器出口等处喷出后关井，在关节 2# 闸门时才发现闸门被冻，无法关闭。

（4）对采油四通 2# 闸门使用不当。井队在本井作业过程中频繁使用采油四通 2# 闸门，且无专人进行开关操作，导致现场人员无法准确了解闸门真实开关状态。

（5）修井队施工设计不严谨，未制定针对异常情况的应急预案。修井队编制的施工设计照抄甲方工程设计，未对其中特殊施工程序进行细化和要求，未达到施工设计编制的目的，且未针对该井可能出现的异常情况拟定相应的应急预案。

（6）修井队关键岗位人员能力欠缺，井控意识淡薄。现场值班干部未执行重点工序专人指挥，重要岗位专人负责，压井作业前未进行人员分工、未派专人对井控装备各闸门开关状态进行检查确认，未建立健全的现场作业安全控制管理程序。在第二次剪断油管前该队值班干部认为钻台连接至节流管汇的硬管线因需频繁使用，无试压必要。

（7）现场管理人员对制度标准缺乏执行力。第二次剪切油管前，修井队未执行《塔中勘探开发项目经理部关于试、修井特殊作业施工的规定（暂行）》。本井在 2014 年 12 月 15 日压井施工前未进行会议交底、未进行风险识别、未制定相应的风险管控措施，违反了上述规定的第二条第：“各试、修井特殊作业施工前由塔中项目经理部现场管理人员或井队值班干部组织相关方进行施工前技术交底会议，针对特殊作业可能出现的风险进行分析、讨论并制定详细的管控措施，做好相应记录”的规定。

（8）修井队管理人员对工具方上井作业人员的能力把关不严，未严格履行属地主管职责。工具方对其派驻现场的人员能力评估不足，上井人员缺乏工作经验，不能满足特殊井施工要求。

（9）开工验收流于形式。在开工验收时，未按作业计划书要求进行检查，未发现现场旋塞加变扣接头过长、设备配套不符合配套标准等重大问题。

（10）现场试油监督监管不到位。在关键环节不能重点把控，对重要工序未按要求进行工作安全分析，未建立有效的生产管理和检查确认流程。

三、经验教训

（1）敦促修井队加强本井井控装备的维护、保养及冬防保温措施工作，对闸门的开关严格执行专人管理、专人检查确认制度。

（2）修井队在实施压井等特殊作业施工前应按照《塔中勘探开发项目经理部关于试、修井特殊作业施工的规定（暂行）》严格执行。进行技术交底、风险分析、制定风险管控措施、明确人员分工，避免施工中出现问题时现场慌乱、指挥不当。

（3）要求所有现场使用的高压管线应具备相应的检测合格报告，且在施工前应进行现场试压合格方能使用。

（4）碳酸盐岩井压力敏感性强，油气上窜后给冬防保温造成很大压力，且修井队队伍素质普遍不高，应急能力缺失。今后针对碳酸盐岩井的冬季施工，应建立井况、设备、冬防保温、人员能力等方面的配套措施，并实行严格的开工验收管理制度，不满足条件不得作业。

（5）钻完井工程部组织制定《碳酸盐岩修井技术管理规定》，针对特殊工况要制定出可行技术措施。

（6）修井工程设计需钻完井工程部相关人员对设计内容进行审核后，方可报领导审批。

（7）进行修井用防喷器组配套讨论，针对碳酸盐岩井井控装备形成统一配套标准。针对修机型号及底座高度，优选防喷器组合。

（8）对修井开工验收程序进行升级管理，与钻井开工验收、油气层验收、目的层验收的标准一致。钻完井工程部科室长亲自带队执行，不达标队伍暂停开工，责令整改完毕后方可重新申请验收。

（9）采油工程部与钻完井工程部，在交接井的时候要进行风险评估，对于风险较高的井应采用钻机修井。

（10）钻完井工程部应对修井作业井按施工难易程度进行划分，对修井机的使用按队伍整体素质划分，工程监督的使用按能力派遣。

（11）强化修井作业现场的风险分析能力，做好施工前的技术交底工作，提升现场人员的执行能力。

（12）项目部内部做好监督培训，提升监督工作能力。各试、修公司做好人员培训，提高员工素质，提升井控专家能力。

（13）项目经理部将对试修作业队伍的关键岗位人员进行能力评估，对于评估不合格人员要求离岗培训，培训合格后方可上岗。

第十四章　井控装备使用不当案例

第一节　西秋 2 井口安装不正致偏磨

一、井口偏斜的发生经过

2005 年 10 月 4 日 18:25 替钻井液碰压关孔，水泥浆返至地面，9⅝ in 套管二级固井完。19:00 拆井口，20:30 准备坐挂套管，大钩上提 2453 kN 套管不动，上提至 2747 kN 去掉下套管吊卡后下放 50 mm 左右，悬重降至 1570 kN。套管基本偏向压井管汇方向（与 13⅜ in 套管贴在一起），在转盘下用 49 kN 导链 3 人反拉 9⅝ in 套管，不动。用气动绞车拉动 30 mm，套管不能居中，又在下边增加一部气动绞车拉，依然无法居中，又增加吊车同时拉仍无效果，最后用 294 kN 千斤顶，加 1 m 长加力杆 2 人下压不动，卡瓦仍不能坐进套管头。9⅝ in 套管严重偏向 13⅜ in 套管压井管汇一侧，13⅜ in 套管断面处偏轴距为 29.5 mm。

二、原因分析

（1）一开时井眼没有打直，且表层套管钢性大，致使表层套管固井后井口没有装正，使转盘、天车和井口偏差较大，给后续的井口校正造成困难。

（2）二级固井时，没有给套管坐上卡瓦就开始固井，致使 9⅝ in 套管不居中。

（3）钻井队准备工作没有做好，固井结束后，迟迟没打开井口，致使第二天水泥浆已经凝固时还没有坐上卡瓦，失去了校正 9⅝ in 套管的最后机会。

（4）操作规程不完善，没有将“二级固井前必须先坐上卡瓦”写进规程，致使本井施工时现场人员采取了固井后再坐卡瓦的方式，再遇坐卡瓦延误的特殊情况，使套管不能居中。

三、井口偏斜的整改过程

由于返到地面的水泥浆已凝固，9⅝ in 套管不能矫正到与 13⅜ in 套管同轴，致使 9⅝ in 套管卡瓦无法坐入 13⅜ in 套管四通内。

拆去井口防喷器组及钻井四通，吊出 13⅜ in 套管四通，充分暴露 9⅝ in 与 13⅜ in 套管环间水泥环，通过钻、錾两层套管间的水泥石，再用压缩空气把水泥屑吹扫出来的办法，以降低水泥环对 9⅝ in 套管的约束。当掏水泥环到距基础面 1800 mm（距 13⅜ in 割口 1730 mm）时，采用水平向右反复拉动套管，破碎水泥环，由于空间狭小，水泥石坚硬，进展相当缓慢。在达到水泥环支点距基础面 1870 mm 后，安装 $13\frac{3}{8}$ in 套管四通并注塑试压完毕后，安装 $9\frac{5}{8}$ in 套管卡瓦，考虑到支点太短，套管拉动变形量较大及卡瓦牙安装后拆卸困难，未安装卡瓦牙及密封圈。$9\frac{5}{8}$ in 套管卡瓦壳体顺利坐入 $13\frac{3}{8}$ in 套管四通后，接 $8\frac{1}{2}$ in 牙轮钻头加 1 柱 $6\frac{1}{4}$ in 钻铤试下钻，没有发现阻卡现象。由于 $9\frac{5}{8}$ in 套管在拉动过程中已发生变形，不能从上部套入试压保护环，于是在距 $13\frac{3}{8}$ in 套管四通上法兰面以上 175 mm 处切割 $9\frac{5}{8}$ in 套管，试装试压保护环，未成功。到库车改制了试压保护环，并在套管四通内剩余空间充填了 7603 密封脂。安装 $9\frac{5}{8}$ in 套管四通到位。上下 BT 密封圈间注塑，试压 47 MPa 合格。下 BT 密封圈与试压保护环间试压，不能承压，分析认为 $13\frac{3}{8}$ in 套管四通密封面略有偏磨及 $9\frac{5}{8}$ in 套管倾斜变形，改制后的试压保护环未能补偿偏磨及变形，未能起到补救作用。转入四开作业，同时要求套管头安装服务队每隔 30 天上井检验上下 BT 间密封承压能力一次，若不能承压或承压能力降低，视情况采取其他补救措施。

四、作业中套管和井口磨损情况

坚持使用加长防磨套，确保坐放到位并顶紧。摸索防磨套磨损方向和磨损程度，以确定检查时间间隔。2005 年 11 月 12 日 $9\frac{5}{8}$ in 套管四通注塑：下 BT 47 MPa，30 min 未降，上 BT 47 MPa，30 min 降至 12 MPa，BT 间最高试压至 20 MPa，瞬间降至 10 MPa。2005 年 11 月 26 日下 BT 最高能注塑到 40 MPa，瞬间降至 17 MPa，30 min 降至 6 MPa，上 BT 注塑至 47 MPa，30 min 降至 7 MPa。BT 间试不起压。

西秋 2 井四开 $8\frac{1}{2}$ in 井眼钻进中，井口 $10\frac{3}{4}$ in 加长防磨套磨损十分严重（图 14-1），截至 2006 年 01 月 17 日已经磨坏 $10\frac{3}{4}$ in 加长防磨套 19 只（其中 11 只被磨穿），大约每纯钻 50 h（转盘转速为 90~100 r/min）加长防磨套即被磨穿。分析认为井口 $9\frac{5}{8}$ in 套管和 $9\frac{5}{8}$ in× 7 in 套管四通已经被磨坏，不能再承受设计的压力。

图 14-1　加长防磨套磨损

五、井口整改技术方案

若继续采用目前西秋 2 井的井口去钻开超高压的目的层存在很大的井控风险，研究决定在五开前将 8⅛ in 套管回接到井口，这时候的井口通径较四开时将进一步减小，为了确保后续的钻井作业中井口不被偏磨，确保井控安全。采取了以下井口整改方案和保护技术措施指导西秋 2 井的钻井作业。

（1）8½ in 井眼钻进至要求井深后，进行扩眼，然后下入 8⅛ in 尾管、固井。井口 9⅝ in 套管人为弯曲严重，关系到 8⅛ in 套管可否顺利通过，可先试下，出现异常及时汇报。

（2）在尾管侯凝期间更换已磨坏的 9⅝ in×7 in-105 套管四通，对新换的套管四通 BT 进行注塑、试压。

（3）在 9⅝ in×7 in 套管四通内坐试压塞（试压塞下悬 2 柱钻杆，上吊 1 柱钻杆）校正井口。以钻杆为基准先校正转盘，后校正天车。力求做到天车、转盘、井口三点一线，绝对控制三者偏差在 10 mm 以内。否则放倒井架重新安装，总之以确保井口不偏为原则。

（4）试下 4 根 8⅛ in 套管，检验井口是否校正，否则继续校正井口，直至满足下步工作需要。

（5）9⅝ in×7 in 套管四通上法兰直接连接防溢管做循环通道。回接套管固井作业时不再安装防喷器组及钻井四通，以利于坐挂 8⅛ in 套管卡瓦。

（6）下钻头钻水泥塞、洗喇叭口，做好回接 8⅛ in 套管准备。

（7）下 8⅛ in 套管到井口，固井时严格控制水泥浆的稠化时间，确保固井后成功坐挂 8⅛ in 套管卡瓦的时间。

（8）回接固井注水泥浆前充分做好井口坐挂 8⅛ in 套管卡瓦的准备工作，以便在固井完后迅速完成坐挂 8⅛ in 套管卡瓦的工作。

（9）固井替完钻井液后迅速提开防溢管，坐挂 8⅛ in 套管卡瓦。

（10）候凝期间安装 8⅛ in 特殊四通和 105 MPa 防喷器组，要求特殊四通的下腔深 340 mm，严格按规范对井口进行试压，特殊四通上下 BT 注塑 105 MPa，BT 间试压 105 MPa，下 BT、套管卡瓦与钢圈间试压 105 MPa。

六、西秋 2 井井口防磨措施

鉴于西秋 2 井下步作业时间长，避免井口偏磨导致的关井压力降低，在下步工作中采取下列井口防磨的措施。

（1）在特殊四通内安装专用加长防磨套（随钻头取送），同时现场准备 1 套取送专用加长防磨套的专用取送工具。顶紧所有顶丝，防止防磨套随钻具转动。

（2）钻进过程中密切关注井口的偏磨情况，前期控制转盘转动 30 h 左右起出专用加长防磨套检查磨损情况，视磨损状况来决定往后的防磨套检查和更换周期，确保 8⅛ in 套管在井口不被磨损。

（3）为了防止井口偏磨，五开选用 3½ in 钻杆和 4¼ in 六棱方钻杆。

（4）控制转盘转速。

第二节　采油四通左侧法兰渗漏

一、事件经过

2010 年 9 月 16 日某地面队当班人员巡查管线时，发现采油四通与四通 2# 闸阀法兰连接处渗漏，有环空保护液渗出，如图 14-2 所示。此时已经反替密度为 1.0 g/cm^3 环空保护液 72 m^3，停泵套压为 10 MPa（环空容积为 86 m^3，地层压力系数为 1.18）。

图 14-2　四通法兰连接处渗漏

二、原因分析

（1）从法兰与四通连接处仔细观察到缝隙上窄下宽。

（2）采油四通在工程技服试压合格，而在经过长途运输及现场安装好后此处无法试压。

（3）采油四通两端分别接节流、压井管汇，由于现场条件所限很难找平，导致此处上下受力不均而失封。

（4）此连接处螺栓紧扣不到位。

（5）钢圈槽及钢圈遭到腐蚀渗漏。

三、纠正和预防措施

（1）井控装备经过长途运输，在安装前应对其所有螺栓再仔细检查、紧固一遍。

（2）现场安装时应将节流压井管汇找平，使连接法兰四周受力均匀。

（3）井队定期和预期套压较高之前对井控装备及管汇进行检查，连接螺栓如有松动应及时紧扣。

（4）如果技术成熟，可以将此处与四通本体做成整体式，以降低渗漏的风险。

第三节 大北 101-1 井表层套管头安装不正事件

一、事情经过

2011 年 1 月 11 日大北 101-1 井中完，工程技术部组织上井坐挂 13⅜ in 卡瓦，安装 13⅜ in×10⅜ in 套管四通。13 日上午安装好卡瓦，切割套管后，下午在安装套管四通时发现套管与套管四通中心线存在偏差，同心度误差达 5 mm，套管不能通过套管四通。经打磨 13⅜ in 套管后，14 日晚顺利安装好套管四通及井控装备。

15 日上午井队组合钻具下钻时发现 12¼ in 扶正器在套管四通位置不能通过，原因是井口与转盘中心严重偏离。后对井口进行整改，1 月 19 日套管四通及防喷器组试压完成，整改结束。此次事件共计耽误工期 5 天。

二、原因分析

（1）20 in 表层套管未切割平整，表层套管头安装不合格是造成事件的直接原因。20 in 表层套管未切割平整，导致表层套管头安装完后不水平，如图 14-3 所示。现场安装人员错误地使用顶丝来调整水平，使套管头以上的重量通过支撑筋、承重螺栓及托盘传递到了导管上。表层套管头楔形垫铁安装不全，使得坐挂 13⅜ in 卡瓦时托盘受力不均变形，造成表层套管头倾斜变形。如图 14-4 所示。

图 14-3 表层套管头安装不水平

(a)套管头倾斜变形1

(b)套管头倾斜变形2

(c)套管头倾斜变形3

(d)套管头倾斜变形4

图 14-4　表层套管头倾斜变形

(2)操作人员技能不足是导致本次事件发生的主要原因。工程技术部派遣的工作人员经验不足，未能掌握表层套管头的安装要点及技术要求，除刑某外，另 2 名人员杨某和贾某均刚工作不久。由于该三名同志对表层套管头的安装要点及技术要求理解不到位，导致了 20 in 表层套管头安装质量差。

(3)对员工能力掌握不清，生产调度不合理是本次事件的管理原因。工程技术部安排上井的三人中，没有一人具备正确安装套管头的能力，但管理人员却错误地认为刑某具备这个能力，派其带队上井服务，从而导致了本次事件的发生。

三、整改措施及经过

(1)将托盘间的所有垫铁全部切割(图 14-5)。

(2)卸松 20 in WD 卡瓦上所有锁紧螺母。

(3)拆卸托盘间所有拉紧螺丝。

(4)拆卸节流管汇侧托盘间顶丝。

(5)松掉压井管汇侧托盘间顶丝。

(a)切割垫片

(b)被切割完的垫片

图 14-5　将托盘间的所有垫铁全部切割

(6)应力释放完后，重新检查水平，发现水平度由原来的高差 6 mm 下降为 3 mm，同心度由原来的 5 mm 下降为 3 mm(图 14-6)。

图 14-6　检查安装水平度

(7)焊接托盘与导管如图 14-7 所示。

(8)在压井管汇侧和大门侧使用拉紧螺丝拉紧调平套管头；

(9)调平后(水平误差与同心度均小于 1 mm)，拉紧所有拉紧螺丝，在八个方向垫上楔形块，安装套管头四通并注塑试压成功；

(10)井口安装完毕后打水泥填满表层套管头托盘以下空间，提高井口稳定性。

图 14-7　焊接托盘与导管

第四节　大北 101-1 井试井作业险情分析

一、险情发生经过

2013 年 3 月大北 101-1 井利用快钻桥塞 + 连续油管进行 SRV 体积压裂改造施工。试采期间压力和产量稳步上升，试采情况良好。为准确求取试采资料，下入电缆测流温、流压梯度、测产液剖面，落实各射孔段的产量贡献度。试井井口组合：液压电缆控制头可动态密封 105 MPa的井口压力。高压注脂系统（泵及管线）工作压力为 150 MPa。高压密封脂在压力为 150 MPa，温度为 80 ℃下仍然具备良好的密封及润滑性。防喷管通径为 78 mm，工作压力为 105 MPa，高防硫，每根 3 m，共 6 根总计 18 m。液压放空装置工作压力为 105 MPa，高防硫。防掉器通径为 78 mm，工作压力为 105 MPa，高防硫。电缆封井器通径为 78 mm，工作压力为 105 MPa，三翼，双半封，手动液压两用。测井绞车为 7500 m 双滚筒电缆钢丝两用液压绞车。测井电缆为 7500 m 直径 5.6 mm 电缆。

3 月 23 日对整个电缆防喷系统试压 80 MPa，13:05，以 2 m/min 的速度下放电缆，13:10 仪器下至 8 m 时遇阻，张力为 0.2 kN，地滑轮及电缆落至地面。将电缆稍微提起绷直，准备人工压电缆活动。绞车以 2 m/min 的速度上提 0.3 m，绞车面板显示 7.7 m，张力为 5.0 kN 绞车车身晃动，电缆从控制头上方喷出，防喷管控制头上方开始冒气，同时地面的排污管管口也大量冒气，清蜡阀、1 号主阀关不住，防喷管防掉器关不住，发生井控险情，此时采用 7 mm 油嘴放喷，井口压力为 31 MPa。

二、压井处理

采用 7 mm 油嘴 + 可调油嘴降低井口压力至 8 MPa，2000 型车组与采油树左翼连接，挤入密度为 1.80 g/cm^3 的钻井液 45.08 m^3，停泵观察 30 min，压力降为 0 MPa，拆防喷管，取出仪器串，关采油树清蜡阀门，险情解除。

三、原因分析

（1）试压产生水合物用清水试压，在大排量和低温条件下，加上打开 2$^{\#}$ 主阀用井压气密封试压时接触了天然气，诸要素结合形成了天然气水合物，是仪器入井遇阻、控制头球阀不能归位的主要原因，是事件的重要诱因。同时大排量试压，有可能在瞬间对仪器已造成一定的损害。

（2）球阀、防掉器及采气树阀门均无法关井，是事件的主要直接原因。仪器万向短节存在变径，与防掉器相卡（首次发生），且无法正常提出，阻碍采气树闸门正常关井。天然气水合物影响传压，控制头球阀不能归位密封（图 14-8）。

图 14-8　仪器万向短节存在变径

（3）作业队伍风险识别存在重要盲点、疏漏。作业公司在操作规程、作业应急预案及施工前的 JSA 等中，均未能识别出防掉器的翻板会存在卡死仪器串的风险。致使险情发生时，采油树闸门无法关井。

（4）遇阻后技术措施不当，上提时电缆意外断脱是事件的直接导火索。未认真分析水合物对后续施工可能影响，未通井确保畅通便继续作业。电缆未入井时张力系统未能记录上提操作的张力，实际上提拉力可能大于 5 kN（弱点为 10.3 kN）。

（5）因改造工艺配套原因，未安装井下安全阀，不能实现井下关井。

（6）防喷管注脂回流管线头未安装可控阀门。现有操作规程无相关要求，导致刺漏后无法切断地面溢流口流出的井内气体。

四、防范措施

（1）尽快制定高压气试井作业安全标准规范，规定试压步骤、介质、设备，规范试井井口设备等的固定，并提出防范天然气水合物相关措施。推荐使用快速试压接头，通过专用试压泵等小排量设备进行试压，在井筒内充满高压天然气后，原则上不允许用清水试压，井压气密封试压要补充、规范注脂回流管线头必须安装可控阀门。试井作业前如发现有天然气水合物，要用专用通井工具或采取解堵措施确保井筒畅通后，方可进行正式作业。

（2）作业公司在作业前必须认真了解井内的流体成分、温度、压力等井况，制定井内含蜡量、水合物等可能工况下的预防和控制措施，确保井筒条件满足安全试井作业需要方可作业。

（3）改进万向节结构（无变径），消除防掉器与仪器串短节相卡的可能性，试井车必须配套能全程、实时记录张力值的相关设备，规避超负荷上提电缆等误操作风险。

（4）高压气井坚持安装井下安全阀。

（5）今后工程部要派专人到现场指导试井作业，通过 JSA、走岗、技术交底等，在检查和确认设备安装、固定等现场条件符合安全要求，主要安全隐患控制措施到位方可施工。

（6）加强天然气水合物形成机理研究和学习，明确预防措施。

（7）经理部已进行多次技术交流，拟引进国外一流的试井作业队伍和全套装备，降低作业风险，使试井作业平稳、受控。

高压气井作业涉及到高压、井控、高处、吊装等多项作业，必须高度重视作业风险的管控，尤其井控工作一旦出现险情，后果十分严重。只有从装备工具配备、作业人员素质、作业工艺、操作、检查、操作规程和标准等多方面多管齐下，才能消除作业风险。

第五节　迪那 2-10 井卡防磨套案例

一、事件情况

迪那 2-10 井是迪那 2 区块的一口开发井，2013 年 8 月 23 日，短起至套管鞋附近，做防喷演习时场地工在圆井处观察半封开关情况，发现半封闸板轴未完全缩进，余留

5~8 cm。立即报告工程师，工程师查询原因未果后通知井控技服人员上井，经检查发现是防磨套底端卡在上半封闸板封芯之间，导致上半封无法关到位。后起钻至套管鞋，拆除环形防喷器，露出防磨套上端，打孔用钢丝绳吊至环形防喷器，上提 29 kN 后将防磨套提出闸板防喷器上半封。为防止再卡入环形防喷器，防磨套切割成两半后取出。吊起环形后发现防磨套顶端高出上半封的法兰面，如图 14-9 所示。

图 14-9　防磨套顶端高出上半封的法兰面

二、原因分析

（1）下钻时防磨套未装到位，虽然顶丝顶入但未顶住防磨套卡槽。

（2）短起时防磨套被钻杆结箍带至上半封处，防喷演习关上半封导致防磨套下端被挤压变形卡在上半封腔体内。

（3）本井使用顶驱，钻进时扭矩大导致顶驱固定处轻微移位钻具偏离井口中心。

（4）顶驱导轨成弧形，钻具中单根下结箍起出转盘时偏离井口中心最严重，因钻进采取接单根钻进形式，所以未及时发现问题严重性。

三、经验和教训

（1）下防磨套时放空防喷器内钻井液液面至防磨套位置，观察防磨套是否到位。

（2）明确属地管理职责，加强岗位技能培训。如发现顶丝未顶紧及时报告。

（3）发现井口钻具偏斜时及时调整顶驱，使顶驱在任何位置时钻具都在井口保持居中。

（4）对井控装备勤巡回检查，发现问题及时整改。

第六节　克深 802 井试压塞部件落井案例

一、基本情况

克深 802 井于 2013 年 12 月 16 日更换完 7¾ in 套管封芯，并对其试压，试压合格，起出试压塞发现试压塞有三个部件（卡簧、压环、密封盘根）未起出，随即自制工具下去打捞，在套管头处捞出其中两个部件，第三个部件由于外径较小为 230 mm，小于 10¾ in 套管内径的 245.37 mm，所以可能落入井内。7.94 in 喇叭口的位置在 6 360.11 m。问题试压塞和完好试压塞的对比如图 14-10 所示。

图 14-10　问题试压塞和完好试压塞比较

二、原因分析

由于国内试压塞设计不合理，试压过程中由井下悬挂的钻具激发矩形密封圈建立初始密封后再承载高压，试压完成后，由于密封圈没有及时收缩回位或压环可能黏附在套管头内部，同时卡簧不承压，试完压一上提钻具就将卡簧蹩掉，卡簧一掉，密封圈和压环便掉在套管头腔室内。卡簧更小，则掉入井中。

三、预防措施

（1）重新设计设计试压塞结构是解决问题的关键，不然该类事故还会发生。将卡簧更换成挡圈，通过限位螺钉限位挡圈不向小移动，从而保证试压后，可以防止盘根和压环落入井。

（2）目前在未设计出新型试压塞以前，权宜之计是在下井前必须检查挡圈是否完好，是否疲劳，可以用工具向下拉一拉密封圈，如果地面上一拉就将卡簧拉掉，则必须更换新的卡簧才能下井试压。

第七节 金跃 4-2 井违反操作规程取油管堵塞阀井控案例

一、事件经过

2014 年 3 月 25 日，金跃 4-2 井钻至 7153 m 井漏，漏速为 18 m^3/h，强钻至 7165 m，放空井段 7155~7165 m，环空液面约 200 m，转原钻机试油。4 月 1 日下油管完，期间环空和水眼定时吊灌密度为 1.25 g/cm^3 的钻井液。

换装井口前，环空液面高度为 380 m，油管内液面为 391 m。后油管双公内装入油管内堵塞阀，地面反试压 24 MPa，坐油管挂。4 月 2 日采油树安装试压完，准备取油管堵塞阀替液、求产。换装井口期间环空吊罐密度为 1.28 g/cm^3 的钻井液。

正转 13 圈上提油管内堵塞阀约 10 cm 遇卡。正常取出应先正打压 14 MPa，蹩通油管内堵塞阀，确认无压力后正转 13 圈上提取出。多次尝试取油管堵塞阀失败，期间环空继续吊罐密度为 1.28 g/cm^3 的钻井液 51 m^3。拆除采油树，上提油管挂，在上提油管挂之前环空打入 10 m^3 密度为 1.40 g/cm^3 的重浆帽，卸掉油管挂下面的双公短节后，水眼内井涌，抢接箭形。接试压塞座入油管四通内封闭环空，管内、管外均受控。

装封井器完，全套井控装备试压合格。4 月 3 日环空吊罐密度为 1.30 g/cm^3 的钻井液 160 m^3，停泵后环空液面为 710 m。油管内正挤密度为 1.30 g/cm^3 的钻井液 40 m^3，停泵后油管内液面为 710 m。4 月 4 日重新装入油管内堵塞阀，装采油树并试压合格。

二、原因分析

（1）施工方在取油管内堵塞阀时未按操作规程操作。先正打 15 MPa 蹩通堵塞阀堵塞，观察管内有无压力后再取出堵塞阀。

（2）适用于 3½ in×9.52 mm 的油管内堵塞阀由于设计缺陷，取出后发现堵塞阀中心轴卡死，不能正常解封。

（3）设计中未明确堵塞阀不能正常取出后的措施及施工程序。

（4）吊罐用钻井液密度前后不均匀及重浆帽造成内外压差。

三、经验和教训

（1）加强承包商安全管理与培训力度，要求工具方完善操作规程，杜绝违反操作规程操作。

（2）督促工具方承包商改进油管内堵塞阀设计缺陷，避免施工不成功导致的重复作业。

（3）完善施工设计，增加油管内堵塞阀不能取出后的操作程序。

（4）加强现场对主要施工的工作安全分析，做好风险识别及消除消减控制措施。

第八节　中秋 9 井口不正损坏防磨套

一、事件经过

2019 年 9 月 15 日，中秋 9 井起钻带出防磨套，发现 $14\frac{3}{8}$ in 防磨套加长部分磨穿。本次 9 月 1 日防磨套入井，纯钻时间为 213 h。更换新防磨套，9 月 16 日入井，9 月 28 日出井，纯钻时间为 136 h，防磨套磨穿如图 14-11 所示。

图 14-11　第二次磨穿的防磨套

二、原因分析

（1）井深 5570 m 后，钻具悬重高达 2158 kN，井架向司钻房方向倾斜。

（2）钻进时转速为 95~110 r/min，转速较高，加快防磨套磨损。

三、采取措施

（1）下钻完，校井口，将井架向司钻房的反方向校 5~10 cm。

（2）单趟纯钻时间控制在 140 h 以内，立即长起检查防磨套。

（3）控制后面钻进时顶驱转速为 90~95 r/min。

（4）测量转盘面到三级套管头上下法兰面的距离分别时为 11.31~12.11 m，钻进时计算钻杆接箍到该位置时控制顶驱转速不超过 80 r/min。换算成大钩高度为 10.16~10.72 m，便于司钻操作。

第十五章　井控装备质量缺陷案例

第一节　吐孜 1 井内防喷失效井喷案例

一、基本情况

（1）井身结构：20 in×98.85 m ＋ 13⅜ in×1 495.84 m ＋ 12¼ in×2 646.21 m。

（2）井口装置组合：维高 20 in×13⅜ in 表层卡瓦式套管头 +13⅜ in×9⅝ in 套管头四通 + 35-35×35-70 变压法兰 + 钻井四通 +2FZ35-70 防喷器（装 2 个 5 in 半封芯子）+FZ35-70（装全封芯子）防喷器 +FH35-35 环形防喷器，井口装置按试压标准试压。

（3）钻具组合：12¼ in HA517+630×730+9 in 钻铤 ×2 根 +731×630+12¼ in 扶正器 + 631×730+9 in 钻铤 ×1 根 +731×630+12¼ in 扶正器 +8 in 钻铤 ×15 根 +8 in 震击器 +8 in 钻铤 ×2 根 +631×410+5 in 加重钻杆 ×15 根 +5 in 钻杆 + 方保 + 下旋塞 + 方钻杆 + 上旋塞。钻具内容积为 22.178 m^3，钻具本体体积为 16.558 m^3，井眼容积为 204.26 m^3。

（4）中测及井下概况：1999 年 10 月 8 日—10 月 9 日，对 1680~1884 m 井段进行裸眼测试，日产气为 67 552 m^3，实测压力为 22.4 MPa，钻井液密度为 1.40 g/cm^3，之后又陆续钻开多个薄气层，钻井液密度提高到 1.43~1.45 g/cm^3，钻井过程中没有发生过漏失。

二、事故经过

1999 年 11 月 22 日钻进至井深 2 646.41 m，钻时由 33 min/m 下降至 1 min/m，井段 2 646.00~2 646.21 m 用时 12 min，8:39—8:50 钻井液量突增 13.2 m^3，关井，立压为 0 MPa，套压由 0 MPa 上升至 10 MPa，钻进时钻井液密度为 1.47 g/cm^3，黏度为 42 mPa·s。节流进分离器循环加重，密度为 1.50 g/cm^3，分离器出气口点火，焰高为 3~4 m，立压为 3.5 MPa，套压由 10 MPa 上升至 18 MPa，开始返出钻井液约 20 m^3，之后出口不返钻井液，出纯气。循环泵入密度为 1.50 g/cm^3 的钻井液 60 m^3，未返浆。关井，立压由 0.7 MPa 上升至 10.2 MPa，套压由 22 MPa 上升至 29 MPa。

开 1# 泵钻杆内泵密度为 1.63 g/cm^3 的钻井液 23 m^3，立压由 8 MPa 上升至 14 MPa 再下降至 2.5 MPa，套压为 29.3 MPa，停泵，立压为 0 MPa，套压为 28.8 MPa。

11 月 23 日—24 日节流压井，密度为 1.47 g/cm^3，出口未返钻井液，焰高为 10~15 m。关井准备钻井液。在关井过程中，每 30 min 用钻井液顶水龙带一次。

用水泥车反泵入密度为 1.20 g/cm^3 的钻井液 50 m^3，套压由 24 MPa 下降至 18.5 MPa。反压井前已关方钻杆下旋塞，无立压。用钻井液泵反泵入堵漏浆 21 m^3，反泵入密度为 1.45 g/cm^3 的钻井液 110 m^3，套压由 18.5 MPa 下降至 4.2 MPa，停泵套压 4.2 MPa。多次环空挤入钻井液，套压 6 MPa，立压 7 MPa。

关环形，开半封上下活动钻具 5 次，下压至 392 kN，未解卡。

11 月 27 日关井，立压由 8 MPa 下降至 5 MPa，套压由 13 MPa 上升至 16 MPa。关下旋塞，环空泵入密度为 1.50 g/cm^3 的钻井液 50 m^3，停泵套压为 13 MPa，开下旋塞立压为 5 MPa。

11 月 28 日关井，立压为 6~6.5 MPa，套压为 16~17.5 MPa。关下旋塞，环空反泵入 40% 桥堵浆 93 m^3 及密度为 1.50 g/cm^3 的钻井液 157 m^3，套压由 19 MPa 下降至 3.2 MPa，停泵开下旋塞，套压为 4 MPa，立压为 5.5 MPa。

11 月 29 日关井时立压为 1.5~6.5 MPa，套压为 6.2~6.5 MPa。关环形，开半封，活动钻具 2 次，未解卡。关下旋塞。环空挤注密度为 1.50 g/cm^3 的钻井液 23 m^3，停泵套压为 4.3 MPa。开下旋塞，立压为 9 MPa，套压为 4.3 MPa。立压上升至 14 MPa，抢关下旋塞未成功，立压上升至 24 MPa。一号泵保险阀销子断，爆炸着火，火焰为 5~20 m。

关闭下旋塞到位后，发现下旋塞已经刺坏，再用液压扳手关闭上旋塞到依然无效。反压井，向井内打入清水及钻井液 318 m^3，钻具内没有钻井液返出，火势不减。随后将上半封换为剪切闸板，5 in 钻杆被剪断，井内压力稳定在 29 MPa。后经多次向井内注水泥，井口压力降为 0 MPa，12 月 12 日本井封井成功，井喷处理也随之结束。

三、发生原因

在反循环堵漏的情况下，钻具内的气体被置换，致使钻具内产生高压，在不了解钻具内情况下，强行打开下旋塞，由于旋塞不灵活（内六方已经扳圆，无法有效地传递扭矩），无法快速关闭，导致高压传至泵房，最终导致保险凡尔销子断裂引发井喷着火，是井喷失控的直接原因。

四、经验和教训

（1）在立管高压闸门上要安装压力表，这样在关闭高压闸门的情况下可以观察到钻具内压力，并可以采取相应措施。同时，地面高压管汇及泵房不承受高压。

（2）要加强内防喷工具的管理，确保工具灵活可靠。

（3）在反循环堵漏且已经发现有油气显示的情况下，必须定时向钻具内顶入一定量的钻井液，避免钻具内出现高压。

第二节　塔中某井采油树液动安全阀液缸弹出

一、事件描述

2010 年 8 月 22 日在塔中某井试采放喷过程中，采油树安全液控阀（2 号）的液压缸脱离飞出约 10 m 远，如图 15-1 所示。

图 15-1　安全阀液缸脱离飞出

二、原因分析

（1）固定安全液控阀的液压缸连接内外螺纹不配套，间隙过大。

（2）在开井压力作用下弹出液缸。

三、纠正与预防措施

（1）严把进货质量关，保证采油树质量。

（2）井控车间严格检查送井采油树，并做好带压开关试验。

（3）采油树现场安装前做好检查、开关试验。

（4）带压操作期间，不要正对阀门。

（5）放喷（带压）期间巡查人员应站在液控管线的另一侧。

第三节　克深 133 井远控房电子压力控制器不锈钢管断事件

一、事件经过

2017 年 8 月 4 日克深 133 井压井过程中，远控房电子压力控制器压力传感器的 6 mm 不锈钢管断，造成远控房电动泵不能工作。

2017 年 8 月 4 日克深 133 井五开钻进时溢流关井，套压为 25 MPa，立压为 0 MPa（钻具内有浮阀）。在控压起钻，开关防喷器时，远控房电子压力控制器不锈钢管断，如图 15-2 所示。远控房电动泵不能工作。

（a）断裂的不锈钢管1

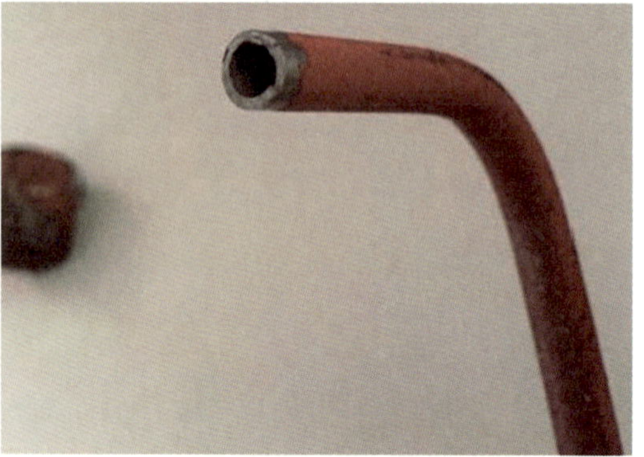

（b）断裂的不锈钢管2

图 15-2　远控房电子压力控制器不锈钢管断

二、处理经过

使用气动泵为液控管线补充压力，完成开关井。

三、原因分析

（1）材质存在问题。管线硬度偏高，韧性偏低，接头与管线连接应急集中的位置，在振动时不能缓冲消除外部振动与内部脉冲振动，长时间产生损伤缺口，振动的同时承受内部压力达到上限后，出现断裂如图 15-3 所示。

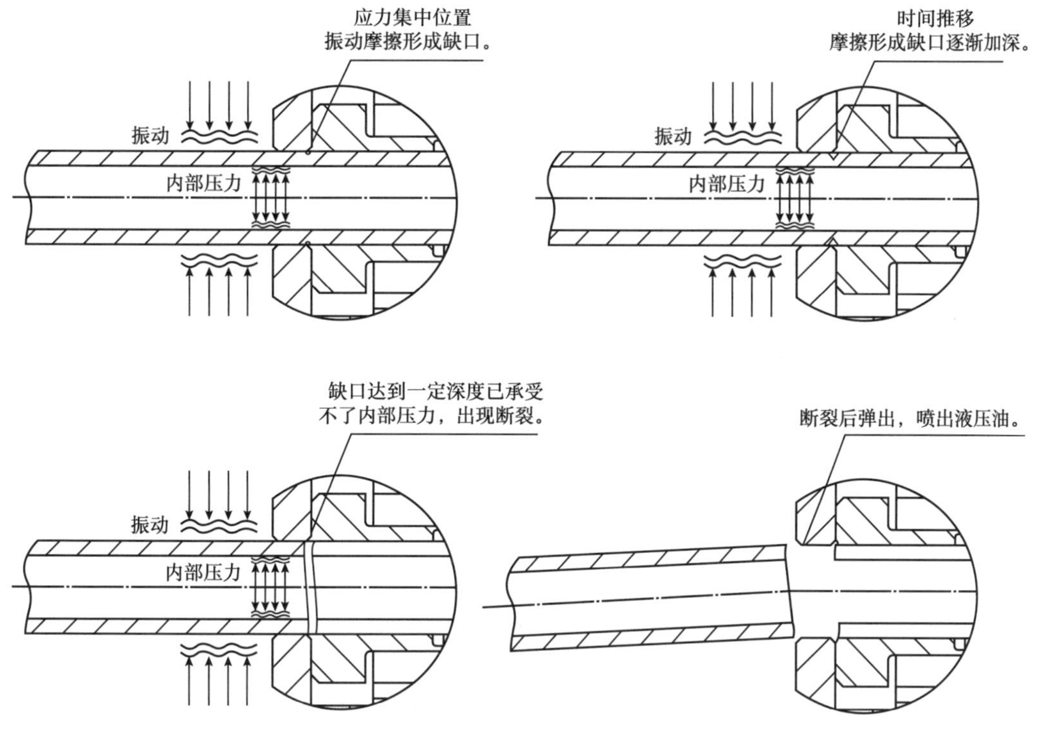

图 15-3　控制器不锈钢管断口应力分析

（2）在运输安装或调试过程中，发生碰撞，该位置已产生缺口或断裂缝，日常检查时没有发现。

四、整改措施

（1）电子压力控制器连接的该段管线位置属于设备振动受力最为明显的位置，对每台设备返回车间时，电子压力控制器的连接液压管线拆卸检查，其余连接位置按比例抽检，并按照设备的日常检测、维修、保养要求定期对液控管线密封状况检查处置。

（2）为避免控制装置电子压力控制器该段管线再次发生类似问题，可考虑在通往控制器的主液管线上加装截止阀，发现管线断裂及时关闭截止阀，避免液体外漏导致设备不能正常使用，为维修更换争取更多缓冲时间。

第四节　博孜 9 井表层套管试压套管头倒卡瓦损坏事件

一、事件经过

2017 年 11 月 11 日下午 5 点，博孜 9 井在完成 20 in 套管头 WD 型卡瓦安装后，上提

98 kN，TF 20 in×14⅜ in-35 表层套管头未发现位移。对 20 in BT 进行注脂及试压作业，试压压力为 4 MPa，试压合格。再进行全井筒试压时，试压压力升至 11.2 MPa 时井口内发生巨响，钻井液从表层套管与 BT 密封处泄漏，吊离套管头发现倒卡瓦的卡瓦牙断裂后部分掉落在环形钢板上，顶丝被切断，套管上端有大面积碰伤。2017 年 11 月 13 日重新安装套管头及 WD 型卡瓦，完成全井筒试压作业。

二、原因分析

卡瓦抱紧套管柱的过程是卡瓦与管柱相互作用的过程，WD 型卡瓦卡紧管体主动力来自下部的单头螺钉。WD 型卡瓦在单头螺钉和卡瓦座锥面的共同作用下使卡瓦牙向内收缩将管柱在径向抱紧。

根据现场情况及传回的照片，初步分析事件的发生过程是套管有一定椭圆度，现场照片发现 20 in WD 型卡瓦完成安装后套管咬痕不均匀（图 15-4），20 in WD 型卡瓦压未整圈接触套管，导致 20 inWD 型卡瓦有一定的挂载能力，但并未完全激发（上提 98 kN 检查时，表层套管头本体无明显位移）。在全井筒试压 11.2 MPa 时，相当于在套管上加载 2276 kN 载荷，此时载荷已超出未整圈接触套管的 20 in WD 型卡瓦的挂载能力极限，导致表层套管头本体及防喷器组整体上移，在压力泄掉后又整体回落，回落过程中，20 in 表层套管抵在卡瓦牙上，卡瓦牙硬度高，韧性较差，局部受到撞击后断裂，从断裂点可以看出，断裂位置正好在线切割交叉位置，是卡瓦牙最薄弱点，撞击断裂后卡瓦牙被挤出卡瓦座。顶丝被剪断是由于套管头防喷器组整体上移后回落的过程中产生偏移，20 in 表层套管再抵在加长防磨套上，导致顶丝被剪断。

图 15-4　卡瓦完成安装后套管咬痕不均匀

三、纠正预防措施

（1）厂商对未出厂卡瓦进行复检，保证卡瓦牙的加工精度，确保使用过程中卡稳套管防止上窜。

（2）对卡瓦加工特别是卡瓦牙加工再次提出更高质量要求。

（3）对卡瓦牙重点检测，并采用专用工装等手段进行卡瓦牙牙尖测量。

（4）按照塔里木使用要求，再次对套管头使用说明书进行细化。

第五节　克深 14 井 $14\frac{3}{8}$ in WE 卡瓦坐挂打滑事件

一、事件经过

2018 年 2 月 25 日克深 14 井坐挂 $14\frac{3}{8}$ in WE 型卡瓦时出现打滑的情况，更换卡瓦牙后坐挂成功。

二、原因分析

WE 型卡瓦结构分析：卡瓦牙被卡瓦座包裹，下放后无法调整卡瓦牙位置，如遇套管偏一边或者套管太过光滑，卡瓦牙也无法给予一个初始力，所以坐挂失败。WE 型卡瓦结构如图 15-5 所示，W 型卡瓦结构如图 15-6 所示。

WE 卡瓦座先坐到位，需要敲击卡瓦到安装位置即套管头本体卡瓦承重台阶后再下放，因卡瓦牙的结构所控制，无法给予一个初始力，所以安装过程中，需要用外力敲击卡瓦座，至套管头的承载台阶。这样下放有两大优点。

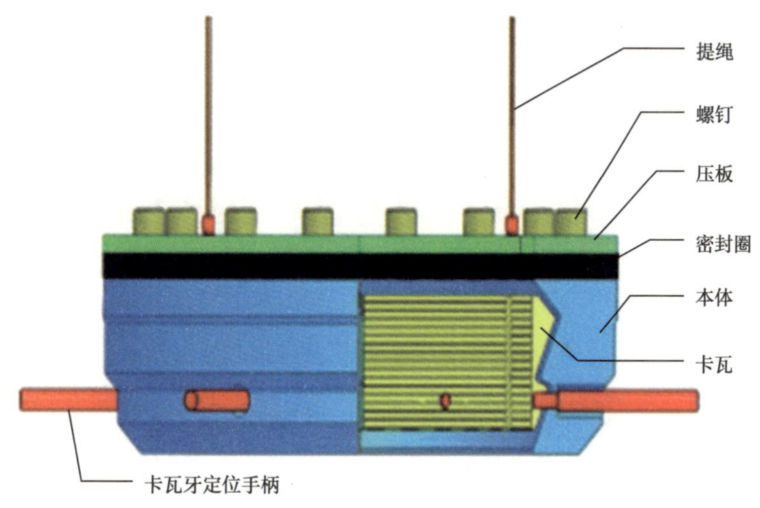

图 15-5　WE 卡瓦结构图

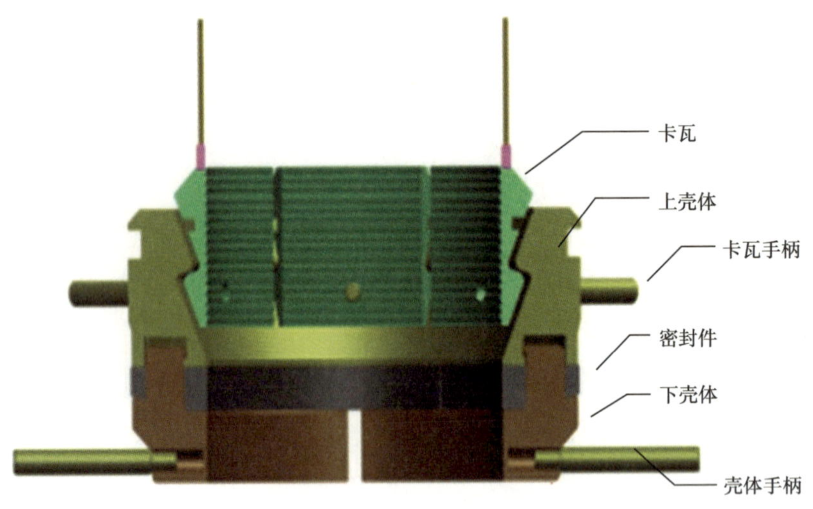

图 15-6　W 型卡瓦结构图

第一卡瓦牙受震动下滑抱紧套管。

第二卡瓦座固定了，套管下放距离到卡瓦咬住套管的距离更长，如果卡瓦座不固定，下放过程中卡瓦座跟着下滑，卡瓦牙容易松动，不易咬住套管。

W 卡瓦靠套管自身悬重激发橡胶件密封套管。卡瓦牙在卡瓦座上端，下放过程中可以调整卡瓦牙位置，以达更好地咬紧套管。

三、整改措施

（1）后续井位安装 WE 型卡瓦时，厂家技术人员到井队，全程参与安装并带好备品备件方便及时更换。

（2）采用 WE 卡瓦的时候卡瓦座先坐到位，后再下放悬重。

（3）在塔里木油田规程允许吨位尽量往上线靠，这样给卡瓦牙更多的摩擦距离。

（4）使用操作说明完善、细化，更好为现场操作人员提供指导意见。

第六节　克深 1003 井表层套管头倒卡瓦损坏事件

一、事件经过

2018 年 3 月 28 日克深 1003 井钻塞至 190 m，对 ϕ473 mm 套管试压，打压至 9.8 MPa 时，一声巨响，井口防喷器组整体上抬，提开井口装备后发现倒卡瓦已崩裂，倒卡瓦大约 1/4 片落井，套管头 BT 密封槽损坏，ϕ473 mm 套管接箍损坏（图 15-7）。套管头型号为 TF508 mm×339.7 mm−35 MPa。

(a)卡瓦崩裂

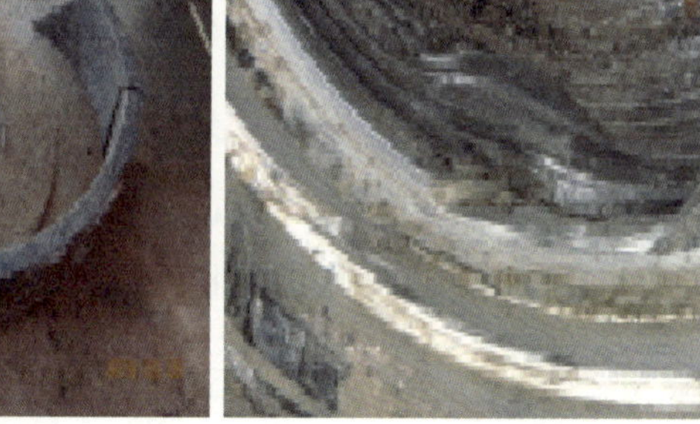

(b)套管头BT密封槽损坏

(c)套管接箍损坏

图 15-7 损坏情况

二、处理经过

保留现有接箍，将井口受损接箍进行修复打磨，并加工卡箍装置，将卡箍装置置于接箍下台阶面，抱紧套管、拧紧螺栓。

卡箍安装程序：①依次安装托盘及卡箍总成，将未配倒卡瓦的套管头座放于套管接箍上；②调整卡箍使其与接箍下台阶面顶紧；③上提 98 kN，验证是否卡紧；④进行试压等后续作业。

4 月 1 日完成整改作业并上提 98 kN 验证卡紧后，套管头注塑试压 4 MPa（设计为 12 MPa），套管柱试压 4 MPa（设计为 10 MPa）。

4 月 1 日至 9 日，多次下强磁打捞器打捞卡瓦碎片，下入磨鞋磨铣，4 月 10 日二开钻进，恢复生产。

三、原因分析

（1）倒卡瓦质量缺陷。

（2）卡瓦牙上部 73% 没有咬入接箍，卡瓦牙下端有 27% 悬空没受力，试压过程中被上顶力撕裂卡瓦。

四、经验和教训

（1）严格控制卡瓦质量，更换未使用的同一厂家生产的卡瓦。

（2）今后不再使用 20 in 倒卡瓦连接 18⅝ in 套管接箍。2017 年 11 月博孜 9 井安装 20 in 表层套管头使用 20 in 倒卡瓦，表层套管柱试压至 9 MPa 时，20 in WD 卡瓦破裂。同时在 18⅝ in 表层套管头缺货时已有多口井使用 20 in 套管头，即 20 in 倒卡瓦抱紧 18⅝ in 套管接箍，没有发生倒卡瓦损坏事件，克深 1003 井倒卡瓦损坏主要原因是卡瓦质量问题

第七节　玉科 202-H4 井采油四通试压顶丝飞出案例

一、事件经过

2019 年 2 月 11 日，玉科 202-H4 井原钻机转试油，2 月 12 日下完井管柱，拆甩防喷器组，安装采油树。采油气井口盖板法兰试压过程中，采油四通正面左侧一根顶丝及压帽被整体打出碰到井架左边底座后，弹出约 3 m 远。立即停止施工，并通知厂家，13 日厂家派遣的售后人员从库尔勒将配件送往井场，更换新的顶丝及压帽并对其他顶丝检查、紧固。2019 年 2 月 13 日井控技服对盖板法兰试压 105 MPa/30 min 不降合格。事件发生如图 15-8 所示。

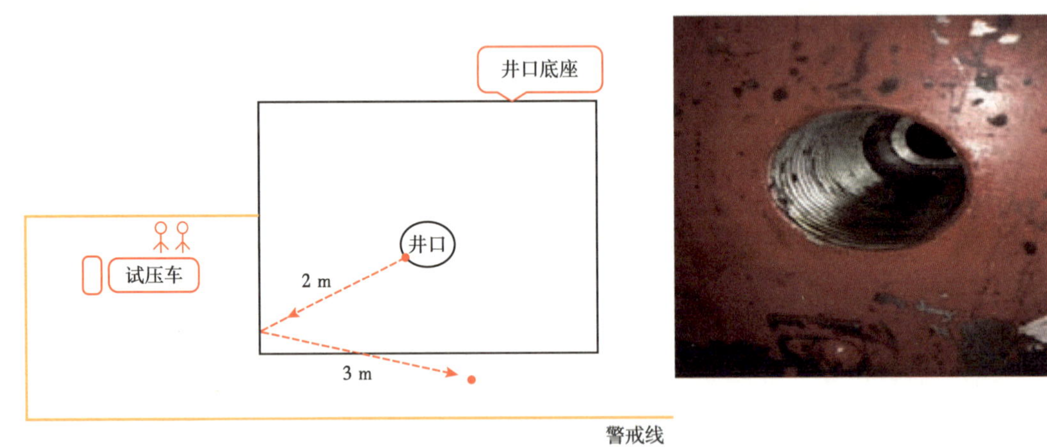

图 15-8　事件发生示意图

二、原因分析

现场对打出顶丝压帽螺纹外径测量为 44.7 mm，采油树厂家带来的顶丝压帽螺纹外径测量为 48 mm，被打出顶丝压帽螺纹外径比标准外径小了 3.3 mm 是导致试压期间顶丝及压帽被打出的直接原因。

厂家在组装采油树时，装配失误错将一根小一号的顶丝压冒装入该油管头四通，且出厂检验和商检均未发现该问题是导致本次事件的根本原因。

三、经验和教训

（1）加强与工程技服的沟通，采油树本体及四通送井前务必按标准试压，试压合格方能送井。

（2）进一步加强对厂家验收过程的控制，强化检验流程，并增加产品配件组装前的型号检查和组装后的匹配复检程序。

（3）要求厂家技术部门对产品设计进行改进，使不匹配的配件无法装配，并在配件上增加永久性型号表示。

（4）加强井控装备检查力度，发现问题及时上报工程技术部处理。

第八节　克深 1103 井顶丝装配错误损坏套管头事件

一、事件经过

克深 1103 井 2018 年 8 月 12 日下四开套管、固井候凝完，在坐挂 9⅝ in 卡瓦前，检查发现 13⅜ in×9⅝ in-70 二级套管头内腔严重划痕，未继续实施坐挂卡瓦施工，重新组织套管头。套管头内腔卡瓦主密封位置有明显的横向划痕、试压保护环位置有严重的纵向划痕，如图 15-9 所示。

图 15-9　套管头内腔磨损照片

二、处理经过

组织 13⅜ in×9⅝ in-70 MPa 套管头到井，并于 14 日完成安装，注塑试压合格。

三、原因分析

（1）该套管头顶杆装配错误，将 28-70 法兰的顶杆装在 35-70 法兰上造成防磨套无法顶紧，顶杆剩余长度为 5 mm，无法顶紧防磨套（图 15-10），在钻进、起下钻作业时，防磨套晃动，导致套管头内腔损坏。

（2）出厂和到货验收没有发现顶杆短和无法顶紧防磨套的现象。

图 15-10　顶杆装配错误

四、经验和教训

（1）套管头在井控车间入库验收和试压时，没有发现顶杆存在问题，使问题产品流入现场。

（2）套管头到井安装前，现场没有按照油田井控规定将防磨套放入套管头内进行试安装，顶紧顶平顶杆，测量并记录顶杆端距四通法兰外圆长度并做好相应的标识，失去发现顶杆问题的机会。

（3）套管头安装后，现场管理人员没有判断出防磨套无法顶紧的情况，检查防磨套时不认真，发现外部划痕和偏磨没有分析原因，采取措施，并及时汇报。

第九节　博孜 8 井井控装备液压管线爆管事件

一、事件经过

2019 年 7 月 1 日由四勘 90087 承钻的博孜 8 井处于二开钻进期间，中午 13:46 分正副司钻倒班，副司钻按照惯例巡检远控房，对远控房各压力表显示数值及气源压力进行核对，确定远控房压力及管排架各液控管线附近无异常后离开远控房。中午 14:05 分钻台值班人员发现压井管汇地面有大量的液压油涌出，立即通知司钻，司钻利用对讲机汇报工程师。14:06 工程师直接跑到远控房，停电泵，打开泄压阀，所有手柄回到中位。同时检查管排架及高压耐火软管连接部位，经过检查发现在液压油过滤装置末端液动放喷阀关位管线橡胶密封处滑脱断裂，造成此漏油事件（图 15-11）。

图 15-11　管线橡胶密封处滑脱断裂

二、原因分析

（1）经比对，完好接头管芯的倒刺有 5 道，按设计要求，这 5 道倒刺既是承受拉力部位，也是保证耐火软管的胶管与接头的密封部位。接头芯管从第 2 道倒刺牙底处断裂，仅剩 1 道倒刺与胶管相互咬合，在 10.3 MPa 的液压作用下，此部位的拉力达 64 kN，抗拉强度不足发生滑脱。

（2）胶管与接头扣压时，传递到接头（芯管）部分的压力超标，造成芯管出现先期细微裂纹，在多次承压后，裂纹逐渐扩展直至芯管断裂、滑脱。胶管与接头压扣处结构如图 15-12 所示。

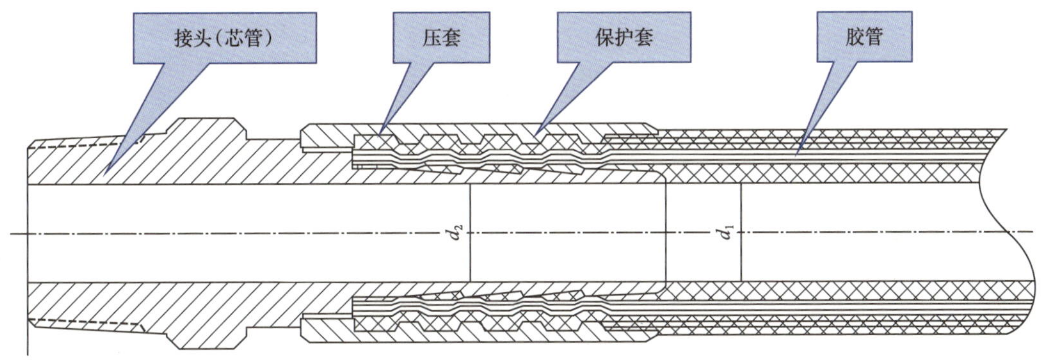

图 15-12　胶管与接头压扣处结构图

三、整改措施

（1）停发同批次的高压耐火软管。

（2）督促厂家对扣压工艺和软管接头等进行整改，并更换该批次管线：目前新到 732 根，其中 15 m 的有 212 根，3 m 的有 520 根。

（3）完成了钻（试）修井在用管线的排查，共有 58 个钻修井现场在使用，共 707 根，其中 15 m 的有 315 根，3 m 的有 392 根。

（4）对于重点井、高风险井优先进行了更换，目前已完成 5 口井的更换。

（5）通知各作业现场、软管生产厂家和井控现场服务人员，共同对未更换的软管采取接头和胶管之间的防脱措施。

第十节　中秋 9 井装备试压刺钢圈槽案例

一、事件经过

2019 年 7 月 27 日，由渤海钻探 80011 队承钻的勘探事业部所属中秋 9 井，于四开井口装备进行试压过程中发生刺漏。

7 月 27 日 02:33，对 5⅞ in 上半封单闸板防喷器试压，打压至 45.13 MPa，突降至 5.02 MPa，经检查升高短节（43-70×54-70）与套管头（54-35×43-70）法兰连接之间（节流管汇侧偏前场）出现刺漏。试压情况如图 15-13 所示，升高短节和套管头的基本情况见表 15-1，升高短节的使用历史见表 15-2。

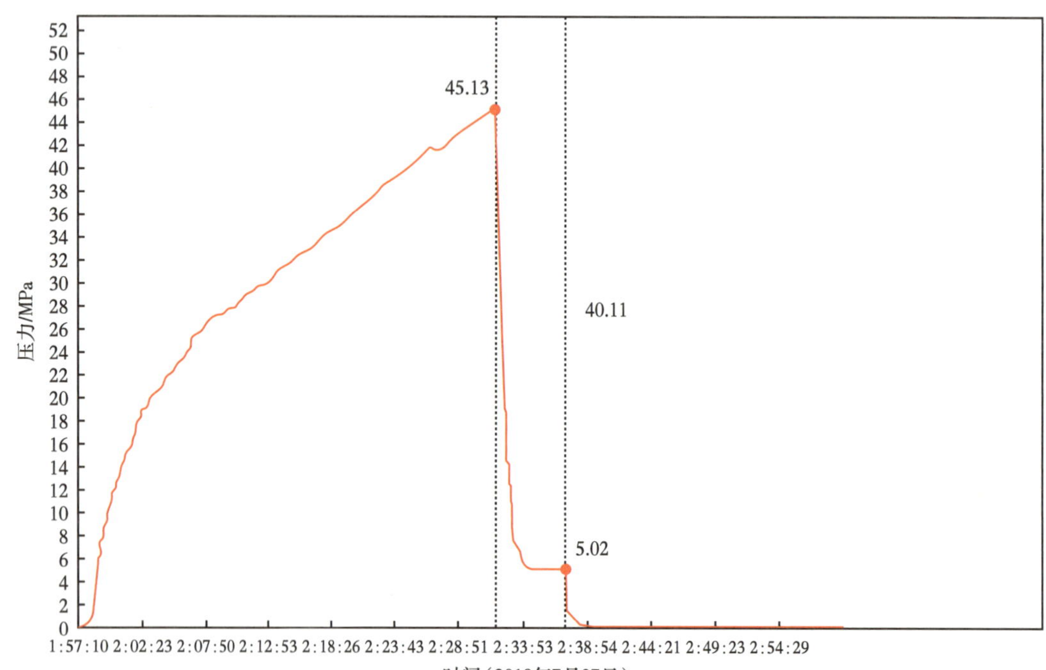

图 15-13　54-70 上闸板防喷器试压曲线

表 15-1　升高基本情况

名称	规格	编号	厂家	检验日期
升高短节	54-70×43-70	69-H915-21	川油井控	2019 年 7 月 7 日
套管头	TF14³⁄₈ in×10³⁄₄ in-70 MPa（上 43-70 下 54-35）	T19240	宝石广汉	2019 年 6 月 25 日

表 15-2　升高短节使用历史

序号	使用井号	勘探公司	队号	使用日期	使用时间 / 天
1	克深 902	二勘	90002	2014 年 4 月 12 日至 2014 年 8 月 19 日	125
2	克深 12	兆石	Z8004	2014 年 9 月 3 日至 2015 年 1 月 13 日	133
3	克深 603	二勘	90005	2015 年 2 月 14 日至 2015 年 7 月 5 日	141
4	KES8-5	一勘	80006	2016 年 4 月 13 日至 2016 年 9 月 19 日	160
5	鹿场 2	巴派	P8002	2018 年 1 月 21 日至 2018 年 5 月 26 日	126
6	大北 9	兆石	Z8003	2019 年 2 月 9 日至 2019 年 6 月 13 日	125
7	中秋 9	四勘	80011	2019 年 7 月 17 日至 2019 年 7 月 29 日	13
合计	—	—	—	—	824

拆防喷器组检查确认，升高短节下法兰密封垫环槽冲蚀宽度为 12 mm，自下而上冲蚀纵深为 6 mm，如图 15-14 和图 15-15 所示。套管头密封垫环槽自上而下冲蚀纵深为 4 mm，宽度为 12 mm（图 15-16），BX162 密封垫环外侧面贯穿冲蚀痕迹如图 15-17 所示，冲蚀宽度为 12 mm，自上而下冲蚀纵深为 6 mm。

图 15-14　升高短节下密封垫环槽

图 15-15　套管头上密封垫环槽

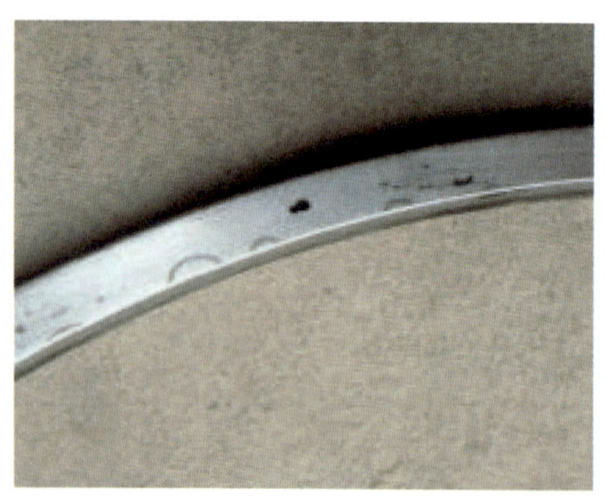

图 15-16 密封垫环传压孔旁冲蚀小洞

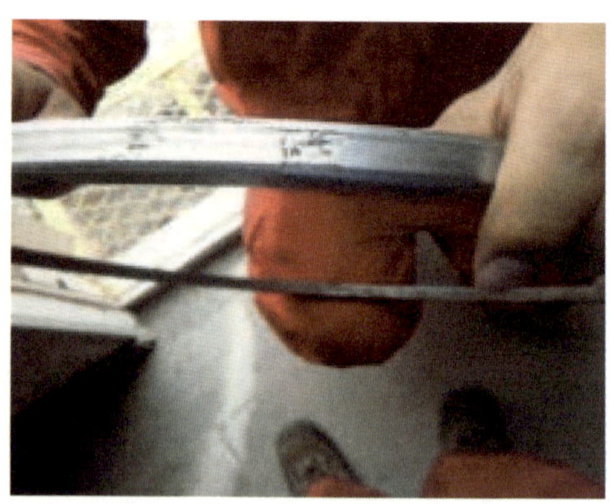

图 15-17 密封垫环侧面冲蚀痕迹

二、原因分析

通过调查检维修过程，对回收密封垫环、转换法兰和套管四通的检测，分析刺漏的原因如下。

（1）直接原因：厂家提供的产品不合格，BX162 密封垫环压力平衡孔未钻通，在打压过程中无法平衡密封垫环上下压力，导致承受高压时刺漏。

（2）间接原因：现场安装时，未对密封垫环压力平衡孔进行检查，未及时发现密封垫环存在的缺陷，导致井控装备安装后存在安全隐患。

（3）管理原因：现场服务人员进行了密封垫环知识的培训，但掌握不到位。

三、预防及控制措施

（1）对库存密封垫环的外观及平衡孔进行检查（至 30 日前线 3 个点检查 409 只未发现异常）。

（2）现场安装前增加密封垫环平衡孔检查内容。

（3）向物资采办通报不合格品情况，建议扣除质量保证金。

（4）将此事件在井控中心，以及现密封垫环供货商进行分享，提示关注 BX 密封垫环压力平衡孔连通性。

附录

附录 1 钻具推荐紧扣扭矩

规格名称	扣型	锥度	紧扣扭矩 /（kN·m）
2⅜ in 钻杆	NC26	1:6	4.4
2⅜ in 双台肩钻杆	DS26	1:6	5
2⅜ in 非标钻杆	XT24	1:16	4
2⅞ in 钻杆	NC31	1:6	10
2⅞ in 双台肩钻杆	DS31	1:6	12
2⅞ in 非标钻杆	XT26	1:16	10
3½ in 加重钻杆	NC38	1:6	17
3½ in 加重钻杆	DS38	1:6	20
3½ in 非标钻杆	DS31	1:6	12
4 in 双台肩钻杆	DS40	1:6	24
4 in 双台肩有线钻杆	HT40	1:6	24
4 in 反扣钻杆	HT40LH	1:6	24
4 in 反扣钻杆	ST39LH	1:12	25
4½ in 有线钻杆	DS40	1:6	24
5 in 加重钻杆	NC50	1:6	33
5 in 防硫钻杆	DS50	1:6	30
5 in 非标钻杆	NC52T	1:6	36
5½ in 加重钻杆	5½ inFH	1:6	40
5½ in 双台肩钻杆	5½ inFHDS	1:6	45
5⅞ in 双台肩钻杆	5½ inFHDS	1:6	50
3½ in 钻铤	NC26	1:6	6
3½ in 钻铤（双台肩）	DS26	1:6	8

续表

规格名称	扣型	锥度	紧扣扭矩 /（kN·m）
3⅛ in 钻铤（双台肩）	XT26	1:6	12
4⅛ in 钻铤	NC31	1:6	9
4 ¾ in 钻铤（NC35 螺纹扶正器）	NC35	1:6	15
4¾ in 钻铤（双台肩）	DS35	1:6	18
5 in 钻铤（NC38 螺纹扶正器）	NC38	1:6	18
5 in 钻铤（双台肩）	DS38	1:6	20
6¼ in 钻铤（NC46 螺纹扶正器）	NC46	1:6	25
7 in 钻铤（NC50 螺纹扶正器）	NC50	1:6	42
7¾ in 钻铤、8 in 钻铤（NC56 螺纹扶正器）	NC56	1:4	65
9 in 钻铤（NC61 螺纹扶正器）	NC61	1:4	92
11 in 钻铤（NC77 螺纹扶正器）	NC77	1:4	142

附录 2　使用 B 型吊钳进行钻具上扣、卸扣注意事项

一、卸扣

（1）外钳工操作外钳，右手抓钳柄使其对正接头内螺纹（下面）咬合部位左（或右）手打开钳头，上下调整大钳高度。

（2）内钳工操作内钳，左手抓钳柄，右手开钳头，上下调整大钳高度使其对正接头外螺纹咬合部位。

（3）内外钳工同时将大钳推向卡坐在井口的钻具接头上，松开自己的大钳，接住对方送过来的钳头和扣合器手柄，并扣合到位。[左（或右）腿弓，右（或左）腿蹬，面向井口移动大钳，咬合钻具（或套管）接头，左（或右）手随即拉方框将钳头扣紧]。

（4）内钳工右手拉内钳扣合器手柄，左手推钳柄，左腿弓步、右腿后蹬，紧绷尾绳，配合拉猫头松扣。

（5）外钳工左拉手拉外钳扣合器手柄，右手推钳柄，右腿弓步、左腿后蹬，紧绷尾绳配合拉猫头松扣。外钳工控制内外钳钳柄之间夹角大约在 90°。

（6）井架工（司钻）拉猫头或操作液压猫头控制手柄，拉动大钳松开钻具螺纹。

（7）放松猫头绳，内钳工打开外钳扣合器，外钳工移开外钳。

（8）内钳工推紧内钳，司钻操作转盘控制手柄，慢转转盘卸开钻具螺纹。

二、上扣

（1）外钳工在井口首先确认钻具内外螺纹干净，然后在钻具内螺纹内及端面用专用螺纹脂刷子均匀涂好螺纹脂，内钳工在钻具内螺纹外右旋绕直径为 26~28 mm 绕 4~5 圈。

（2）钻具对好扣后，内外钳工共同上托绳圈至上部钻具上，井架工（司钻）将旋绳在猫头上绕一圈，轻带旋绳，外钳工左手轻抓绳头，内钳工将内钳打到钻具内螺纹上，外钳工扣合内钳。内钳工推紧内钳，绷紧尾绳。

（3）井架工（司钻）拉紧第一道旋绳，依次往猫头上绕绳（不超过 5 道），边绕边拉，外钳工右手轻扶旋绳，左手理绳，直到螺纹旋完，移除旋绳。

（4）内外钳工配合打上外钳，用液压猫头或机械猫头将螺纹拧紧。

三、作业关闭

（1）从钻具上移开大钳。

（2）检查好吊钳的牙板和开口销子，如果磨损严重，需要立即更换。

附录 3　关于钻具上扣扭矩的问题

司钻房内指示液压猫头的表有两种，一种为“压力”单位为 MPa，另一种为“拉力”单位为 kN，要认真区别（图 A3-1、图 A3-2）。

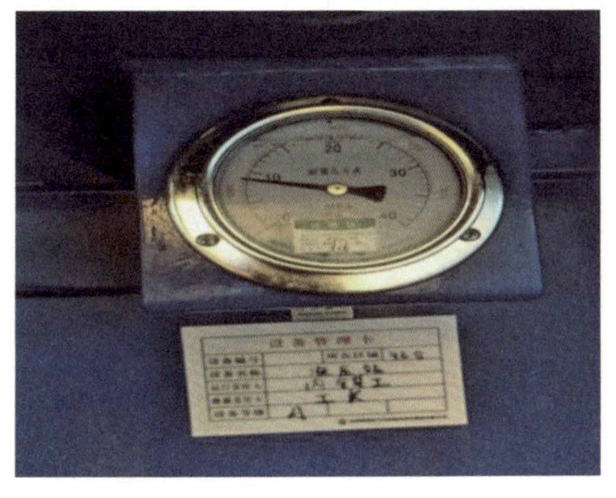

图 A3-1　系统压力表

图 A3-2　压力扭矩对比表（以压力为准）

（1）如果是压力表，那么上扣扭矩是按照计算对应的参数关系确定的压力值。如：9 in 钻杆上扣扭矩为 92 kN·m，使用 1.22 m B 型大钳，液压猫头压力控制在 5.9~6 MPa。8 in 钻杆上扣扭矩为 65 kN·m，使用 1.22 m B 型大钳，液压猫头压力控制在 4.7 MPa。9 in 钻杆以上的上扣扭矩，按 9 in 钻杆的上扣扭矩。如螺纹存在问题卸不开扣，要考虑大钳的安全扭矩，现场落实安全措施。

（2）如果是拉力表，则上扣扭矩是按拉力和力臂计算确定的拉力值。

如：9 in 钻杆上扣扭矩为 92 kN·m，使用 1.22 m B 型大钳，液压猫头拉力控制在 75.6 kN。8 in 钻杆上扣扭矩为 65 kN·m，使用 1.22 m B 型大钳，液压猫头拉力控制在 53.4 kN。

注意：8 in 钻杆以下钻具可以使用液气大钳上扣，扭矩参照液气大钳上的扭矩、压力对比表。

（3）液压站系统额定压力为 16~20 MPa，实际工作压力一般都不到 10 MPa，在设备运行中该系统的压力应调整到 9~10 MPa，这样管线憋压小，液气大钳运行平稳，还可以准确地控制上扣扭矩。好处是：一是可以降低能耗，二是可以减少设备故障、零部件高压磨损、密封失效泄漏，三是可以避免高压伤人的风险。

（4）正常的钻具扣力为卸扣扭矩小于上扣扭矩。B 型大钳的最大安全扭矩为 75 kN·m，相当于最大拉力 61 kN。DB 型大钳的最大安全扭矩为 90 kN·m，相当于最大拉力 73.5 kN。也就是说操作 157 kN 的液压猫头压力不能超过 6~7.4 MPa，否则大钳有可能拉断。